Wolfgang Tzschoppe · Struktur der Mathematik – Mathematik der Strukturen

AF288733

WOLFGANG TZSCHOPPE wurde 1942 in der Oberpfalz geboren. Nach dem Abitur und der Bundeswehrzeit studierte er die Fächer Sport und Mathematik für das höhere Lehramt. Vom Gymnasium kommend, beteiligte er sich am Aufbau und an der Durchführung des Gesamtschulversuchs in Hollfeld in der Fränkischen Schweiz (Bundesland Bayern). Die Schule hat sich inzwischen als Schule besonderer Art in der Region etabliert und genießt dort die volle Anerkennung.

Der Autor ist verheiratet, hat zwei Söhne und zwei Enkelkinder. Dem ersten Enkelkind Jasmin hat er sein erstes Buch »Jasmins Strukturen« (2011) gewidmet.

Wolfgang Tzschoppe

Struktur der Mathematik – Mathematik der Strukturen

FSC
www.fsc.org
MIX
Papier aus ver-
antwortungsvollen
Quellen
Paper from
responsible sources
FSC® C105338

© 2012 Wolfgang Tzschoppe
Satz und Layout: Buch&media GmbH, München
Umschlaggestaltung: Kay Fretwurst, Freienbrink
Herstellung u. Verlag: Books on Demand GmbH, Norderstedt
Printed in Germany
ISBN 978-3-8448-2255-7

Inhalt

Struktur der Mathematik – Mathematik der Strukturen

Vorwort   9

Teil I
Struktur der Mathematik – Funktionsweise

1   Evolution der Erkenntnisfähigkeit (vor 3 Millionen Jahren)   13

    1.1   Entwicklung der Hand   13

    1.2   Entwicklung des Gehirns   14

    1.3   Der Stufenbau menschlicher Erkenntnis   17

2   Evolution der Mathematik (seit 20.000 Jahren)   19

    2.1   Von den Kerben zu den Zahlen   19

    2.2   Logisches Fundament der Mathematik   33

    2.3   Die Zahlengerade füllt sich   38

    2.4   Verknüpfung von Geometrie und Arithmetik   45

    2.5   Geburt der analytischen Geometrie   55

    2.6   Zentraler Funktionsbegriff   59

    2.7   Entwicklung der Differential- und Integralrechnung   63

    2.8   Grenzwertbegriff   70

    2.9   Mengenlehre   78

    2.10 Allgemeine Topologie   86

    2.11 Vom Würfeln zur Wahrscheinlichkeitsrechnung   99

3 Aufbau der Mathematik 111

   3.1   Genetisch-geschichtlicher Aufbau 111

   3.2   Logisch-axiomatischer Aufbau von BOURBAKI 116

   3.3   Kombination aus genetisch-historischem und strukturellem
        Aufbau 117

Teil II
Mathematik der Strukturen – Design der Theorien

4 Topologische Strukturen 122

   4.1   Beispiele topologischer Räume 122

   4.2   Metrische Räume 122

   4.3   Konvergenz von Folgen 123

   4.4   Stetigkeit und Konvergenz von Folgen 123

5 Algebraische Strukturen 124

   5.1   Halbgruppen 124

   5.2   Gruppen 125

   5.3   Ringe 145

   5.4   Körper 148

   5.5   Vektorräume 149

   5.6   Normierte Räume 153

   5.7   Prähilbertraum 154

   5.8   Hilbertraum 155

6 Ordnungsstrukturen 156

   6.1   Halbordnung – Ordnung – Wohlordnung 156

   6.2   Auswahlaxiom – Zornsches Lemma – Wohlordnungssatz 160

7 Multiple Strukturen 165

    7.1   Die Menge N der natürlichen Zahlen 166

    7.2   Die Menge Z der ganzen Zahlen 168

    7.3   Die Menge Q der rationalen Zahlen 170

    7.4   Die Menge R der reellen Zahlen 172

    7.5   Die Menge C der komplexen Zahlen 179

Teil III
Anwendung der Strukturen – angewandte Mathematik

8 Rechenmaschinen 191

    8.1   Abakus (Verschiebungen im Stellenwertsystem) 191

    8.2   Napiersche Rechenstäbchen (Multiplikation und Division) . . . 192

    8.3   Mechanische Rechenmaschine (Addition und Multiplikation) 194

    8.4   Rechenschieber (logarithmisches Rechnen) 195

    8.5   Elektronische Taschenrechner (Boolsche Algebra) 198

    8.6   Quantencomputer (Quantenlogik und

          Wahrscheinlichkeitstheorie) 202

9 Theorien entwickeln 204

    9.1   Algebraische Struktur der Quantentheorie 204

    9.2   Ist die Welt algorithmisch? 208

    9.3   Hat das Chaos eine Struktur? 212

Schlusswort 217

Verwendete Literatur 221

Bildnachweis 223

Index 224

Symbol- und Abkürzungsverzeichnis 229

Struktur der Mathematik – Mathematik der Strukturen

Vorwort

Der Buchtitel ist punktsymmetrisch, wenn man die einzelnen Wörter als »Punkte« auffasst:

$$S \quad d \quad M \quad - \quad M \quad d \quad S$$

Diese Feststellung sagt noch nichts über den Inhalt meines Buches aus, nötigt aber, über die Bedeutung der Wortumstellungen nachzudenken. »Typisch Mathematiker!«, werden viele Leser sagen, die als Schüler oder später als Studenten mit Mathematikern unangenehme Erfahrungen gemacht haben. Für manche ist oder war Mathematik oft ein »Horrorfach«, das aus Auswendiglernen von Formeln und Nachvollziehen von fertigen Denkergebnissen besteht oder bestanden hat. Bestenfalls bekamen viele, die so empfunden haben, noch gewisse mathematische Vorstellungen durch interessante Anwendungsaufgaben vermittelt.

Nun, mit »Struktur der Mathematik« meine ich, ganz weit gefasst, die allerersten Anfänge der »Mathematik«, ihre Gegenstände und ihre Arbeitsweisen. Wie hat sich die Mathematik im Laufe der Jahrhunderte (Jahrtausende) entwickelt und wie »funktioniert« sie?

Dazu gehört sowohl die Evolution der Erkenntnisorgane des Menschen als auch die historische Entwicklung des mathematischen Wissens. Es lassen sich nämlich, geschichtlich gesehen, charakteristische Merkmale in den Denkweisen der Mathematik erkennen. Diese Merkmale versuche ich anhand von konkreten Beispielen zu verdeutlichen.

Dem Leser empfehle ich, mit Bleistift und Papier den dargestellten Problemen auf den Leib zu rücken. Tipps, wie man das am besten bewerkstelligt, gibt der Mathematiker GEORGE POLYA[1].

Die »Mathematik der Strukturen« dagegen befasst sich mit den abstrakten

---

[1] George Polya: Schule des Denkens – Vom Lösen mathematischer Probleme, Göttingen,Francke Verlag, 2010

Ergebnissen der Mathematik und deren Darstellung in Theorien. Durch Vergleichen der Ergebnisse auf den unterschiedlichsten mathematischen Gebieten lassen sich Gemeinsamkeiten erkennen und durch Verallgemeinerung (Abstraktion) mithilfe von geeigneten »Begriffen« lassen sich diese Ergebnisse dann strukturieren. Im letzten Teil des Buches wird die Verwendung dieser Strukturen aufgezeigt.

Mein Buch habe ich für an der Mathematik interessierte Leser geschrieben, die sich einen Überblick über die Entstehung und die Strukturen dieser Wissenschaft verschaffen wollen. Nutznießer können aber auch Gymnasiasten der höheren Klassen sowie Studienanfänger der Mathematik sein. Es gibt leicht verständliche, aber auch weniger zugängliche Kapitel des Buches.

Ich empfehle deshalb folgenden Leseplan:

Überblick:	Vorwort – Schlusswort – Inhaltsverzeichnis
Erster Lesegang:	Kapitel 1, 2 (2.1–2.3, 2.9, 2.10), 5 (5.1–5.4), 6.1
Zweiter Lesegang:	Kapitel 2 (2.4–2.8), 4, 7
Dritter Lesegang:	Kapitel 3, 5 (5.5–5.8), 8
Rest:	Kapitel 9, 6.2

Gewidmet habe ich dieses Buch meinen Söhnen Roman und Carsten. Beide haben ganz unterschiedliche Erfahrungen mit der Mathematik gemacht. Der Ältere der beiden benutzt als Diplomingenieur der Elektrotechnik die angewandte Mathematik, der Jüngere musste sich als Studienanfänger der Wirtschaftsmathematik mit den unbeliebten Existenzbeweisen und den abstrakten Theorien auseinandersetzen. Beiden wünsche ich beim Lesen ein besonderes Vergnügen.

Teil I
Struktur der Mathematik – Funktionsweise

1 Evolution der Erkenntnisfähigkeit (vor 3 Millionen Jahren)

»Mathematik findet im Kopf statt«, dieser Behauptung wird wohl niemand widersprechen. Aber welchen Part spielte und spielt die Hand bei mathematischen Denkprozessen? Lassen Sie uns gemeinsam die Suche in der Sprache beginnen: Handeln – handhaben – handikapen – handverlesen – handlungsfähig – stellen – vorstellen – Vorstellung – greifen – vergreifen – begreifen – Begriff. Ich denke, wir sind fündig geworden. Der Neurologe FRANK R. WILSON schreibt allen Kognitionswissenschaftlern ins Stammbuch: »Jede Theorie der menschlichen Intelligenz, die die Wechselbeziehung von Hand und Hirnfunktion, die historischen Ursprünge dieser Beziehung oder ihren Einfluss auf die Entwicklungsdynamik des modernen Menschen außer Acht lässt, ist meiner Meinung nach höchst irreführend und unfruchtbar.«[2]

1.1 Entwicklung der Hand

Der erste zweifüßige Vorfahre des Menschen, »Lucy« (vor 3,2 Mio. Jahren in Ostafrika), besaß eine affenunähnliche Hand und hatte ein schimpansengroßes Gehirn[3]. Die offenkundigen funktionellen Vorteile waren:

- »Daumen, Zeigefinger und Mittelfinger können einen Dreipunkte-Feingriff bilden, mit anderen Worten, die Hand kann unregelmäßig geformte Körper (zum Beispiel Steine) ergreifen und festhalten.
- Gegenstände, die man zwischen Daumen und den Spitzen von Zeige- und Mittelfinger hält, können exakt bewegt werden.
- Man kann Steine in der Hand halten und mit ihnen wiederholt auf harte Gegenstände (beispielsweise Nüsse) einschlagen oder Wurzeln ausgraben, weil das Handgelenk besser als die Menschenhand in der Lage ist, den Rückprall harter Schläge zu absorbieren.«[4]

Der zunehmende Gebrauch der Hände unserer Vorfahren bei der Nahrungsbeschaffung, der Herstellung von Werkzeugen und deren Handhabung ver-

---

[2] Frank R. Wilson: Die Hand – Geniestreich der Evolution, Reinbek bei Hamburg, Rowohlt, 2002, S. 14
[3] Ebd., S. 23
[4] Ebd., S. 35

lieh ihnen auf dieser Stufe der Evolution den Namen **Homo habilis**. In der motorischen und kognitiven Entwicklung eines Säuglings (Ontogenese) läuft diese stammesgeschichtliche Entwicklung (Phylogenese) gleichsam wieder im Zeitraffermodus ab.

Man kann beim Säugling gut beobachten, wie zuerst der Mund und dann die **Hand** die Erkundung der Umwelt übernimmt. Ja, die Hand bahnt sogar deutlich durch Zeigen und Gesten die sprachliche Kommunikation an.

1.2 Entwicklung des Gehirns

Zurück zu »Lucy« nach Hadamar in Ostafrika. Sie besaß, wie bereits gesagt, eine affenunähnliche Hand und ein schimpansengroßes Gehirn. Wie Schädelfunde beweisen, wuchs das Gehirnvolumen seitdem von 400 bis 500 auf 1350 Kubikzentimeter: Australopithecinen 400–500, Homo habilis 600–700, Homo erectus 900–1100, Homo sapiens 1350 Kubikzentimeter.

»Die Verbesserung und vielleicht auch die Spezialisierung der Manipulations-, Jagd- und Angriffsfertigkeiten sowie die Verzweigung der sozialen Interaktionen, die durch die differenziertere Kommunikation (und Migration) des Homo erectus ermöglicht wurden, förderten die Funktionsweise und Struktur des Gehirns weiter.«[5]

Werkzeuggebrauch – Sprache – Denken

Welcher Zusammenhang könnte zwischen Werkzeuggebrauch, Sprache und Denken bestehen? Um eine Antwort zu finden, empfiehlt es sich, die Menschwerdung unserer Art zu betrachten.

Der Satz »der Mensch stammt vom Affen ab« ist so nicht wahr. Aber Mensch und Affe haben eine gemeinsame Entwicklungsgeschichte, die sich an einem nicht exakt festlegbaren Punkt verzweigt hat. Die Tier-Mensch-Übergangsphase beginnt mit der Werkzeugbenutzung (**tool-user**) und endet mit der Herstellung zweckmäßiger Geräte (**tool-maker**). Schier unglaublich: Die Entwicklung vom Geröllstein mit abgeschlagener scharfer Kante zum beidseitig bearbeiteten Faustkeil hat ca. 1 Million Jahre gedauert! Entwicklungsfaktoren wie aufrechter Gang, Gebrauch der Hände, Entwicklung des Gebisses, des Gehirnvolumens und Form des Gehirnschädels haben die Hominisation (Menschwerdung) bedingt. Fest steht auch, dass sich das Entwicklungstempo seit 40.000 Jahren exponentiell beschleunigt hat (siehe Tabelle unten)[6]. Der Homo sapiens verdankt seine einmalige Stellung zwei raffinierten Problemlösungsstrategien:

---

[5] Ebd., S. 42
[6] Horst M. Müller: Evolution, Kognition und Sprache, Verlag Paul Parey 1987, S. 128

- Erstens hat er die »**Technik** zum Herzstück seiner Überlebensstrategie gemacht«

- und zweitens hat er die **Sprache** entwickelt[7].

Bedingende Faktoren der Menschwerdung[8]

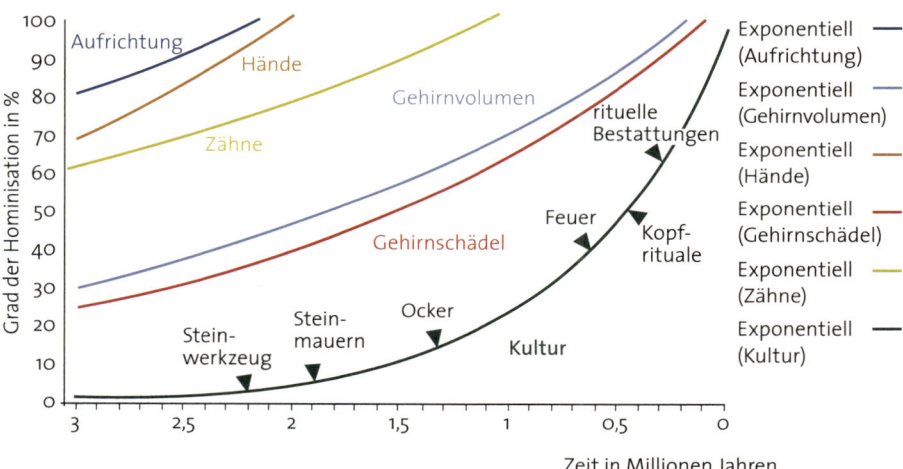

FRANK R. WILSON [9] zitiert DONALD[10], dass **homo erectus** (ca. 1 Mio. – 250 Tsd. Jahre) am Ende seiner Periode außerordentliche Fortschritte gemacht habe:

»Erectus entwickelte eine Vielzahl raffiniert hergestellter **Werkzeuge** und breitete sich über die gesamte eurasische Landmasse aus. Dabei passte er sich höchst unterschiedlichen Klimabedingungen an und lebte in einer **Gesellschaft**, in der Kooperation und soziale Handlungskoordination von zentraler Bedeutung für die Überlebensstrategie der Art waren.«

Laut DONALD soll die eigentliche Errungenschaft die **mimetische Fähigkeit** (Gesichtsausdruck) als Grundlage für die Kultur des erectus gewesen sein. Dazu dürfte die Verwendung einer **Gestensprache** gekommen sein.

Der von Schülern, oft zu recht, ausgestoßene Seufzer »das kann ich nicht

---

7   Wilson, S. 46
8   Müller, S. 129
9   Wilson, S. 59
10 Merlin Donald: Origins of Modern Mind – Three Stages in the Evolution of Culture and Cognition, Harvard University Press, Mass. 1991, S. 163 f.

begreifen!« scheint WILSON recht zu geben. Er meint nämlich, dass der verbesserte Gebrauch der »**neuen Hand**« dem **homo sapiens** den Anstoß zur Umgestaltung und Neuordnung der Schaltkreise im Gehirn gegeben habe. Das »**Manipulieren**« (Handhaben) von Objekten (in der Sprache von Satzgegenständen) verlangte nach der logischen Abfolge von vorher und nachher bzw. Ursache und Wirkung (Wenn-dann-Implikation).

Die pädagogischen Erfahrungen beim Gestalten von Lernprozessen sprechen ebenfalls für diese These. Die bewährte Reihenfolge für das Erarbeiten und Darstellen von Inhalten ist:

enaktiv (handelnd) → ikonisch (bildhaft) → symbolisch (abstrakt)

Nach WILSON hat die Psychologieprofessorin PATRICIA GREENFIELD[11] anhand von Tests festgestellt, dass Kinder in der Lage sind Regeln zu erzeugen, die Nomina behandeln, als wären sie Spielklötzchen, und Verben, als wären sie Hebel oder Flaschenzüge.

Entwicklung von Sprache

Wie hat sich die Sprache als Medium des Denkens und als Mittel der Kommunikation stammesgeschichtlich entwickelt?

Der Nobelpreisträger JOHN C. ECCLES[12] übernimmt das Sprachebenenmodell von KARL BÜHLER (Sprachtheoretiker) und KARL RAIMUND POPPER (Wissenschaftstheoretiker). Demnach gibt es zwei niedere Formen der Sprache, die tierischen und menschlichen Sprachen gemeinsam sind, und zwei höhere Formen, die möglicherweise ausschließlich menschlich sind.

Erste Sprachebene: hat expressive oder symptomatische Funktion	»Das Tier drückt seine inneren **emotionalen Zustände** aus, so wie es auch Menschen tun, indem sie rufen, schreien, lachen usw.«
Zweite Sprachebene: hat Signal- oder auslösende Funktion	»Der Sender versucht durch eine Mitteilung […] beim Empfänger eine Reaktion hervorzurufen. So **signalisiert** der Alarmruf eines Vogels der übrigen Schar eine Gefahr.«

[11] Artikel mit dem Titel: »Language, Tools and Brain: The Ontogeny and Phylogeny of Hierarchically Organized Sequential Behavior«, Behavioral and Brain Sciences 14 (1991), S. 531–595

[12] John C. Eccles: Die Evolution des Gehirns – die Erschaffung des Selbst, Serie Piper 1993, S. 125

Dritte Sprachebene: hat deskriptive Funktion	»Sie macht den größeren Teil der menschlichen Kommunikation aus. Wir **beschreiben** anderen unsere Erfahrungen […]. Die deskriptive Funktion der Sprache zeichnet sich dadurch aus, dass die Aussagen faktisch wahr oder falsch sein können. Das schließt die Möglichkeit des Lügens ein.«
Vierte Sprachebene: hat argumentative Funktion	»Hier erreicht die Sprache ihre höchste Ebene. Diese komplizierte Funktion hat sich mit Sicherheit phylogenetisch als letzte entwickelt, was sich auch ontogenetisch widerspiegelt. Die Kunst der kritischen **Argumentation** ist eng an die menschliche Fähigkeit zu rationalem Denken gebunden.«

»Die vier Ebenen der Sprache lassen sich in der Entwicklung vom Kleinkind zum Kind deutlich verfolgen, denn das Kind schreitet von der anfangs rein expressiven Ebene zur signalisierenden Ebene, dann zur deskriptiven Ebene und schließlich zur argumentativen Ebene fort. Dabei ist aber jede Sprachebene von den niedrigeren Ebenen durchdrungen.«[13] Wenn die Ontogenese die zeitliche Verkürzung der Phylogenese ist, dann verrät sie uns Grundzüge des Spracherwerbs der menschlichen Art.

Nach JOHN C. ECCLES wurde der große Erfolg der Hominidenevolution »sichergestellt durch die **asymmetrische Ökonomie**, die die Rindenkapazität möglicherweise fast verdoppelte […] Durch die Strategie der Asymmetrie konnte somit der Neo-Neokortex stark zunehmen, ohne dass Geburtsrisiken dadurch über Gebühr wuchsen«[14].

1.3 Der Stufenbau menschlicher Erkenntnis[15]

»Die projektive Erkenntnistheorie deutet **Sinneseindrücke als Projektionen** realer Strukturen auf unsere Peripherie, auf unsere Ober-›Fläche‹, auf die »Ebene« unserer Sinnesorgane. Unser Bemühen um Erkenntnis ist dann umgekehrt der Versuch, diese realen Strukturen in unserem Gehirn zurückzugewinnen, also **isomorphe Modelle** davon zu bilden. Dieser Versuch erfolgt in der **Wahrnehmung** unbewusst und unkritisch, in der **Erfahrung** bewusst

---

[13] Ebd., S. 127
[14] Ebd., S. 345
[15] Gerhard Vollmer: Was können wir wissen? Band 1: Die Natur der Erkenntnis, Stuttgart (S. Hirzel Verlag) 1988, S. 33

und unkritisch, in der **Wissenschaft** bewusst und kritisch. Wir gelangen so zu einem Mehrschichtenmodell unserer Erkenntnis.

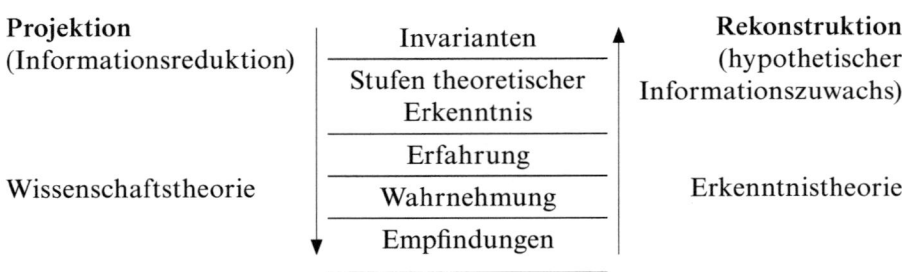

Die unterste Stufe bilden die Empfindungen [...]. Sie stellen noch keine Erkenntnis dar [...].

Wahrnehmung dagegen beruht bereits auf einer Verarbeitung und Synthese [...]. Die (vorwissenschaftliche) Erfahrung bezieht weitere Elemente in den Erkenntnisprozess ein: Sie macht – meist unkritisch – Gebrauch von sprachlichen Mitteln, Verallgemeinerungen, Analogien, elementaren Schlüssen und Gedächtnis [...]. Die **wissenschaftliche Erkenntnis** geht auch noch über diese Alltagserkenntnis weit hinaus. Sie arbeitet mit Abstraktionen, theoretischen Begriffen und logischen Schlüssen [...].

Die theoretische Erkenntnis weist selbst eine innere Stufung auf. Je nachdem, wie weit wir uns von der Ebene der Empfindungen entfernen, erhalten wir **verschiedene Theoriegrade.**«[16]

»Die menschliche Erkenntnisfähigkeit ist ein Ergebnis der Evolution. Das bedeutet natürlich nicht, dass alles menschliche Wissen genetisch determiniert wäre. Die Evolutionäre Erkenntnistheorie beschreibt oder erklärt auch gar nicht die Evolution menschlichen Wissens; das ist eine Aufgabe der Kulturgeschichte und der Wissenschaftstheorie.«[17]

[16] Ebd., S. 34
[17] Ebd., S. 41

2 Evolution der Mathematik (seit 20.000 Jahren)

2.1 Von den Kerben zu den Zahlen

Kerben

»Ein Wolfsknochen mit 55 **Kerben**, aufgeteilt in zwei Reihen von Fünfergruppen, der 1937 in Vestonice in der Tschechoslowakei gefunden wurde und mindestens 20.000 Jahre alt ist, gilt als eine der ältesten ›Rechenmaschinen‹ aller Zeiten.« So berichtet GEORGES IFRAH[18] in seinem ausführlichen Buch über die Entstehung der Zahlen in den verschiedensten Kulturen. Die ersten Anfänge liegen in einem gewissen Zahlenverständnis, das übrigens auch bei Tieren vorhanden ist. Einige primitive Völker sind auch heutzutage noch nicht über das Zahlenverständnis von »eins, zwei und viele« hinausgekommen.

»Der **Ishango-Knochen** ist ein steinzeitliches Artefakt, das vom belgischen Archäologen JEAN HEINZELIN DE BRAUCOURT 1950 im damaligen Belgisch-Kongo, der heutigen Demokratischen Republik Kongo, entdeckt wurde. Es handelt sich um einen etwa 10 cm langen Knochen, auf dem in drei Spalten mehrere **Gruppen von Kerben** angeordnet sind. Der Sinn oder Zweck der Einkerbungen ist unklar, Spekulationen zufolge wurde der Knochen als eine Art Rechenstab benutzt, eine Funktion als Kalender wird ebenfalls vorgeschlagen. Das Alter des Artefakts wird heute mit rund 20.000 Jahren bestimmt. Es wird im belgischen Museum für Naturwissenschaften in Brüssel aufbewahrt.«[19]

---

[18] Georges Ifrah: Universalgeschichte der Zahlen, Campus Verlag Frankfurt / New York
[19] wikipedia.org/wiki/Ishango-Knochen

Abb. 1: Ishango-Knochen   *Abb. 2: Anordnung der Kerben*

»Die Paare (3, 6), (4, 8) und (10, 5) der mittleren Spalte werden aus einer Zahl und ihrem Doppelten gebildet. Die letzten beiden Zahlen 5 und 7 passen allerdings nicht in dieses Schema. Die Gruppen in der rechten Spalte bilden genau die Zahlen 10 ± 1 und 20 ± 1. Die linke Spalte enthält genau die Primzahlen zwischen 10 und 20.«[20]

Zählen

Die erste Stufe hin zum Zählen war der Vergleich von »gleichmächtigen« **Mengen**. Jedem Objekt (Tier, Gegenstand, …) einer Menge wurde eine Kerbe auf einem Knochen oder einem Stück Holz **zugeordnet**.

Kinder lernen das »Zählen« spielhaft als **Wortfolge** z. B. beim Ziehen einer Mensch-Ärger-dich-nicht-Figur auf dem Spielbrett: »eins«, »zwei«, »drei«, … Das **Startwort** ist die »eins«, der einzige **Nachfolger** von »eins« ist »zwei«, irgendwann hört das Zählen auf, weil das nachfolgende Zahlwort nicht mehr bekannt ist. Der Zählvorgang verlangt ein **Hantieren** mit verschiebbaren Perlen, Spielsteinen, »hinzählbaren« Münzen beim Kaufen usw. So wird es sich auch vermutlich bei der stammesgeschichtlichen Entwicklung (Phylogenese) des Menschen ereignet haben.

Zahlzeichen

Der ständige Umgang mit unterschiedlich großen Mengen des Alltags machte Zahlzeichen erforderlich. So entwickelte sich im Laufe der Zeit aus dem

---

[20] Ebd.

Vorgang des Zuordnens das Zählen und aus dem Zählen entstanden die **abstrakten Zahlzeichen**. »Die älteste bekannte Zahlendarstellung stammt aus der Zeit der Sumerer um 3300 v. Chr. [...]«[21]

Babylonische Zahlen in Keilschrift

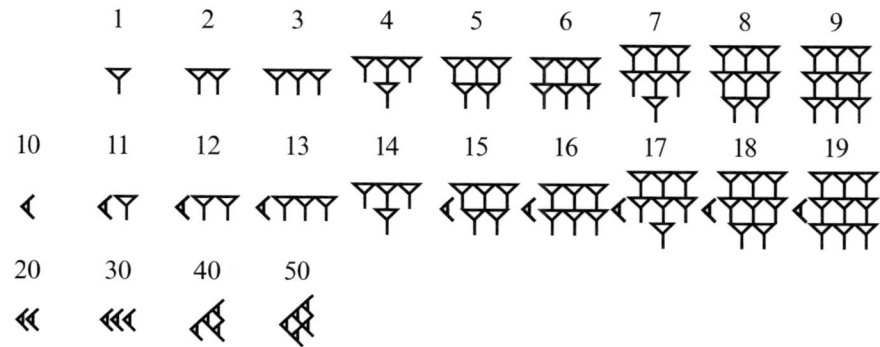

Abb. 3: Babylonische Zahlen

»Als **römische Zahlen** bezeichnet man die Zahlzeichen einer in der römischen Antike entstandenen und noch heute für Nummern und besondere Zwecke gebräuchlichen Zahlschrift, in der in der heutigen Normalform die lateinischen Buchstaben I (1), V (5), X (10), L (50), C (100), D (500) und M (1000) als Zahlzeichen für die Schreibung der natürlichen Zahlen verwendet werden.«[22]

1	2	3	4	5	6	7	8	9	10
I	II	III	IV	V	VI	VII	VIII	IX	X

20	30	70	80	101	590	1942	1999	2000	2012
XX	XXX	LXX	XXC	CI	DXC	MCMXLII	MIM	MM	MMXII

Die römischen Zahlen verwenden die sieben Zahlzeichen I, V, X, L, C, D, M. Sie sind in der Darstellung nicht eindeutig und eigenen sich auch nicht zum Rechnen, da sie nicht in einem Stellenwertsystem erfasst sind, wie z. B.:

$$\text{VIII} = \text{IIX},\ \text{XXX} = \text{XXL},\ \text{MCMXLII} + \text{LVIII} = \text{MM}$$

[21] wikipedia.org/wiki/Additionssystem
[22] wikipedia.org/wiki/Römische_Zahlen

Eine Regel allerdings gibt es:

Befindet sich das niederwertige Zahlzeichen links (rechts) vom höherwertigen, so wird es subtrahiert (addiert).

Stellenwertsysteme

Die nächste Stufe war, die Anzahl der Zahlzeichen mithilfe von **wenigen Ziffern** zu beschränken. Dieses Bestreben führte zum **Stellenwertsystem**.

Da der Mensch nun mal zehn Finger hat, setzte sich im Lauf der Zeit das **Zehnersystem** durch.

»Die **indischen Ziffern** (in Europa auch als **indisch-arabische Ziffern** oder umgangssprachlich **arabische Ziffern** bekannt) sind eine Zahlschrift, in der Zahlen positionell auf der Grundlage eines Dezimalsystems mit neun aus der altindischen Brahmi-Schrift herzuleitenden Zahlzeichen und einem eigenen, oft als Kreis oder Punkt geschriebenen Zeichen für die Null dargestellt werden.«[23]

Europäisch	0	1	2	3	4	5	6	7	8	9
Arabisch-Indisch	٠	١	٢	٣	٤	٥	٦	٧	٨	٩
Östliches Arabisch-Indisch (Persisch und Urdu)	٠	١	٢	٣	۴	۵	۶	٧	٨	٩
Devanagari (Hindi)	०	१	२	३	४	५	६	७	८	९
Tamil		௧	௨	௩	௪	௫	௬	௭	௮	௯

Abb. 4: Zahlenschriften

Die Babylonier dagegen benutzten das **Sexagesimalsystem** (Sechzigersystem), das bei Winkelgraden und Zeitmessung heute noch verwendet wird: Ein Vollkreis hat 360°, eine Stunde 60 Minuten, eine Minute besteht aus 60 Sekunden.

Die Zifferngruppe 3; 1; 2 bedeutet in verschiedenen Stellenwertsystemen auch unterschiedliche Zahlen (Beispiel aus Universalgeschichte der Zahlen):

Im Zehnersystem: $3 \times 10^2 + 1 \times 10 + 2 = 312$
Im Sexagesimalsystem: $3 \times 60^2 + 1 \times 60 + 2 = 3 \times 3600 + 60 + 2 = \mathbf{10862}$

---

[23] wikipedia.org/wiki/Arabische_Zahlen

Zum Besetzen einer leeren Stelle im Stellenwertsystem wurde von den Babyloniern später im 6. Jahrhundert v. Chr. die **Null** verwendet.

»Die **ägyptischen Zahlen** (auch ägyptische *Ziffern* oder *Zahlzeichen* genannt) sind eine seit Anfang des 3. Jahrtausends v. Chr. bezeugte **hieroglyphische Zahlschrift**, mit der positive rationale Zahlen (ganze und gebrochene) additiv geschrieben wurden. In ihrer Weiterentwicklung zur hieratischen Zahlschrift traten ab Mitte des 3. Jahrtausends an die Stelle dieser Zahlenhieroglyphen **hieratische Kursivzeichen** mit einer Vereinfachung des Prinzips additiver Zeichenwiederholung. [...]

Die Ägypter benutzten ein **dezimales Zahlensystem**, in dem es für jede Zehnerpotenz von 1 bis 1.000.000 ein eigenes Zeichen gab. Eine beliebige natürliche Zahl (positive ganze Zahl) schrieb man mit möglichst großen, der Größe nach geordneten Zehnerpotenzen, die man jeweils so oft angab, bis man mit deren Gesamtsumme die Zahl erhielt.«[24]

1	10	100	1.000	10.000	100.000	1.000.000
Einfacher Strich	Rindsgespann	Seilschlinge	Wasserlilie	Finger	Kaulquappe oder Fisch	Heh (altägyptischer Gott der Unendlichkeit)

Abb. 5: ägyptische Stufenzahlen

Grundrechnungsarten

Handel und Buchführung führten durch die **Tätigkeiten** des Erwerbens, Teilens, Tauschens und Kaufens (später) **zwangsläufig** zu den Grundrechnungsarten Addieren, Subtrahieren, Multiplizieren und Dividieren.

HANS WUSSING und WOLFGANG ARNOLD schreiben in ihrem Buch »Biographien bedeutender Mathematiker«[25], dass die ersten Hochkulturen der Menschheit in den Flusstälern des Gelben Flusses, des Indus, des Euphrat und Tigris und des Nils beträchtliche mathematische Kenntnisse aufwiesen.

[24] wikipedia.org/wiki/Ägyptische_Zahlen
[25] Hans Wußing/Wolfgang Arnold: Biographien bedeutender Mathematiker, Aulis Verlag Deubner, Köln 1978

Aufgrund erhalten gebliebener Papyri aus dem 17. Jahrhundert v. Chr. kennt man Struktur und Höhe der altägyptischen Mathematik recht gut.

Rechenverfahren

»Die vier Grundrechnungsarten mit natürlichen Zahlen waren den Ägyptern vertraut, auch Operationszeichen sind überliefert. Beim Addieren und Subtrahieren wird ein Rechenbrett benutzt, beim Subtrahieren meist die Differenz heraufaddiert.«[26] Die **Rechenverfahren** der Ägypter beruhten auf fortgesetztem **Verdoppeln und Halbieren**.

Beispiel 1: 13 mal 18[27]

$$
\begin{array}{r|r}
\backslash \quad 1 & 18 \\
2 & 36 \\
\backslash \quad 4 & 72 \\
\backslash \quad 8 & 144 \\
\hline
13 \times 18 & = 234
\end{array}
$$

Die Grundlage der **Bruchrechnung** war ein durchgebildeter **Algorithmus** des Rechnens mit Stammbrüchen.

Beispiel 2: Algorithmus für das Zerlegen von Brüchen

Die Ägypter konnten das Doppelte von Stammbrüchen mit ungeradem Nenner nach folgendem Verfahren in zwei Stammbrüche zerlegen:

Subtrahiere vom Nenner 1 und halbiere die so erhaltene Zahl. Addiere zu dieser Zahl 1, dann hast du den Nenner des ersten Stammbruches. Multipliziere diesen erhaltenen Nenner mit dem Nenner der Ausgangszahl, dann erhältst du den Nenner des zweiten Stammbruchs.

$$2/3 = 1/2 + 1/6; \; 2/5 = 1/3 + 1/15; \; 2/7 = 1/4 + 1/28$$

$$2/(2k+1) = 1/(k+1) + 1/(k+1)(2k+1)$$

Beweise dieses Formel durch Rechnung!

Der Papyrus Rhind enthält auch eine $2/n$-Tabelle.

[26] Kropp Gerhard, Geschichte der Mathematik, S. 11
[27] Ebd., S. 12

Beispiel 3: Lösen der Gleichung: x + (x/7) = 19 (Problem 24 aus dem Papyrus Rhind)[28]

Im Text stehen nur die Zahlen der Rechnung ohne Erläuterung

Spalte	Text	Erläuterung
1	Ein Haufen und ein Siebtel des Haufens sind 19 1 7 $\bar{7}$ 1	Man teilt den Haufen in 7 Teilhaufen: $x = 7y$ $(1 + 1/7)\,x = 8y$
2	1 8 \2 16 $\bar{2}$ 4	Wie oft ist 8 in 19 enthalten? 2 $\bar{4}$ $\bar{8}$ mal
3	\$\bar{4}$ 2 \$\bar{8}$1	
4	\1 2 $\bar{4}$ $\bar{8}$ \2 4 $\bar{2}$ $\bar{4}$ \4 9 $\bar{2}$	2 $\bar{4}$ $\bar{8}$ mal 7
5/6	Mach es so. Der Haufen ist 16 $\bar{2}$ $\bar{8}$ $\bar{7}$ 2 $\bar{4}$ $\bar{8}$ Summe 19	Ergebnis Probe

»Der Papyrus Rhind ist ein sachlich gut geordnetes Lehrbuch. Um das festzustellen, muss man freilich das ganze Werk Aufgabe für Aufgabe durchgehen [...] Der Papyrus beginnt mit Divisionsaufgaben und Aufgaben zur Bruchrechnung. [...] Die Ägypter arbeiten fast nur mit **Stammbrüchen**, d. h. Brüchen mit dem Zähler 1 oder besser gesagt: mit dem n-ten Teil des Ganzen.«[29] Wir schreiben z. B. 1/5, indem wir über die 5 einen Querstrich setzen ($\bar{5}$).

Multiplikation und Division führten die Ägypter auf die einfachen Operationen **Verdoppeln und Halbieren** zurück.

---

[28] Giericke Helmuth: Mathematik in Antike und Orient – Mathematik im Abendland, Fourier Verlag 1992, S. 52
[29] Ebd., S. 51

Die obige Aufgabe x + (x/7) = 19 lässt sich auf die Gleichung 8y = 19 zurückführen, wenn man ein Siebtel x gleich y setzt. Es ist also 19 durch 8 zu dividieren.

Dazu wird 8 so oft wie möglich verdoppelt:

$$\begin{array}{ll} 1 & 8 \\ \backslash 2 & 16 \end{array}$$

Um die restlichen 3 auszuschöpfen, wird 8 jetzt mehrmals halbiert:

$$\begin{array}{ll} \overline{2} & 4 \\ \backslash\overline{4} & 2 \\ \backslash\overline{8} & 1 \end{array}$$

Die Zahlen, die zur Summe 19 gehören, werden angestrichen (\), das Ergebnis ist:

»Acht geht in neunzehn zweimal und ein viertelmal und ein achtelmal«

$$2\,\overline{4}\,\overline{8}$$

Um x zu erhalten, wird diese Zahl noch mit 7 multipliziert:

$$\begin{array}{ll} \backslash 1 & 2\,\overline{4}\,\overline{8} \\ \backslash 2 & 4\,\overline{2}\,\overline{4} \\ \backslash 4 & 9\,\overline{2} \end{array}$$

$$\text{Summe:} \qquad 16\,\overline{2}\,\overline{8}$$

Dazu wird schrittweise verdoppelt und anschließend addiert. Schließlich folgt eine Probe.[30]

Die griechische Mathematik

Die vorgriechische Mathematik beschränkte sich auf Regeln zur Lösung von Aufgaben, die das soziale und religiöse Leben stellte. In der griechischen Mathematik (von ca. 800 v. Chr. bis 600 v. Chr.) wird sie zur logisch begründeten und axiomatisch aufgebauten Wissenschaft. Den vermutlich ersten **indirekten Beweis** führte **Euklid**, als er zeigte, dass es unendlich viele Primzahlen gibt.

Beispiel 4: **»Es gibt mehr Primzahlen als jede vorgelegte Anzahl von Primzahlen.«**[31]

Wir nehmen an, es gibt nur endlich viele Primzahlen $p_1, p_2, p_3, p_4, \ldots\ldots p_n$, dann bilden wir die Zahl $p_1 * p_2 * p_3 * p_4 * p_n + 1$. Diese Zahl ist durch keine der endlich

[30] Ebd., S. 53
[31] Euklid: Die Elemente, Darmstadt: Wissenschaftliche Buchgesellschaft, S. 204

vielen Primzahlen teilbar, weil bei der Division jedes Mal der Rest 1 bleibt. Folglich müsste diese Zahl eine Primzahl sein. Das ist aber ein Widerspruch zu der Annahme, dass es nur endlich viele Primzahlen gibt. Folglich gibt es unendlich viele Primzahlen.

Bemerkung: Der Widerspruchsbeweis wird in der Mathematik oft verwendet, um auf »axiomatisch« begründeten Gebieten neue Erkenntnisse zu gewinnen. Ich werde im nächsten Kapitel näher auf ihn eingehen.

Aus der **Schule der Pythagoreer** stammen folgende Einsichten[32]:

- Die Quadratzahlen sind die Summe ungerader Zahlen:

$$1 + 3 + 5 + \ldots + (2n - 1) = n^2$$

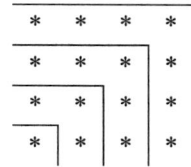

- Die Dreieckszahlen stellen die einfachste arithmetische Reihe dar:

$$1 + 2 + 3 + \ldots + n = n(n + 1)/2$$

- Die Summe der geraden Zahlen ist ein Produkt zweier »Hekteromeken«, das sind Zahlenpaare mit der Differenz 1:

$$2 + 4 + 6 + \ldots + (2n) = n(n - 1)$$

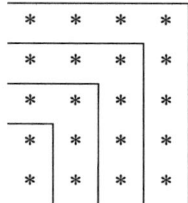

- Die Erzeugung weiterer Pythagoreischer Zahlen:

$$(2n + 1)^2 + (2n^2 + 2n)^2 = (2n^2 + 2n + 1)^2$$

- Die Erkenntnis, dass es Strecken gibt, denen keine rationale Länge zukommt.

---

[32] Kropp, S. 24

27

Beispiel 5: Beweis des Satzes: »Die Länge der Diagonalen im Einheitsquadrat ist keine Bruchzahl«.

Beweis (klassischer Widerspruchsbeweis):

(1) Das Quadrat über der Diagonalen des Einheitsquadrats ist doppelt so groß wie das Einheitsquadrat. Folglich gilt die Gleichung: $x^2 = 2$.

(2) Annahme: x ist eine Bruchzahl in der gekürzten Form p/q.

(3) Dann müsste $(p/q)^2 = 2$ gelten und damit $p^2 = 2q^2$ (*) und somit wäre auch p durch 2 teilbar, also eine gerade Zahl $p = 2a$.

(4) Eingesetzt in die Gleichung (*) ergibt das: $(2a)^2 = 2q^2$,

(5) daraus folgt: $4a^2 = 2q^2$, gekürzt mit 2 ergibt das $2a^2 = q^2$.

(6) Also ist auch q durch 2 teilbar.

(7) Das ist aber ein Widerspruch zu der Annahme, dass die Bruchzahl p/q in der gekürzten Form vorlag. Folglich gibt es keine Bruchzahl für die Länge der Diagonalen im Einheitsquadrat. qed (was zu beweisen war)

Die Cossisten (Rechenmeister)

»Die über die Länder und Kontinente reichenden Handelsbeziehungen italienischer und deutscher Kaufleute hatten Währungsumrechnungen im Geldwesen und kaufmännischen Rechnen überhaupt auf sichere und gewandte Weise zur Voraussetzung.«[33]

In den Schulen wurde jetzt elementares Rechnen mit natürlichen Zahlen und Brüchen unterrichtet. In seinem Rechenbuch »Rechnung auff der Linien unnd Federn / Auff allerley Handtierung« erklärt der Rechenmeister ADAM RIESE »die regula falsi«.

»Adam Ries (auch *Adam Ris, Adam Rise, Adam Ryse, Adam Reyeß*, oft fälschlicherweise ADAM RIESE; * 1492 oder 1493 in Staffelstein, Oberfranken; † 30. März oder 2. April 1559 vermutlich in Annaberg oder Wiesa) war ein deutscher Rechenmeister. Bekannt wurde er durch sein Lehrbuch *Rechenung auff der linihen und federn...*, das bis ins 17. Jahrhundert mindestens 120-mal aufgelegt wurde. Bemerkenswert ist, dass ADAM RIES seine Wer-

Abb. 6: Adam Ries

[33] Ebd., S. 62

ke nicht – wie damals üblich – in lateinischer, sondern in deutscher Sprache schrieb. Dadurch erreichte er einen großen Leserkreis und konnte darüber hinaus auch zur Vereinheitlichung der deutschen Sprache beitragen.«[34]

Beispiel 6:   Die »regula falsi«

»Item einer spricht / Gott grüß euch gesellen all 30. Antwort einer / wann unser noch so vil / unnd halb so vil weren / so weren unser 30.«[35]

$$x + x + \tfrac{1}{2} x = 30$$
$$x_1 = 10 : 10 + 10 + 5 = 30 - 5$$
$$x_2 = 16 : 16 + 16 + 8 = 30 + 10$$
$$\text{Fehler } 1 = -5$$
$$\text{Fehler } 2 = +10$$

»Würt gesatzt von zweyen falschen zalen […]
sagen sie der warheyt zu vil / so bezeychene sie mit dem zeychen + plus: wo aber zu wenig / so beschreib sie mit dem zeychen - minus

»falsche zal«	»leuger«
10	-5
16	+10

$$10 \diagdown \quad -5$$
$$16 \diagup \quad +10$$

»mulciplicir darnach im creutz ein falsche zal / mit der andern lügen

Leuger aber ein falsch zal zu vil / unnd die andere zu wenig / so addir zusammen zusamen die zwei lügen / was da kommet / ist dein teyler«

$$10 + 5$$

$$10 \cdot 10 + 16 \cdot 5$$

$$\text{Lösung: } x = \frac{10 \cdot 10 + 16 \cdot 5}{10 + 5}$$

$$x = 12$$

Darnach mulciplicir im creutz / Addir zusamen und teyle ab / so geschicht aufflösung der frage«

---

[34] wikipedia.org/wiki/Adam_Ries
[35] Adam Riese: Rechnung auff der Linien, Hannover: Verlag Curt R. Vincentz, 1978, S. 85

Struktur der Mathematik – Funktionsweise

Für den Fall, dass beide »leuger« positiv oder negativ sind z. B.
$x_1 = 16$, $x_2 = 14$; Fehler 1 = 10, Fehler 2 = 5
    oder
$x_1 = 10$, $x_2 = 8$; Fehler 1 = -5, Fehler 2 = -10

»Als dan nim ein lügen von den anderen / was da bleibt / behalt für deinen teyler /
[10 - 5 = 5]

Mulciplicir darnach im creutz ein falsche zal mit der anderen lügen / nim eins vom andern / und das da bleibe teyl ab mit dem fürgemachten teyler«

»falsche zal«	»leuger«
16	+10
14	+5

16   +10

14   +5

$$x = \frac{14 \cdot 10 - 16 \cdot 5}{10 - 5} = \frac{60}{5} = 12$$

»falsche zal«	»leuger«
10	-5
8	-10

$$x = \frac{10 \cdot 10 - 8 \cdot 5}{10 - 5} = \frac{60}{5} = 12$$

10   -5

8   -10

Bemerkung: Die »regula falsi« stammt nicht von ADAM RIESE. Dieser hat sie von LEONADRO VON PISA (FIBONACCI) aus dem Liber Abaci (1202), der sie wiederum aus arabischen Quellen übernommen haben soll. Die Regula-Falsi-Rechnung oder lineares Eingabeln ist heute eine Methode zum numerischen Berechnen von Nullstellen reeller Funktionen.[36]

Die negativen Zahlen (Menge Z)

»MICHAEL STIFEL aus Esslingen (1487?–1567) hat in seiner *Arithmetica integra* aus dem Jahre 1544 klare Vorstellungen der negativen Zahlen entwickelt. Dadurch, dass er bei quadratischen Gleichungen mit einer Unbekannten auch negative Koeffizienten zulässt, kann er die bis dahin üblichen acht Hauptformen auf eine einzige zurückführen.«[37]

[36] Wikipedia
[37] Kropp, S. 65

Die irrationalen (nichtrationalen) Zahlen

Beispiel 7: Die Diagonale im Einheitsquadrat hat die Länge $\sqrt{2}$.

Im Schulunterricht wird die Länge der Diagonale im Einheitsquadrat mithilfe von endlichen Dezimalbrüchen »eingeschachtelt«:
 Es wird jeweils ein Dezimalbruch ermittelt, dessen Quadrat »knapp« unter 2 bzw. über 2 liegt.

Intervallschachtel	Linke Grenze	Rechte Grenze	Intervalllänge
1	1	2	1
2	1,4	1,5	0,1
3	1,41	1,42	0,01
4	1,414	1,415	0,001
5	1,4142	1,4143	0,0001
6	1,41421	1,41422	0,00001
7	1,414213	1,414214	0,000001
8	1,4142135	1,4142136	0,0000001

Mit diesem unendlichen Verfahren der Intervallschachtelung nähert man sich einer nichtrationalen Zahl (siehe Beweis oben) beliebig genau an.

Und nun geschieht der **Schöpfungsakt**:
 Man erklärt die Intervallschachtelung als neue (irrationale) Zahl und tauft sie »**Wurzel 2**«.

Damit lassen sich die Lösungen der quadratischen Gleichung $x^2 - 2 = 0$ mit $\sqrt{2}$ und $-\sqrt{2}$ angeben. Dieses Verfahren lässt sich natürlich auch auf dritte, vierte, fünfte usw. Wurzeln ausdehnen.
 Lassen sich mithilfe dieser neuen Zahlen alle Gleichungen lösen?

Reelle Zahlen (Zahlenmenge R)

Alle rationalen Zahlen (Zahlenmenge Q) bilden mit allen irrationalen Zahlen zusammen die Menge der reellen Zahlen R. Auch diese Zahlenmenge reicht nicht aus, um jede Gleichung lösen zu können. Die Gleichung

$$x^2 + 2 = 0$$

lässt sich durch keine reelle Zahl lösen. Das Quadrat jeder reellen Zahl ist nämlich größer oder gleich Null!

Rein formal müsste die Lösung $\sqrt{-2}$ geschrieben werden. Sie ahnen es?

Ein neuer Schöpfungsakt geschieht:

$\sqrt{-2}$ wird als $2\sqrt{-1}$ erklärt und $\sqrt{-1}$ wird zur **imaginären Einheit i** deklariert.

Die komplexen Zahlen (Zahlenmenge C)

Die neuen komplexen Zahlen z setzen sich aus einem Realteil x und einem Imaginärteil y zusammen:

$$z = x + iy$$

Der Mathematiker CARL FRIEDRICH GAUSS (1777–1855) hat in seiner Dissertation 1799 bewiesen, dass jedes Polynom n-ten Grades mit reellen Koeffizienten genau n Nullstellen in der Zahlenmenge C besitzt.

»Gauß ist sich darüber klar, dass komplexe Wurzeln einbezogen werden müssen; er geht daher von dem Polynom

$$f(z) = z^n + a_1 z^{n-1} + \ldots + a_{n-1} z + a_n$$

mit $z = x + iy$ aus uns spaltet es in die reellen Polynome u(x,y) und v(x,y) der reellen Argumente x und y auf:
$$f(x + iy) = u(x,y) + iv(x,y)«[38]$$

Zusammenfassung

Der Mathematiker LEOPOLD KRONECKER soll gesagt haben: »Die natürlichen Zahlen hat Gott gemacht, alles Weitere ist Menschenwerk.« BASIEUX schreibt:
»Die Erschaffung der Zahlen 1, 2, 3, … war also der mathematische Urknall: scheinbar lautlos und fast schleichend, doch in seiner unendlichen Mächtigkeit weitreichender als sein Bruder, der kosmische Urknall, der, soweit wir wissen, nur Endliches zustande brachte.«[39]

Geschichtlich ergaben sich die weiteren Zahlenarten als Lösungen von Gleichungen mit der Unbekannten x:

(1) x - 2 = 0; Lösung: x = 2   2 ist Element von N
(Menge der natürlichen Zahlen)

(2) x + 2 = 0; Lösung: x = -2   -2 ist Element von Z
(Menge der ganzen Zahlen)

---

[38] Kropp, S. 167
[39] Pierre Basieux: Die Architektur der Mathematik, Hamburg-Reinbek: Rowohlt Taschenbuch Verlag, 2007, S. 138

(3) $2x - 1 = 0$; Lösung: $x = \frac{1}{2}$ $\frac{1}{2}$ ist Element von Q
(Menge der rationalen Zahlen)

(4) $x^2 - 2 = 0$; Lösung: $x = \sqrt{2}$ $\sqrt{2}$ ist Element von R
(Menge der reellen Zahlen)

(5) $x^2 + 1 = 0$; Lösung: $x = i$ i ist Element von C
(Menge der komplexen Zahlen)

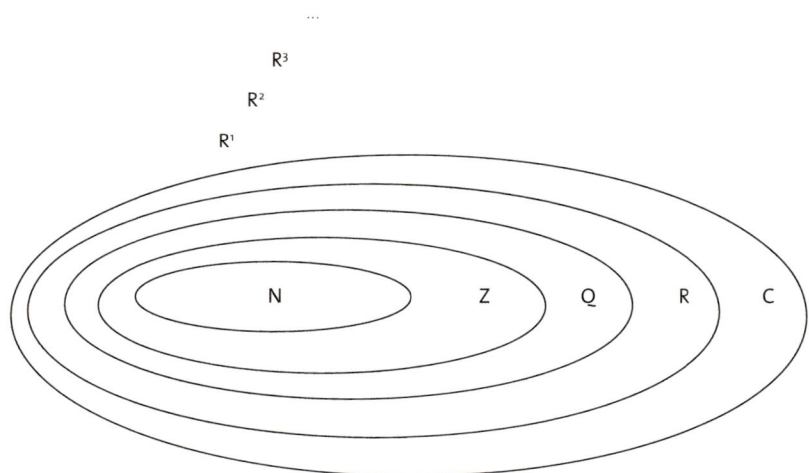

Abb. 7: Mathematischer Urknall

2.2 Logisches Fundament der Mathematik

Abb. 8: ARISTOTELES

ARISTOTELES der Begründer der formalen Logik

»Aristoteles
(altgriechisch: Ἀριστοτέλης *Aristotélēs*, Betonung lateinisch und deutsch: Aristóteles; * 384 v. Chr. in Stageira; † 322 v. Chr. in Chalkis)
gehört zu den bekanntesten und einflussreichsten Philosophen der Geschichte. Er hat zahlreiche Disziplinen entweder selbst begründet oder maßgeblich beeinflusst, darunter Wissenschaftstheorie, Logik, Biologie, Physik, Ethik, Dich-

tungstheorie und Staatslehre. Aus seinem Gedankengut entwickelte sich der Aristotelismus.«[40]

Kategorien – Urteile – Syllogismen

»ARISTOTELES (-384 bis -324) ist der erste, der die Ordnung des Denkens nicht (nur) dem Inhalt, sondern auch der Form nach untersucht (formale Logik).«[41] Er unterscheidet zwischen Kategorien, Urteilen und Syllogismen. **Kategorien** sind Begriffe als einzeln stehende Wörter. Wenn Begriffe (Kategorien) in Sätzen zu Aussagen verknüpft werden, die falsch oder wahr sind, dann heißen sie **Urteile**. Solche Urteile lassen sich dann nach bestimmten Regeln zu Schlüssen verbinden. Die Verknüpfung zweier Urteile heißt **Syllogismus**.

Beweisformen: deduktiv (direkt) – indirekt

»Eine Kette von Schlüssen ist ein **Beweis**. Diese Methode ist **deduktiv**, d. h. sie geht vom Allgemeinen zum Besonderen. [...] Der Beweis im aristotelischen Sinne ist Ableitung. Sein Gegenstück ist die **Induktion**.«[42] Sie schließt vom Einzelnen zum Allgemeinen. Den **Satz vom Widerspruch**: »Es ist unmöglich, dass einem dasselbe in derselben Hinsicht zugleich zukomme und nicht zukomme« erkennt ARCHIMEDES als wichtiges Prinzip an.

EUKLID (*365? v. Chr., † 300? v. Chr.) der Begründer der Axiomatik

»Er stellt Definitionen, Postulate und Axiome an den Anfang. Alle Sätze werden aus den Definitionen, Postulaten, Axiomen und gegebenenfalls aus bereits bewiesenen anderen Sätzen auf rein logischem Wege deduziert, ohne dass – wenigstens der Intention nach – Anleihen bei der Anschauung gemacht werden.«[43]

Mathematische Logik

»Wegen der Vielfalt von Sprachen und der Gefahr von Missverständnissen beim Gebrauch der Umgangsprache ist man in der Mathematik mehr und mehr dazu übergegangen, die Aussagen in einer künstlichen, formalisierten Sprache wiederzugeben, die nur noch die logisch bedeutsamen Elemente der Umgangssprache enthält. [...] Eine Aussage ist dann jedes schriftsprachliches

[40] wikipedia.org/wiki/Aristoteles
[41] Peter Kunzmann u. a.: dtv-Atlas zur Philosophie, München: Deutscher Taschenbuch Verlag 1992, S. 47
[42] Ebd., S. 47
[43] Kropp, S. 32

Gebilde, dem entweder der Wahrheitswert des Wahren W oder des Falschen F zukommt.«[44]

Wahrheitswerte von Aussagen für die wichtigsten Junktoren (Verknüpfungen)[45]

»nicht A«: $\neg A$,

»A und B«: $A \wedge B$,

»A oder B« (nicht ausschließend): $A \vee B$,

»wenn A, dann B«: $A \Rightarrow B$,

»A genau dann, wenn B«: $A \Leftrightarrow B$

w(A)	w(B)	w($\neg$A)	w(A$\wedge$B)	w(A$\vee$B)	w(A$\Rightarrow$B)	w(A$\Leftrightarrow$B)
W	W	F	W	W	W	W
W	F	F	F	W	F	F
F	W	W	F	W	W	F
F	F	W	F	F	W	W

Die Logik des Widerspruchsbeweises

Anhand von Beispielen soll der Widerspruchsbeweis plausibel gemacht werden.

Beispiel 1: »Wenn es regnet, gehe ich ins Kino.«[46]

Aussage A: »es regnet«

Aussage B: »ich gehe ins Kino«

Aussage ($A \Rightarrow B$) : »Wenn es regnet, dann gehe ich ins Kino«

Wenn es nicht regnet, bleibt es mir freigestellt, ob ich ins Kino gehe oder nicht. Das ergibt dann folgende Wahrheitstafel:

w(A)	w(B)	w(A$\Rightarrow$B)
W	W	W
W	F	F
F	W	W
F	F	W

[44] Fritz Reinhardt / Heinrich Soeder: dtv-Atlas zur Mathematik Band 1, München: Deutscher Taschenbuch Verlag 1980, S. 15
[45] Ebd., S. 14
[46] Basieux, S. 33

35

Beispiel 2: »Wenn ich nicht ins Kino gehe, dann regnet es nicht.«

Aussage ($\neg$ B): »ich gehe nicht ins Kino«

Aussage ($\neg$ A): »es regnet nicht«

Aussage ($\neg$ B) $\Rightarrow$ ($\neg$ A): »Wenn ich nicht ins Kino gehe, dann regnet es nicht«

Wenn ich aber ins Kino gehen, dann sagt das nichts darüber aus, ob es regnet oder nicht regnet. Das ergibt dann folgende Wahrheitstafel:

w($\neg$ B)	w($\neg$ A)	w(($\neg$ B) $\Rightarrow$ ($\neg$ A))
W	W	W
W	F	F
F	W	W
F	F	W

Folgerung:

Die beiden Aussagen: »Wenn es regnet, gehe ich ins Kino« und »Wenn ich nicht ins Kino gehe, dann regnet es nicht« sind gleichwertig.

Oder abstrakter formuliert:

Die Aussagen (A$\Rightarrow$B) und (($\neg$ B) $\Rightarrow$ ($\neg$ A)) sind gleichwertig (äquivalent), oder noch kürzer geschrieben:

(A$\Rightarrow$B) $\Leftrightarrow$ (($\neg$ B) $\Rightarrow$ ($\neg$ A))

Üblich sind auch noch folgende Redewendungen:

A ist **hinreichend** für B oder

B ist **notwendig** für A.

($\neg$ B) ist **hinreichend** für ($\neg$ A) oder

($\neg$ A) ist **notwendig** für ($\neg$ B).

Prinzip des Widerspruchsbeweises (indirekten Beweises)

Da es in der zweiwertigen Logik nur ein Wahr (W) oder Falsch (F) und kein Drittes gibt (tertium non datur) beweist man die Aussage B, dadurch dass man aus der Negation von B einen Widerspruch herleitet.

Beispiel 3: »Es gibt mehr Primzahlen als jede vorgelegte Anzahl von Primzahlen.«[47]

---

[47] Euklid , S. 204

Etwas anders formuliert: »Zu jeder Primzahl gibt es eine nachfolgende Primzahl«. Oder als Widerspruchsbeweis: Aus der Annahme, dass es eine letzte Primzahl gibt, leiten wir einen Widerspruch ab.

> Aussage A: »Eine Zahl ist eine Primzahl.«
>
> Aussage B: »Es gibt eine nachfolgende Primzahl.«
>
> Aussage ($\neg$ B): »Es gibt keine nachfolgende Primzahl.«

Beweis:

Annahme ($\neg$ B) sei wahr, die letzte Primzahl, die keine nachfolgende Primzahl mehr hat, sei P_k ($k \in N$). Wir bilden das Produkt $P_1 \cdot P_2 \cdot \ldots \cdot P_{(k-1)} \cdot P_k$ aller Primzahlen $P_v \leq P_k$ $v \in \{1, 2, \ldots k\}$. Die Zahl $P_1 \cdot P_2 \cdot \ldots \cdot P_{(k-1)} \cdot P_k + 1$ ist dann aber eine Primzahl, weil sie keine Teiler außer 1 besitzt. Das ist aber ein Widerspruch zur Annahme, also gibt es keine letzte Primzahl.

Quantoren

»Für die Formulierung mathematischer Theorien reicht die Aussagenlogik noch nicht aus. Bei der weiteren Analyse von Aussagen stößt man auf Subjekte, Prädikate und sogenannte quantifizierende Redeteile (**Quantoren**)«[48]:

> »für alle x gilt« (**Generalisator**): $\forall (x)$
>
> »es gibt ein x, für das gilt« (**Partikularisator**): $\exists (x)$

Die Verneinung des Generalistors »für alle x gilt« bedeutet, »es gibt mindestens ein x, für das diese Eigenschaft nicht gilt«.

Beispiel 4: **Ein Kreter sagt: »Alle Kreter sind Lügner!«**
Ist diese Aussage wahr (w) oder falsch (f)?

Lösungsansätze:

(1) Wenn die Aussage »Alle Kreter sind Lügner!« wahr ist, dann ist die Aussage falsch, weil der Sprecher ein Kreter ist.

(2) Wenn die Aussage »Alle Kreter sind Lügner!« nicht wahr (also falsch) ist, dann **gibt es mindestens einen** Kreter, der die Wahrheit sagt. Deshalb kann der Satz »Alle Kreter sind Lügner« dann wahr sein.

Beide Ansätze führen zu einem Widerspruch, folglich ist das logische Problem nicht zu lösen.

---

[48] dtv-Atlas Band 2, S. 17

2.3 Die Zahlengerade füllt sich

Jetzt haben wir die logischen Mittel, um uns dem strukturellen Aufbau des Zahlensystems zuzuwenden. Zwei Denkansätze führen uns zur Vorstellung einer Zahlengeraden:

(1) Der Vergleich von Mengen: Jedem Objekt (z. B. Schaf) wird eine Kerbe zugeordnet. Daraus entwickelt sich der Zahlbegriff (Kardinalzahl als Angabe der »Mächtigkeit der Menge«).

(2) Das Messen von Längen führt zum Begriff von Größen und zum Vervielfachen.[49]

Die natürlichen Zahlen lassen sich auf der Zahlengeraden als Zahlenpunkte veranschaulichen:

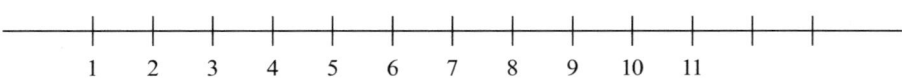

$$\begin{array}{ccccccccccc} 1 & 2 & 3 & 4 & 5 & 6 & 7 & 8 & 9 & 10 & 11 \end{array}$$

Das Axiomensystem[50] von R. DEDEKIND (1888) und G. PEANO (1891) stellt folgende Eigenschaften der **Menge N der natürlichen Zahlen** als Grundeigenschaften (Axiome) heraus:

1. 1 ist eine natürliche Zahl.

2. Zu jeder natürlichen Zahl n gibt es genau einen **Nachfolger**, der wieder eine natürliche Zahl ist.

3. Es gibt keine natürliche Zahl, deren Nachfolger 1 ist.

4. Die Nachfolger zweier verschiedener natürlicher Zahlen sind voneinander verschieden.

5. **(Vollständige Induktion)** Enthält eine Menge natürlicher Zahlen die Zahl 1 und mit jeder natürlichen Zahl n auch deren Nachfolger n′, so enthält sie alle natürlichen Zahlen.

Die Menge N ist eine **geordnete Menge** (n < m falls der Zahlenpunkt von n links vom Zahlenpunkt von m liegt), in der man unbeschränkt addieren und multiplizieren kann. Leider »funktioniert« das Subtrahieren und Dividieren

---

[49] Euklid, S. 91

[50] Siehe v. Mangold-Knopp: Einführung in die höhere Mathematik 1 Band, Stuttgart: S. Hirzel Verlag 1962, S. 103

nicht immer: 3 - 5 = -2 und 3 : 5 = 3/5. Beide Ergebnisse gehören nicht zu N. Man sagt: »Die Zahlenmenge N ist bezüglich der Subtraktion und der Division **nicht abgeschlossen**«.

Der Wunsch der uneingeschränkten Ausführung der Subtraktion führte auf die **Zahlenmenge Z der ganzen Zahlen:**

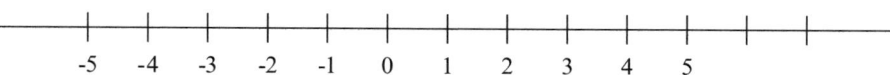

Die Zahlenbereichserweiterung geht weiter. Der Wunsch der uneingeschränkten Ausführung der Division (außer der Division durch 0) führte auf die **Zahlenmenge Q der gebrochenen oder rationalen Zahlen:**

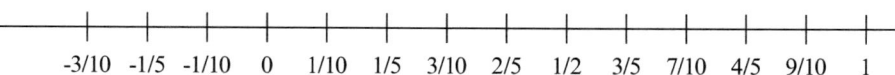

Bei der Veranschaulichung tritt ein Problem auf: Die rationalen Zahlen liegen auf der Zahlengeraden »dicht«! Das bedeutet: Zwischen zwei beliebig nahe liegenden rationalen Zahlen liegen noch beliebig viele (unendlich viele) weitere rationale Zahlen.

Beispiel 1: $a < b$ und ($a \in Q$ und $b \in Q$). Schiebe zwischen a und b beliebig viele rationale Zahlen!

$$\frac{a + b}{2} = b_1 \qquad a < b_1 < b$$

$$\frac{a + b_1}{2} = b_2 \qquad a < b_2 < b_1 < b$$

$$\frac{a + b_2}{2} = b_3 \qquad a < b_3 < b_2 < b_1 < b$$

$$\frac{a + b_3}{2} = b_4 \qquad a < b_4 < b_3 < b_2 < b_1 < b$$

$$\frac{a + b_4}{2} = b_5 \qquad a < b_5 < b_4 < b_3 < b_2 < b_1 < b$$

....

$$\frac{a + b_{n-1}}{2} = b_n \qquad a < b_n < b_{n-1} < \ldots < b_5 < b_4 < b_3 < b_2 < b_1 < b$$

Struktur der Mathematik – Funktionsweise

Nachdem nun in der Zahlenmenge Q alle Grundrechnungsarten durchführbar sind und die Zahlenpunkte der rationalen Zahlen dicht liegen, scheint die **Zahlengerade »gefüllt«** zu sein.

Weit gefehlt! Bereits im 5. Jahrhundert v. Chr. wurde eine »niederschmetternde Tatsache entdeckt [...], die den inneren Zusammenbruch der ›arithmetica universalis‹ zur Folge haben musste.«[51]

Der Pythagoreer HIPPASOS von Metapontum soll entdeckt haben, dass die Diagonale im Einheitsquadrat keine rationale Länge hat. Die logische Folge davon muss sein, dass es noch **unendlich viele Lücken auf der Zahlengeraden** gibt.

Um diese Lücken zu schließen, wurde die Zahlenmenge Q der rationalen Zahlen um die Menge der nichtrationalen zur **Zahlenmenge R der reellen Zahlen** erweitert. Da sich alle rationalen Zahlen als endliche oder periodische Dezimalbrüche schreiben lassen, sind die nichtrationalen reellen Zahlen die nichtperiodischen unendlichen Dezimalbrüche.

Beispiele:

rationale Zahl		nichtrationale reelle Zahl	
1	natürliche Zahl	$\sqrt{2}$	1,414213........ algebraische Zahl
-2	ganze Zahl	$\sqrt{2} + \sqrt{5}$	3,650281........ algebraische Zahl
$\dfrac{3}{4}$	0,75 endlicher Dezimalbruch	$\sqrt[3]{2}$	1,25992....... algebraische Zahl
$\dfrac{1}{3}$	$0,333... = 0,\overline{3}$ »Null Komma Periode 3«	e	2,718281.... transzendente reelle Zahl
$\dfrac{4}{7}$	$0,\overline{571428}$ periodischer Dezimalbruch	π	3,141592..... transzendente reelle Zahl
$\dfrac{456}{101}$	$4,\overline{5148}$	e^{π}	23,14069..... transzendente reelle Zahl
			1,0100100010000100001... transzendente reelle Zahl

Die nichtrationalen reellen Zahlen sind »neue Zahlengeschöpfe«, die mithilfe von Intervallschachtelungen rationaler Zahlen das Licht der mathematischen

---

[51] Siehe Wußing, S. 24

Welt erblickt haben. Bei den nichtrationalen reellen Zahlen wird nochmals unterschieden zwischen **algebraischen** und **tranzendenten** (nichtalgebraischen) **reellen Zahlen**.

Algebraische Zahlen sind Zahlen, die einer sogenannten Polynomgleichung

$$x^n + a_{n-1}\, x^{n-1} + \ldots + a_2 x^2 + a_1 x + a_0 = 0$$

mit natürlichen Exponenten n und mit rationalen Koeffizienten a_i genügen. Tranzendente Zahlen genügen keiner solchen Polynomgleichung.[52]

$\sqrt{2} + \sqrt{5}$ ist zum Beispiel eine Lösung der Gleichung $x^4 - 14x^2 + 9 = 0$.

Die Eulersche Zahl e ist der Grenzwert der Zahlenfolge $\left(1 + \dfrac{1}{n}\right)^n$ für n → ∞.

Das Ziel ist nun erreicht, die Zahlengerade ist komplett gefüllt. Die Menge der komplexen Zahlen C lässt sich wegen des Imaginäranteils ihrer Zahlen nicht mehr auf der Zahlengeraden veranschaulichen.

Zusammenfassung:

Durch die schrittweise Erweiterung haben wir eine **Mengenkette** konstruiert:

$$N \subset Z \subset Q \subset R$$

Die Menge N der natürlichen Zahlen ist Teilmenge der Menge Z der ganzen Zahlen, die Menge Z ist Teilmenge der Menge Q der rationalen Zahlen und die Menge Q ist Teilmenge der Menge R der reellen Zahlen.

Der Ausgangspunkt der Zahlen waren die Kerben. Die Anzahl der Kerben stand für die »Mächtigkeit einer Menge«. Jedem Objekt wurde eine Kerbe zugeordnet und umgekehrt entsprach jeder Kerbe ein Objekt.

Eine derartige eindeutige und umkehrbare Zuordnung wird in der Mathematik als **eineindeutige Abbildung** oder **Bijektion** bezeichnet. Die Mächtigkeit endlicher Mengen lässt sich bequem mithilfe der natürlichen Zahlen angeben.

Was hat es aber mit dem Symbol ∞, der liegenden Acht, auf sich?

Dazu unternehmen wir einen Ausflug ins mathematische Land »Absurdistan«:

Wir stellen folgende Behauptungen auf:

(1) »Die Menge N der natürlichen Zahlen ist gleichmächtig der Menge P der Primzahlen!«

(2) »Die Menge Q der rationalen Zahlen ist gleichmächtig der Menge N!«

(3) »Die Menge R der reellen Zahlen ist nicht abzählbar!«

---

[52] Siehe Basieux, S. 109

Struktur der Mathematik – Funktionsweise

Der **Begriff der Gleichmächtigkeit** wurde oben schon angebahnt:
Zwei Mengen sind genau dann per Definition gleichmächtig, wenn eine Bijektion zwischen ihren Elementen besteht.

Der deutsche Mathematiker GEORG CANTOR führte den Begriff der »Mächtigkeit von Mengen« ein und schuf mit der **Mengenlehre** ein Gebiet, das der deutsche Mathematiker DAVID HILBERT als Paradies bezeichnete, aus dem sich die Mathematik nicht mehr vertreiben lasse.

Abb. 9: *GEORG CANTOR, 1845–1918*

»Georg Ferdinand Ludwig Philipp Cantor [...] war ein deutscher Mathematiker. CANTOR lieferte wichtige Beiträge zur modernen Mathematik. Insbesondere ist er der Begründer der Mengenlehre.

CANTOR kam zu seiner Mengenlehre durch die Betrachtung eindeutiger [...] Zuordnungen der Elemente von unendlichen Mengen. Er bezeichnete Mengen, für die eine solche Beziehung hergestellt werden kann, als äquivalent oder ›von gleicher Mächtigkeit‹ [...].

Demnach ist die Menge der natürlichen Zahlen der Menge der rationalen Zahlen (Brüche) äquivalent, was er durch sein Diagonalisierungsverfahren zeigte. Mit seinem zweiten Diagonalargument bewies er dann, dass die Menge der reellen Zahlen mächtiger ist als die der natürlichen Zahlen.«[53]

Beispiel 2: Durchnummerierung der Primzahlen

Menge N der natürlichen Zahlen

1	2	3	4	5	6	7	8	9	10	11	12	13	14
⇅	⇅	⇅	⇅	⇅	⇅	⇅	⇅	⇅	⇅	⇅	⇅	⇅	⇅
2	3	5	7	11	13	17	19	23	29	31	37	41	43

Menge P der Primzahlen

---

[53] wikipedia.org/wiki/Georg_Cantor

»Die Menge der Primzahlen, obwohl unendlich, ist eine echte Teilmenge der Menge der natürlichen Zahlen (das heißt, jede Primzahl ist eine natürliche Zahl, aber nicht jede natürliche Zahl ist prim). Gibt es nun eine bijektive (umkehrbar eindeutige) Zuordnung zwischen beiden Mengen? Aber ja! Dazu brauchen wir nur alle Primzahlen zu nummerieren [...]«[54]

Die Unendlichkeit der natürlichen Zahlen wird mit $\aleph_0$ (lies »Aleph Null«) bezeichnet.

Beispiel 3: **Durchnummerierung der Brüche (Diagonalisierungsverfahren von Cantor)**

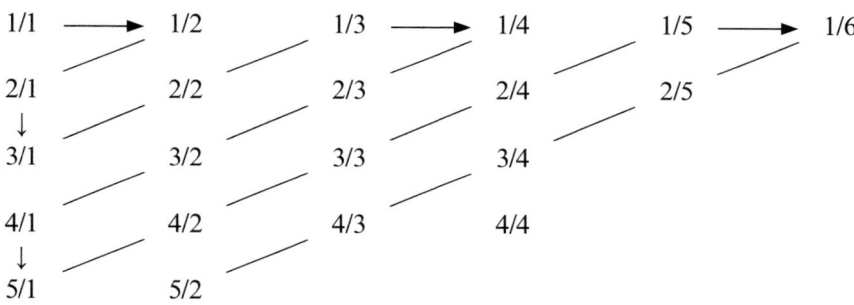

»Die Beweisidee verlangt, alle (vorerst positiven) Verhältniszahlen oder Brüche m/n, wobei m und n die natürlichen Zahlen durchlaufen, zweckmäßig anzuordnen. Dies geschieht wie folgt in einer Liste mit unendlichen Zeilen und Spalten. Der Zähler m des Bruches m/n bestimmt die Zeile, der Nenner n die Spalte. [...]

Wie kann man in dieser Liste von Bruch zu Bruch wandern, so dass jeder beliebige, vorgegebene Bruch nach endlich vielen Schritten (Brüchen) erreicht wird? [...]

Der Lösungstrick ist einfach: Man beginne mit 1/1, gehe zu 1/2, dann zu 2/1, weiter zu 3/1, dann zu 2/2 und 1/3, wieder weiter zu 1/4, 2/3, 3/2 und 4/1 und so fort. Bei der Durchnummerierung werden ungekürzte einfach übersprungen. [...] Möchte man bei dieser Abzählung auch alle negativen Brüche einbeziehen, so braucht die Liste nur dahingehend ergänzt zu werden, dass neben jedem Bruch m/n der Bruch –m/n zu stehen kommt.«[55]

[54] Siehe Basieux, S. 97
[55] Ebd., S. 106

Ergebnis:

Die Menge P der Primzahlen und die Menge Q der rationalen Zahlen sind **abzählbar unendlich**, haben also die gleiche Mächtigkeit $\aleph_0$ (sprich: Aleph Null) wie die Menge N der natürlichen Zahlen.

Beispiel 4:   Cantors Beweis mit dem Diagonalverfahren, dass die reellen Zahlen nicht abzählbar sind

Dieser Beweis ist ein klassischer Widerspruchsbeweis, auch **indirekter Beweis** genannt. CANTOR geht davon aus, dass die reellen Zahlen abzählbar seien, und leitet daraus einen Widerspruch ab. Wir erinnern uns, die Schlussweise $(A \rightarrow B)$ ist äquivalent mit $(\neg B \rightarrow \neg A)$.

»Angenommen, alle reellen Zahlen zwischen 0 und 1 seien als unendliche Dezimalbruchentwicklungen aufgelistet … Beispielsweise stelle man die Zahl 0,25 eindeutig durch 0,24999… dar. Diese Liste der abgezählten reellen Zahlen beginne mit

$$0,a_1a_2a_3 \ldots \ldots$$
$$0,b_1b_2b_3 \ldots \ldots$$
$$0,c_1c_2c_3 \ldots \ldots$$
$$\ldots \ldots \ldots \ldots \ldots$$

Dann bilde man eine neue Dezimalzahl $0,x_1x_2x_3 \ldots \ldots$ mit den folgenden Eigenschaften:

Die erste Ziffer x_1 ist verschieden von a_1,

die zweite Ziffer x_2 ist verschieden von b_2,

die dritte Ziffer x_3 ist verschieden von c_3 und so fort.

Ganz allgemein ist die n-te Ziffer x_n verschieden von der n-ten Ziffer der n-ten Zahl auf der Liste, n = 1, 2, 3, …

Anmerkung: Die n-te Ziffer der n-ten Zahl befindet sich auf der Diagonale $\{a_1, b_2, c_3, \ldots\}$ der Liste: daher der Name des Verfahrens.

Wir stellen fest: Unsere (durchaus zulässig) konstruierte Zahl $0,x_1x_2x_3 \ldots$ kann offenbar nirgends auf der Liste stehen. Das ist ein Widerspruch zur Annahme, die Liste enthalte alle reellen Zahlen. Es gibt als keine bijektive (umkehrbar eindeutige) Zuordnung zwischen den natürlichen und den reellen Zahlen, eine Abzählung letzterer ist nicht möglich. Die Menge der reellen Zahlen ist überabzählbar, ihre Mächtigkeit (oder Kardinalzahl) ist echt größer als $\aleph_0$.«[56]

---

[56] Siehe Basieux, S. 108

2.4 Verknüpfung von Geometrie und Arithmetik

Beginn der Geometrie

Der Beginn jeglicher »Geometrie« dürfte der Wunsch gewesen sein, Gegenstände oder Flächen mit **Ornamenten** zu verzieren, oder der Umgang mit Materialien beim Bauen von Unterkünften. Jedes Mal ging es dabei darum, mit »Linien« oder »Punkten« Formen zu gestalten. Schnell vollzogen sich dann die Verbindung mit Zahlen und das **Berechnen** von Längen, Flächen und Rauminhalten. Das Auslegen von Rechtecken mit Steinen mag zur

Formel F(Rechteck) = l * b geführt haben.

```
*   *   *   *   *

*   *   *   *   *

*   *   *   *   *

*   *   *   *   *
```

Die Geometrie der Ägypter[57]

»Ausgangsfigur ist das Rechteck, aus dem das rechtwinklige Dreieck, das gleichschenklige Dreieck und das gleichschenklige Trapez [...] entwickelt werden:«

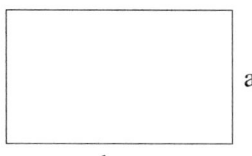
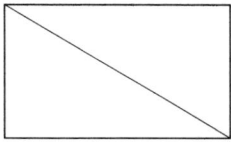

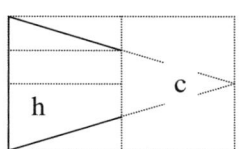

F (Rechteck) = a·b
F (Dreieck) = (a·b)/2
F (Trapez) = (h/2) · (a + c)

HELMUT GERICKE[58] berichtet von einer Inschrift am Horus-Tempel in Edfu ,aus der hervorgeht, dass Flächen der Tempelgüter in Parzellen aus eben diesen Grundformen berechnet wurden.

---

[57] Siehe Kropp, S. 12
[58] Gericke, S. 58

Struktur der Mathematik – Funktionsweise

Beispiel 1: Wie haben die alten Ägypter Kreisflächen berechnet?

GERICKE[59] übersetzt das Problem 50 aus dem **Papyrus Rhind:**
»Beispiel der Berechnung eines runden Feldes vom (Durchmesser) 9 ht. Was ist der Betrag seiner Fläche? Nimm 1/9 von ihm (dem Durchmesser) weg. Der Rest ist 8. Es wird 64.«

$$\left(d - \frac{d}{9}\right)^2 = 64$$

$$\left(d - \frac{d}{9}\right)^2 = \left(\frac{d}{2}\right)^2 * \pi \Rightarrow \frac{\pi}{4} = \frac{64}{81} \Rightarrow \pi = \frac{256}{81} \Rightarrow \pi = 3{,}1604938...$$

Das ist eine Abweichung von etwa 0,6% des genauen Wertes von π!

Wie kamen die Ägypter auf diesen Wert?

GERICKE zitiert den folgenden Vorschlag von H. ENGELS (Quadrature of the Circle in Ancient Egypt. Hist. Math. 4, S. 137–140): »Man weiß, dass die Ägypter Quadratnetze zu Entwürfen und Konstruktionszeichnungen benutzt haben. Will man zu einem gegebenen Quadrat den flächengleichen Kreis zeichnen, so wird man vielleicht das Quadrat [...] unterteilen und den Kreis so legen, wie es die Figur zeigt.«[60]

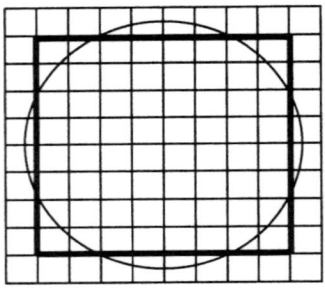

Die Ägypter sahen: Wenn man von einer Kreisfläche mit dem Durchmesser d = 9 ein Neuntel des Durchmessers subtrahiert, kommt man ungefähr auf ein »flächengleiches« Quadrat mit der Seitenlänge 8.

Die Geometrie der Griechen

EUKLID **aus Alexandria** (*365? v. Chr., † 300? v. Chr.) hat das gesamte mathematische Wissen seiner Zeit in seinem Buch »Die Elemente« (ta stoicheia) zu-

---

[59] Ebd., S. 55
[60] Ebd., S. 56

sammengefasst. Sein Hauptverdienst ist, dass er das mathematische Wissen systematisch geordnet (axiomatisiert) und durch Beweise gesichert hat. Unter anderem stammt ein Beweis des Lehrsatzes des Pythagoras von ihm.

Beispiel 2: »Am rechtwinkligen Dreieck ist das Quadrat über der dem rechten Winkel gegenüberliegenden Seite den Quadranten über den den rechten Winkel umfassenden Seiten zusammen gleich.«[61]

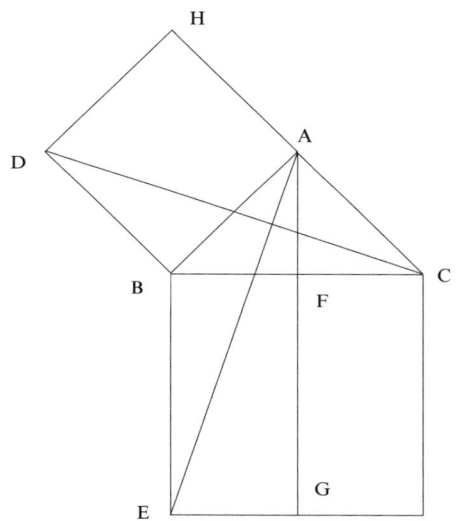

Der folgende Beweis gibt EUKLIDS Beweisidee wieder:

(1) Die Dreiecke BCD und BEA sind flächengleich: AB = BD, Winkel EBA = Winkel CBD und BC = BE.

(2) Die Dreiecke DBC und DBA sind flächengleich (gemeinsame Seite DB und gleiche Höhe BA).

(3) Die Dreiecke BEA und BEF sind flächengleich (gemeinsame Seite BE und gleiche Höhe BF).

(4) Aus (2) und (3) folgt, dass die Rechtecke BEGF und DBAH flächengleich sind.

(5) Die gleichen Überlegungen gelten für die rechte Seite der Figur.

(6) Durch Aufsummieren beider »Kathetensätze« ergibt sich der Beweis des Hypotenusensatzes.

[61] Euklid, S. 32

Zusammenfassung:

Die Aussagen (1) - (4) beinhalten den Kathetensatz: »Das Quadrat über einer Kathete ist flächengleich dem Rechteck aus Hypotenuse und dem entsprechenden Hypotenusenabschnitt«.

Dieser Satz erlaubt beliebige Rechtecke (und damit auch Dreiecke) in flächengleiche Quadrate zu verwandeln. Die lange gesuchte Quadratur des Kreises erwies sich als unmöglich. Aber dem geniale Mathematiker ARCHIMEDES **aus Syrakus** (*287? v. Chr., † 212 v. Chr.) gelang die Quadratur der Parabel!

Beispiel 3: Die Quadratur der Parabel von Archimedes[62]

Beweisidee aufgliedert in Abschnitte:

»§ 20 Wenn in einem Parabelsegment ein Dreieck von gleicher Grundlinie und Höhe einbeschrieben wird, so wird das **Dreieck größer** sein **als die Hälfte des Segments.**
[Begründung:]
Es sei nämlich ABC ein Parabelsegment. Ihm werde ein Dreieck ABC von gleicher Grundlinie und Höhe einbeschrieben. Da nun das Dreieck mit dem Segment gleiche Grundlinie und Höhe hat, so ist notwendigerweise der Punkt B der Scheitelpunkt des Segments. Es ist also AC der in B konstruierten Parabeltangente parallel. Es werde durch B die Parallele zu AC gezogen, und durch A und C werden die Parallelen AD und CE parallel zum Durchmesser gezogen. Diese werden außerhalb des Segments fallen. Da nun das Dreieck ABC die Hälfte des Parallelogrammes ADEC ist, so ist klar, dass es größer ist als die Hälfte des Segments.

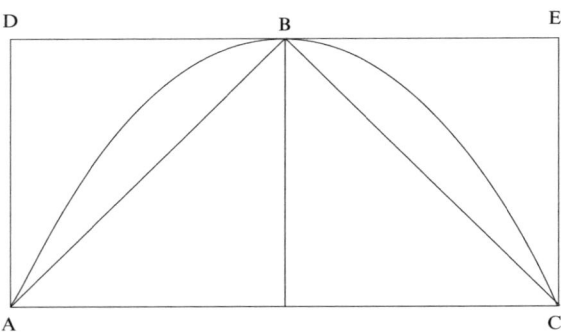

---

[62] Siehe Archimedes: Die Quadratur der Parabel in Ostwalds Klassiker der exakten Wissenschaften 201/203, Leipzig: Akademische Verlagsgesellschaft 1922, S. 24–29

Aufgrund des Beweises ist klar, dass es möglich ist, einem Parabelsegment ein Vieleck einzubeschreiben derart, dass die **Summe der Restsegmente kleiner ist als jede vorgeschriebene Fläche.**
[Begründung:]
Denn wenn man von einer gegebenen Größe fortgesetzt mehr als die Hälfte fortnimmt, so ist klar, dass die Reihe der Reste in stärkerem Maße abnimmt, als durch fortgesetzte Halbierung, dass also schließlich der Rest kleiner werden muss als jede beliebige Größe.«[63]

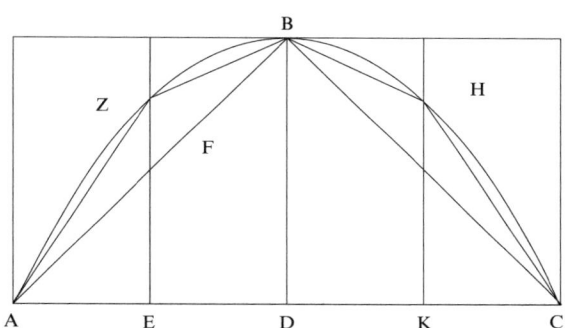

»§ 21 Wenn einem Parabelbogen das Dreieck mit gleicher Grundlinie und Höhe einbeschrieben wird und den Restsegmenten wiederum die Dreiecke, die mit ihnen gleiche Grundlinie und Höhe haben, **so wird das dem ganzen Segment eingeschriebene Dreieck einen achtmal so großen Inhalt haben wie jedes der den Restsegmenten eingeschriebenen Dreiecke.** [...]

Es ist zu beweisen, dass das Dreieck ABC achtmal so groß ist wie das Dreieck AZB.«[64]

Die nachfolgende Gliederung folgt inhaltlich ARCHIMEDES' Beweis:
   (1) Voraussetzungen: $\overline{AE} = \overline{ED} = \overline{DK} = \overline{KC} \wedge \mathrm{EZ} \,/\!/\, \mathrm{BD} \,/\!/\, \mathrm{KH}$
   (2) Es gilt: $\overline{EZ} = \dfrac{3}{4}\,\overline{BD}$ (Eigenschaft der Parabel) $\overline{BD} = \dfrac{4}{3}\,\overline{EZ}$
   (3) $\overline{BD} = 2\,\overline{EF}$ (Vierstreckensatz)
   (4) Aus (2) und (3) folgt: $\overline{EF} = \dfrac{1}{2}\,\overline{BD} = \dfrac{1}{2}\cdot\dfrac{4}{3}\,\overline{EZ} = \dfrac{2}{3}\,\overline{EZ}$
   (5) Aus (4) folgt: $\overline{EF} = 2\,\overline{FZ}$

[63] Ebd., S. 24
[64] Ebd., S. 25

(6) Aus (5) folgt: $F_{AEF} = 2 \cdot F_{AFZ}$ (gleiche Höhe und doppelt so große Basis)

(7) Es gilt: $F_{AFZ} = F_{FBZ} \wedge F_{ACF} = F_{FCB}$, weil $\overline{AF} = \overline{FB}$.

Aus $F_{AFZ} = \dfrac{1}{2} \cdot F_{AEF} = \dfrac{1}{2} \cdot \dfrac{1}{4} \cdot F_{ACF} = \dfrac{1}{8} \cdot F_{ACF} \Rightarrow F_{ACF} = 8 \cdot F_{AFZ}$

(8) Aus (7) folgt: $F_{ABZ} = F_{AFZ} + F_{FBZ} = 8 \cdot (F_{ACF} + F_{FCB}) = 8 \cdot F_{ACB}$.

»§ 22 Wenn ein Parabelsegment gegeben ist und ferner eine Anzahl von Flächenstücken, die eine geometrische Reihe mit dem Quotienten bilden und deren erstes flächengleich ist einem Dreieck, das mit dem Parabelsegment gleiche Grundlinie und Höhe hat, so ist die **Summe dieser Flächenstücke kleiner als das Segment.**«[65]

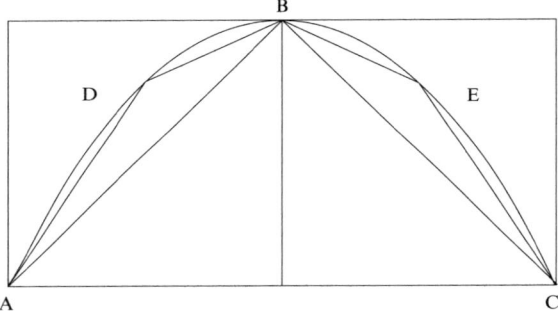

Wie kommt ARCHIMEDES auf eine **geometrische Reihe der Flächeninhalte** mit dem Quotienten $\tfrac{1}{4}$? Im vorgehenden Beweisschritt (§ 21) hat er gezeigt, dass der Flächeninhalt des Dreiecks ABC achtmal so groß ist wie der der Dreiecke ADB und BCE.

Anderes geschrieben:

$$F_{ABC} = 8 \cdot F_{ADB} \wedge F_{ABC} = 8 \cdot F_{BCE} \Rightarrow F_{ABC} = 4 \cdot (F_{ADB} + F_{BCE}) \Rightarrow F_{ADB} + F_{BCE} = \frac{1}{4} \cdot F_{ABC}$$

Das Parbelsegment ADBEC hat ARCHIMEDES mit dem Dreieck ABC (Flächeninhalt Z) und den beiden Dreiecken ADB und BEC (Gesamtflächeninhalt H) ausgeschöpft (**Exhaustionsmethode**). Mit der verbleibenden Restfläche verfährt er ebenso, indem er den Restsegmenten ebenfalls auf diese Weise Dreiecke einbeschreibt.

[65] Ebd., S. 26

Flächeninhalt der Dreiecke	Einbeschriebene Dreiecksflächen	Ausgeschöpfte Fläche
ABC	Z	Z
ADB und BEC	$H = \dfrac{1}{4} Z$	$Z + \dfrac{1}{4} Z$
	$F = \dfrac{1}{4} \cdot \left(\dfrac{1}{4} Z \right)$	$Z + \dfrac{1}{4} Z + \dfrac{1}{4} \cdot \left(\dfrac{1}{4} Z \right)$
	$I = \dfrac{1}{4} \cdot \left(\dfrac{1}{4} \cdot \left(\dfrac{1}{4} Z \right) \right)$	$Z + \dfrac{1}{4} Z + \dfrac{1}{4} \cdot \left(\dfrac{1}{4} Z \right) + \dfrac{1}{4} \cdot \left(\dfrac{1}{4} \cdot \left(\dfrac{1}{4} Z \right) \right)$

Mit diesem fortgesetzten Ausschöpfungsverfahren kommt ARCHIMEDES auf eine unendliche geometrische Reihe.

$$Z + H + F + I + \ldots = s_n$$
$$a_0 + a_1 + a_2 + a_3 + \ldots = s_n$$

Fragt sich nur, wie er den Zahlenwert berechnen will? Dazu greift ARCHIMEDES tief in die Trickkiste. Er verwendet folgenden im § 23 formulierten Satz:

»**§ 23 In einer geometrischen Reihe mit dem Quotienten $\frac{1}{4}$ ist die um den dritten Teil des kleinsten Gliedes vermehrte Summe aller Glieder $\frac{4}{3}$ mal so groß wie das größte.**«[66]

Ein »moderner« Beweis dieses Satzes:

Gegeben sei die geometrische Reihe

$$\sum_{v=0}^{n} a_v = a_0 + a_1 + a_2 + \ldots + a_n \text{ mit}$$

$$a_1 = \frac{1}{4} a_0, \ a_2 = \frac{1}{4} \cdot \frac{1}{4} a_0, \ \ldots, \ a_n = \left(\frac{1}{4} \right)^n a_0,$$

größtes Glied ist a_0 und kleinstes ist $a_n = \left(\dfrac{1}{4} \right)^n a_0$.

Ganz allgemein gilt: $a_n = \dfrac{1}{4} a_{n-1}$ oder auch $a_{n+1} = \dfrac{1}{4} a_n$.

Die n-te Partialsumme s_n der geometrischen Reihe ist dann:

$$s_n = a_0 + a_1 + a_2 + \ldots + a_n,$$

die Multiplikation mit $\frac{1}{4}$ ergibt:

[66] Ebd., S. 26

Struktur der Mathematik – Funktionsweise

$$\frac{1}{4} \cdot s_n = a_1 + a_2 + a_3 + \ldots + a_{n+1},$$

durch Subtraktion der Partialsummen erhalten wir:

$$s_n \cdot \left(1 - \frac{1}{4}\right) = (a_0 + a_1 + a_2 + \ldots + a_n) - (a_1 + a_2 + a_3 + \ldots + a_n + a_{n+1}) = a_0 - a_{n+1},$$

$$s_n \cdot \frac{3}{4} a_0 - \frac{1}{4} a_n \Rightarrow s_n = \frac{4}{3} \cdot a_0 - \frac{1}{3} \cdot a_n$$

$$\Rightarrow s_n + \frac{1}{3} a_n = \frac{4}{3} a_0 \text{ qed (quod erat demonstrandum).}$$

Wie aber hat ARCHIMEDES selber diesen Satz bewiesen?

Originalbeweis des ARCHIMEDES:

>»Es seien A, B, C, D, E Glieder einer geometrischen Reihe mit dem Quotienten $\frac{1}{4}$.

Es sei weiter $Z = \frac{1}{3} B, H = \frac{1}{3} C, F = \frac{1}{3} D, J = \frac{1}{3} E.$

Da nun $Z = \frac{1}{3} B, B = \frac{1}{4} A,$

so ist $B + Z = \frac{1}{3} A.$

Aus dem gleichen Grunde folgt $H + C = \frac{1}{3} B, F + D = \frac{1}{3} C, J + E = \frac{1}{3} D.$

Durch Addition folgt

$$B + C + D + E + Z + H + F + J = \frac{1}{3} (A + B + C + D).$$

Es ist aber $Z + H + F = \frac{1}{3} (B + C + D).$

Daraus folgt $B + C + D + E + J = \frac{1}{3} A,$

daher $A + B + C + D + E + \frac{1}{3} E = \frac{4}{3} A.$«[67]

>»§ 24 Der **Inhalt eines Parabelsegments** ist [genau] 4/3 des Inhalts des Dreiecks, das mit ihm gleiche Grundlinie und Höhe hat.«[68]

---

[67] Ebd. S. 26–27
[68] Ebd., S. 27

Diesen letzten Teil seines Satzes von der Quadratur der Parabel beweist AR-CHIMEDES mit einem **indirekten Beweis (Widerspruchsbeweis)**:

(1) Annahme: Der Flächeninhalt der Parabel ist größer als $K = \frac{4}{3} \triangle ABC$, dann wird es möglich sein, »soweit fortzuschreiten, dass die Summe der übrig bleibenden Restsegmente kleiner ist als die Differenz, um die das Segment die Fläche K übertrifft«[69]. Das ist aber ein Widerspruch zur Annahme.

(2) Annahme: Der Flächeninhalt der Parabel ist kleiner als $K = \frac{4}{3} \triangle ABC$, das ist aber nicht möglich, weil die Summe der einbeschriebenen Vielecke niemals den Flächeninhalt des Segments übersteigt.

(3) Aus (1) und (2) folgt, dass der Flächeninhalt der Parabel genau K ist.

Zusammenfassung:
Sowohl das Ergebnis als auch die verwendeten Methoden nötigen höchsten Respekt ab. ARCHIMEDES hat mit den Mitteln seiner Zeit wissenschaftlich exakt gearbeitet. Das Integrationsverfahren zeichnet sich bei seinem Beweis schon ab, obwohl noch kein Koordinatensystem und das Rechnen mit reellen Zahlen zur Verfügung standen.

Gegenüberstellung von Exhaustionsmethode und Integrationsverfahren

Exhaustionsmethode	Integrationsverfahren

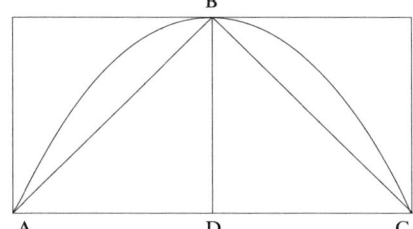 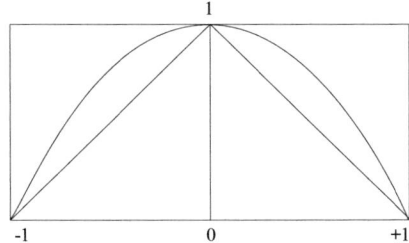

ARCHIMEDES hat das Parabelsegment ABC mit einbeschriebenen Dreiecken ausgeschöpft. Die Flächenstücke bilden eine geometrische Reihe mit dem Quotienten $\frac{1}{4}$.

Der Flächeninhalt des Ausgangsdreiecks ABC ist Z. Der Summenwert dieser geometrischen Reihe beträgt $\frac{4}{3} Z$.

Dem Parabelsegment werden parallele Flächenstreifen einbeschrieben. Geht die Breite dieser Parallelstreifen gegen null, so wird der »Grenzwert der Summe dieser Flächenstreifen« als Riemann-Integral (R-Integral) bezeichnet.

Gleichung der Parabel: $y = -x^2 + 1$

---

[69] Ebd., S. 27

$$Z + \frac{1}{4}Z + \frac{1}{4} \cdot \left(\frac{1}{4}Z\right) + \frac{1}{4} \cdot \left(\frac{1}{4} \cdot \left(\frac{1}{4}Z\right)\right) +$$
$$\ldots = \frac{4}{3}Z.$$

Der Flächeninhalt des Parabelsegments ist

$$\frac{4}{3} \cdot \left(\frac{1}{2} \cdot \overline{AC} \cdot \overline{DE}\right) = \frac{4}{3}.$$

$$\int_{-1}^{1}(-x^2+1)dx = \left[-\frac{1}{3}x^3 + x + c\right]_{-1}^{1} =$$
$$-\frac{1}{3} \cdot 1^3 + 1 + c - \left(-\frac{1}{3} \cdot (-1)^3 + (-1) + c\right) =$$
$$\frac{2}{3} + \frac{2}{3} = \frac{4}{3}.$$

Die Araber als Mittler zum Abendland

»Große Teile der griechischen Mathematik sind nur oder vorwiegend in arabischer Fassung ins Abendland gedrungen, wobei sich gezeigt hat, dass die arabischen Texte mit großem Sachverständnis verfasst worden waren. Die Wirksamkeit arabischer Mathematiker umfasst die Zeit vom 8. bis zum 15. Jahrhundert. Etwa bis zum Jahr 1000 sind die wichtigsten Übersetzungen erfolgt, die sich auf Schriften folgender griechischer Mathematiker erstrecken: EUKLID, ARCHIMEDES, APOLLONIOS, THEODOSIOS, MENELAOS, NIKOMACHUS, HERON, PTOLEMIOS, DIOPHANTOS. Die Araber sind an der Fortentwicklung der Algebra und Trigonometrie interessiert.«[70]

Bis ins 16. Jahrhundert dominierte die »**griechische Mathematik**«, auf der **axiomatischen Grundlage**, wie sie EUKLID entwickelt hatte. »In der **Ebene** werden Kongruenz und Ähnlichkeit behandelt, dazu Flächenvergleich und Inhaltsermittlung von einfachen geschlossenen Polygonen; hinzu treten die Kegelschnitte in synthetischer Darstellung. Fragen der Konstruierbarkeit, insbesondere mit Zirkel und Lineal, werden erörtert, und es werden einzelne transzendente Kurven kinematisch erzeugt.

Die möglichen Lagen von Punkten, Geraden und Ebenen im **euklidischen Raum** finden ebenso Berücksichtigung wie die Oberflächen-, Inhalts- und Schwerpunktsbestimmungen einfacher räumlicher Gebilde (Prismen, Pyramiden, reguläre Körper; Zylinder, Kegel, Kugel; Drehkörper, die durch Rotation von Kegelschnitten um ihre Achsen entstehen).

In der **Trigonometrie** werden insbesondere der Sinus und der Tangens als Strecken definiert und tabuliert, meist recht genau im Hinblick auf die Bedürfnisse der Astronomie.«[71]

[70] Kropp, S. 53
[71] Ebd., S. 76

2.5 Geburt der analytischen Geometrie

»Um die Wende des 16. zum 17. Jahrhundert hatten VIETÉ und einige seiner Zeitgenossen damit begonnen, eine **mathematische Zeichensprache** zu schaffen, die geeignet war, konkrete Aufgaben auf eine allgemeine Form zu bringen. Es lag nahe, die von der Algebra bereitgestellten Mittel dazu zu verwenden, um mit ihnen geometrische Probleme zu lösen. Das ist die Geburtsstunde der analytischen Geometrie, die ziemlich gleichzeitig von DESCARTES (1637) und FERMAT (1636) geschaffen wurde.«[72]

Abb. 10: PIERRE DE FERMAT, 1601–1665 *Abb. 11: RENE DESCARTES, 1596–1650*

FERMATS Gedanken zur analytischen Geometrie finden sich in seiner Schrift »Ad locos planos et solidos isagoge« (Einführung in die ebenen und räumlichen Örter). »Will man diese (Kegelschnitte) nicht synthetisch-konstruktiv (wie die Alten), sondern analytisch behandeln, muss man nach Fermat **Gleichungen in zwei Unbekannten** (»quantitatives ignotae«) aufstellen; von Variablen spricht Fermat noch nicht. Die erste Unbekannte, A, entspricht unserer Abszisse x und wird auf einer festen Achse von einem Nullpunkt aus abgetragen; fällt man dann von einem (nicht auf der Abszissenachse liegenden) Kurvenpunkt das Lot auf die x-Achse, so erhält man die Ordinate (»ordinatim applicata«) y, von Fermat meist durch E bezeichnet. Fermat hat also noch keine Ordinatenachse und legt auch das Bezugssystem nach Möglichkeit so, dass A und E positiv sind.«[73]

---

[72] Ebd., S. 89
[73] Ebd., S. 90

Struktur der Mathematik – Funktionsweise

Beispiel 1: FERMATS Herleitung der Ellipsengleichung[74]

Aus den *Konika* des APOLLONIOS weiß DESCARTES, dass folgende Beziehung (Verhältnis von Strecken) gilt:

$$\frac{AC \cdot BC}{CD^2} = k$$

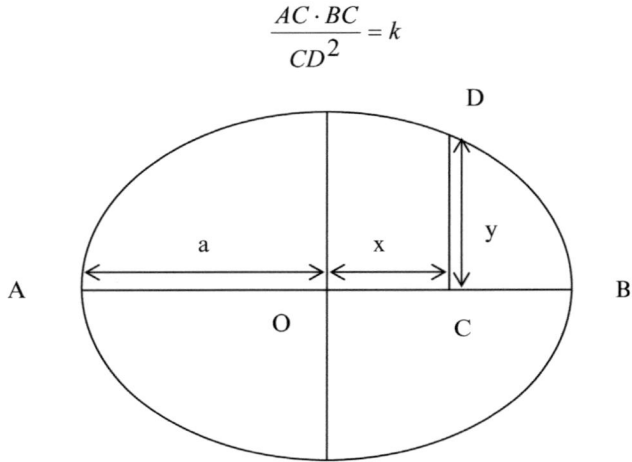

Diese Verhältnisgleichung ist äquivalent mit

$$\frac{(a+x) \cdot (a-x)}{y^2} = k$$

daraus folgt $\quad a^2 - x^2 = k \cdot y^2$

»In der Geometrie entwickelt DESCARTES sein System der Mathematik (Verbindung von Algebra und Geometrie), das die Grundlage der ›analytischen Geometrie‹ der Neuzeit zu bilden berufen war. [...] Hinsichtlich der Koordinaten arbeitet Descartes mit einer x-Achse (positiver) Abszissen. Die ›Ordinaten‹ sind Strecken, die schiefwinklig oder orthogonal an der Abszissenachse angetragen werden. Das vollständige Achsenkreuz (mit vier gleichberechtigten Quadranten) findet sich erst bei ISAAC NEWTON, und zwar in der um 1676 entstandenen, aber erst 1704 (als Anhang der *Optics*) veröffentlichten ›Enumeratio linearum tertii ordinis‹ (Aufzählung der Kurven dritter Ordnung). Die **analytische Koordinatengeometrie** im heutigen Sinne wird erst in Vorlesungen und Lehrbüchern des 19. Jahrhunderts entwickelt.«[75]

---

[74] Ebd., S. 91
[75] Ebd., S. 93

Das Prinzip des Cavalieri als Vorstufe der Integralrechnung

»Ebene Figuren sind als Gewebe aus parallelen Fäden hergestellt zu denken, Körper als Bücher, die aus einander parallelen Blättern bestehen.« Mit diesen Worten kennzeichnet BONAVENTURA CAVALIERI (1598?–1647), der Schöpfer der Indivisiblen-Geometrie, anschaulich sein Verfahren, um zu Quadraturen und Kubaturen zu gelangen.[76]

Das Prinzip des CAVALIERI lautet:
Wenn zwei Körper auf eine Ebene gestellt werden und mit jeder dazu parallelen Ebene gleichgroße Querschnittsflächen aufweisen, dann sind die Körper volumengleich.

Beispiel 2: Herleitung des Kugelvolumens
Als Vergleichskörper einer Kugel mit Radius r wird ein Zylinder mit dem Radius r und der Höhe 2r verwendet, aus dem ein Doppelkegel mit dem Radius r und der Höhe 2r herausgeschnitten ist. Es wird gezeigt, dass die Kugel mit dem Vergleichskörper volumengleich ist.

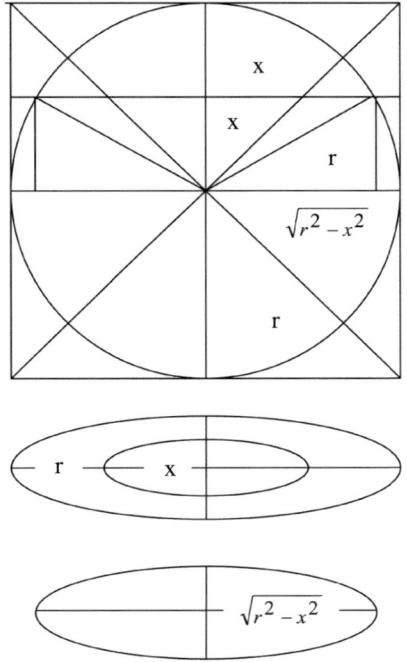

---

[76] Ebd., S. 105

Schnittfläche mit dem Vergleichskörper:

$$A_{\text{Vergleichskörper}} = r^2 \pi - x^2 \pi = (r^2 - x^2)\pi$$

Schnittfläche mit der Kugel:

$$A_{\text{Kugel}} = \left(\sqrt{r^2 - x^2}\right)^2 \pi = (r^2 - x^2)\pi$$

Nach dem Prinzip ist also das Kugelvolumen gleich dem Volumen des Vergleichskörpers

$$V = r^2 \pi \cdot 2r - 2 \cdot \frac{1}{3} r^2 \pi \cdot r$$

$$V_{\text{Kugel}} = \frac{4}{3} r^3 \pi$$

»Auf dem Grabmal des ARCHIMEDES, der ziviles Opfer des zweiten Punischen Krieges wurde, war eine Figur eingemeißelt, die eine Aussage wiedergibt, auf die ARCHIMEDES offenbar besonderen Wert legt; im Aufriss wird dargestellt, dass die Rauminhalte von Kegel, Kugel und Zylinder gleicher Grundfläche und gleicher Höhe sich wie 1:2:3 verhalten.«[77]

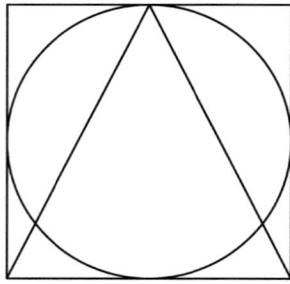

$$V_{Kegel} : V_{Kugel} : V_{Zylinder} = 1 : 2 : 3$$

---

[77] Kropp, S. 37

2.6 Zentraler Funktionsbegriff

»In der Mathematik ist eine **Funktion** oder **Abbildung** eine Beziehung zwischen zwei Mengen, die jedem Element der einen Menge (Funktionsargument, unabhängige Variable, x-Wert) genau ein Element der anderen Menge (Funktionswert, abhängige Variable, y-Wert) zuordnet. Das Konzept der Funktion oder Abbildung nimmt in der modernen Mathematik eine zentrale Stellung ein [...].

Das Nebeneinander der Begriffe ›Funktion‹ und ›Abbildung‹ ist nur historisch zu verstehen.Der Begriff ›Funktion‹, 1694 von LEIBNIZ eingeführt, wurde zunächst als formelmäßige Rechenvorschrift aufgefasst, zum Beispiel $y = x^2$ oder $f(x) = \sin x$. In der Schulmathematik wurde dieser naive Funktionsbegriff bis weit in die zweite Hälfte des 20. Jahrhunderts beibehalten.

Bisweilen wurden auch *mehrwertige Funktionen,* zum Beispiel eine im Vorzeichen unbestimmte Quadratwurzelfunktion, zugelassen. Erst als die Analysis im 19. Jahrhundert mit einem exakten Grenzwertbegriff auf eine neue Grundlage gestellt wurde, entdeckten WEIERSTRASS, DEDEKIND und andere, dass Grenzwerte unendlicher Folgen ›klassischer‹ Funktionen sprunghaft sein können und sich nicht immer durch ›geschlossene‹ Formeln (mit endlich vielen Rechenoperationen) ausdrücken lassen. Das erzwang eine schrittweise Ausweitung des Funktionsbegriffs.«[78]

Beispiele für Funktionen

Lineare Funktion:	$f(x) = ax + b$
Quadratische Funktion:	$f(x) = ax^2 + bx + c$
Polynomfunktion:	$f(x) = a_n x^n + a_{n-1} x^{n-1} + \ldots + a_1 x + a_0$
Rationale Funktion:	$f(x) = \dfrac{g(x)}{h(x)}$
Potenzfunktion:	$f(x) = x^{\frac{m}{n}}$
Exponentialfunktion:	$f(x) = e^x$
Logarithmusfunktion:	$f(x) = \ln(x)$
Sinusfunktion:	$f(x) = \sin(x)$

Die verschiedenen Bezeichnungen und Schreibweisen einer Funktion

Rechenvorschrift:	$f : D \to W$	D = Definitionsbereich, W = Wertebereich

---

[78] wikipedia.org/wiki/Funktion_Mathematik

$$f: x \to y \quad x \in D \quad \text{x ist das Argument,}$$
$$y \in W \quad \text{y ist der zugeordnete Wert}$$

Funktionsterm: $\quad x^2$

Funktionsgleichung: $\quad y = x^2$

Wertetabelle:

x	1	2	3	4	
y	1	4	9	16	

Relation: $\quad f(x) = \{(1/1), (2/4), (3/9), (4/16), \ldots\}$

Funktionsschreibweise: $\quad f(x) = x^2$

Folgen als Funktionen: $\quad f: N \to R$

$a_1, a_2, a_3 \ldots a_n$ Schreibweise: $(a_n)\, n \in N$

z. B. 1, 4, 9, 16, 25, 36, 49, ... $(n^2)\, n \in N$

Reihen als Folge von Partialsummen einer Folge:

$$s_1 = a_1$$
$$s_2 = a_1 + a_2$$
$$s_3 = a_1 + a_2 + a_3$$
$$\vdots$$
$$s_n = a_1 + \ldots + a_n = \sum_{\nu=1}^{n} a_\nu$$

Unendliche Reihe: $\quad (s_n)_{n \in N} = \sum_{\nu=1}^{\infty} a_\nu$

TAYLOR-Reihen

Definition: »Ist $f: D_f \to R$ in a unendlich oft differenzierbar, so heißt

$$p_a(x) \doteq \sum_{\nu=0}^{\infty} \frac{f^{(\nu)}(a)}{\nu!}(x-a)^\nu \quad \text{TAYLOR-Reihe von } f \text{ mit der Entwicklungsstelle } a.\text{«}[79]$$

Hinweise:

TAYLOR-Reihen konvergieren selbstverständlich in der Entwicklungsstelle a, es gilt ja $\qquad p_a(a) = f(a)$.

Soll eine Funktion durch eine TAYLOR-Reihe approximiert werden, muss der »Konvergenzradius« ermittelt werden. Funktionen, die sich in einer Umge-

---

[79] dtv-Atlas Band 2, S. 301

bung von a in Potenzreihen (TAYLOR-Reihen) entwickeln lassen, heißen **analytische Funktionen.**

$f^{(v)}$ bedeutet die *v-te* Ableitung der Funktion *f.*

v! heißt *v-te* Fakultät und bedeutet das Produkt $1 \cdot 2 \cdot 3 \dots (v\text{-}1) \cdot v$

Reihenentwicklung von Funktionen:

$$e^x = e^0 x^0 + \frac{e^0}{1}x + \frac{e^0}{2!}x^2 + \dots = 1 + x + \frac{x^2}{2!} + \frac{x^3}{3!} + \dots = \sum_{v=0}^{\infty} \frac{x^v}{v!}$$

$$\ln(1+x) = x - \frac{x^2}{2} + \frac{x^3}{3} - \frac{x^4}{4} + \frac{x^5}{5} - +\dots = \sum_{v=1}^{\infty} \frac{(-1)^{v+1}}{v}x^v \text{ für } -1 < x < 1$$

$$\sin(x) = \sin(0)x^0 + \sin^{(1)}(0)x + \frac{\sin^{(2)}(0)}{2!}x^2 + \dots = x - \frac{x^3}{3!} + \frac{x^5}{5!} - \dots = \sum_{v=0}^{\infty} \frac{(-1)^v}{(2v+1)!}$$

$$\cos(x) = \cos(0)x^0 + \cos^{(1)}(0)x + \frac{\cos^{(2)}(0)}{2!}x^2 + \dots = 1 - \frac{x^2}{2!} + \frac{x^4}{4!} - \dots = \sum \frac{(-1)^v}{(2v)!}x^{2v}$$

Die »Analysis« verwendet die Menge R der reellen Zahlen, die geordnete, algebraische und topologische Strukturen (siehe nachfolgende Kapitel) aufweisen. **Die multiple Struktur der reellen Zahlen** erlaubt nun eine

Klassifizierung der Funktionen[80]

Menge der L-integrierbaren Funktionen
Menge der R-integrierbaren Funktionen
Menge der stetigen Funktionen
Menge der differenzierbaren Funktionen
Menge der analytischen Funktionen
Menge der algebraischen Funktionen
Menge der rationalen Funktionen
Menge der ganzrationalen Funktionen

[80] dtv-Atlas Band 2, S. 290

Die Grafik besagt, dass folgende »Mengenkette« besteht:

> Menge der ganzrationalen Funktionen $\subset$ Menge der rationalen Funktionen $\subset$ ... $\subset$ Menge der L-integrierbaren Funktionen.

Das besagt z. B., jede stetige Funktion ist differenzierbar, aber nicht jede differenzierbare Funktion ist auch stetig. Oder, nicht jede R-integrierbare Funktion ist stetig, aber jede stetige Funktion ist R-integrierbar.

Anmerkung:

Das R-Integral (Riemann-Integral) basiert auf JORDAN-messbaren Teilmengen des R^n, das L-Integral (LEBESGUE-Integral) dagegen basiert auf Teilmengen des R^n, die sich mit dem Lebesgues-Maß messen lassen.

Beispiel 1:   Die Gaußsche Treppenfunktion[81] $G(x) = [x]$.
                   $[x] := n$ für $n \leq x < n + 1$ und $n \in Z$

Diese Funktion ist nicht stetig, aben R-integrierbar.

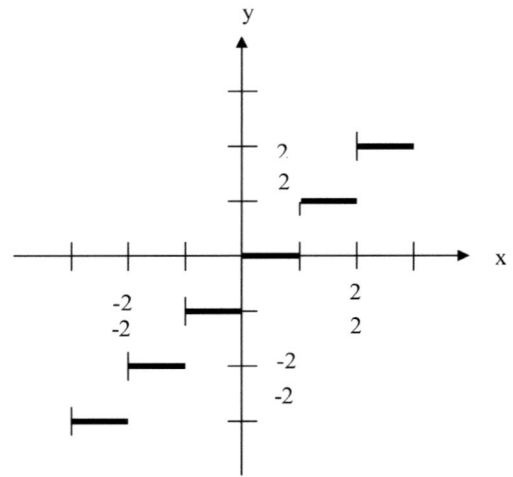

Beispiel 2: $f(x) = \begin{cases} 1 \\ -1 \end{cases}$ für $\begin{matrix} x \in Q \\ x \in R - Q \end{matrix}$

---

[81] Ebd. S. 282

Diese Funktion ist weder L- noch R-integrierbar.

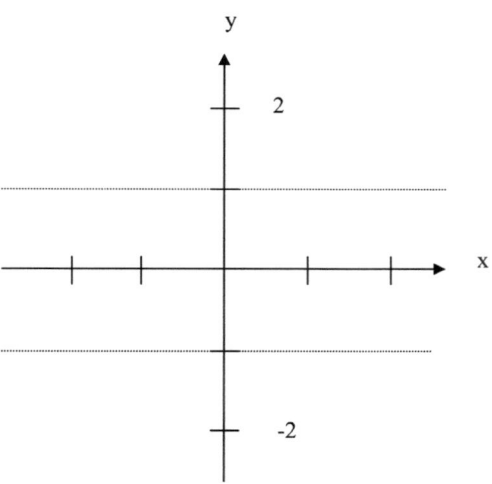

2.7 Entwicklung der Differential- und Integralrechnung

FRANCESCO BONAVENTURA CAVALIERI (1598–1647) mit seiner Indivisiblenmethode und PIERRE DE FERMAT (1601–1665) mit seiner Tangentenmethode standen bereits an der Schwelle zur Differentialrechnung.

Die Gedanken von PLAISE PASCAL (1632–1662) und ISAAC BARROW (1630–1677) bildeten dann die letzte Stufe vor der Entdeckung der eigentlichen Infinitesimalrechnung durch ISAAC NEWTON (1643–1727) und GOTTFRIED WILHELM LEIBNIZ (1646–1716). »BARROW, der Lehrer NEWTONS, war zur Einsicht gelangt, dass das Quadraturproblem und das Tangentenproblem zueinander invers sind. PASCAL hat am Kreisquadranten ein infinitesimales Dreieck gezeichnet, bei dessen Betrachtung LEIBNIZ im Jahr 1673 ›das große Licht aufging, das der Verfasser selbst nicht gesehen hat‹.«[82]

LEIBNIZ und NEWTON haben fast gleichzeitig und unabhängig voneinander die Differential- und Integralrechnung entwickelt. Dies wird durch ihre unterschiedliche Herangehens- und Darstellungsweise belegt.

---

[82] Kropp, S. 120

Abb. 12: ISAAC NEWTON, 1643–1727   *Abb 13: WILHELM LEIBNIZ, 1646–1716*

Fluxionsrechnung NEWTONS

»Alle veränderlichen Größen sind physikalische Größen, die von der objektiv ablaufenden Zeit abhängen. Diese Größen, die Variablen also, nennt er ›Fluenten‹, das heißt soviel wie ›Fließende‹. Ihre Geschwindigkeiten, das heißt ihre Ableitungen, heißen ›**Fluxionen**‹. NEWTON definiert folgendermaßen:

›Die Größen, die ich als allmählich und unbeschränkt zunehmende ansehe, werde ich von nun an Fluenten oder Flowing Quantities nennen und werde sie durch die letzten Buchstaben des Alphabets bezeichnen, durch

v, x, y, z,

damit ich sie unterscheiden kann von anderen Größen, die in Gleichungen als bekannt und bestimmt betrachtet werden können, und welche darum durch die Anfangsbuchstaben a, b, c, … bezeichnet werden.

Und die Geschwindigkeiten, die jede Fluente durch die erzeugte Geschwindigkeit erhält–die ich als Fluxion oder einfach als Geschwindigkeiten bezeichnen möchte–werde ich durch dieselben Buchstaben, aber mit Punkt versehen, bezeichnen, also

$\dot{v}, \dot{x}, \dot{y}, \dot{z}$.‹

Der dritte wichtige Begriff der Newtonschen Fluxionsrechnung ist das **Moment** einer Größe. NEWTON definiert es als einen ›gerade noch wahrnehmbaren Zuwachs einer Größe‹ und bezeichnet es mit ›o‹.

Demnach ist o das Moment der Zeit,

$$xo$$

das Moment der Fluente und

$$\dot{x}o$$

$\dot{x}o$ das Moment der Fluxion, das etwa dem heutigen Differential entspricht.«[83]

Beispiel 1: Differentiation der Gleichung $x^3 - ax^2 + axy - y^3 = 0$ mit Newtons Fluxionsmethode[84]

x und y hat man sich als abhängige Variablen zu denken, die unabhängige Variable, nach der differenziert wird, ist die Zeit t. x(t) und y(t) sind also Funktionen der Zeit.

Ersetzt man   x durch $x + \dot{x}o$

und   y durch $y + \dot{y}o$,

dann ergibt sich

$$x^3 + 3\dot{x}ox^2 + 3\dot{x}^2oox + \dot{x}^3o^3$$
$$- ax^2 - 2a\dot{x}ox - a\dot{x}^2oo$$
$$+ axy + a\dot{x}oy + a\dot{y}ox + a\dot{x}\dot{y}oo$$
$$- y^3 - 3\dot{y}oy^2 - 3\dot{y}^2ooy - \dot{y}^3o^3 = 0$$

Nun ist nach Voraussetzung $x^3 - ax^2 + axy - y^3 = 0$.

Die verbleibenden Terme werden durch o dividiert. Da für den Rest o unendlich klein ist, verbleibt

$$3\dot{x}x^2 - 2a\dot{x}x + a\dot{x}y + a\dot{y}x - 3\dot{y}y^2 = 0$$

Der Calculus differentialis (Differentialrechnung) von LEIBNIZ

Beim Betrachten der folgenden Figur aus PASCALS Abhandlung über die Sinuswerte im Kreisquadranten[85] ging LEIBNIZ ein Licht auf, wie er selbst sagte:

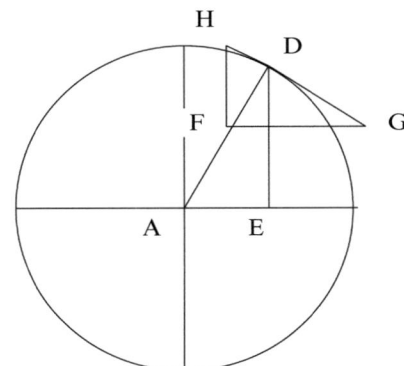

[83] Wußing, S. 199
[84] Ebd., S. 200
[85] Kropp, S. 123

Das Steigungsdreieck FGH der Tangente HG ist ähnlich dem Dreieck AED.

»Das ›große Licht‹, das LEIBNIZ später beim Vergleich des charakteristischen Dreiecks HFG mit dem Dreieck AED aufging, war der Gedanke, dass die von PASCAL am Kreis gewonnene Verbindung zwischen einer Kurve und ihrer Tangente auf beliebige (differenzierbare) Kurven übertragen werden kann, wenn man den Kreisradius AD durch die Kurvennormale ersetzt.«

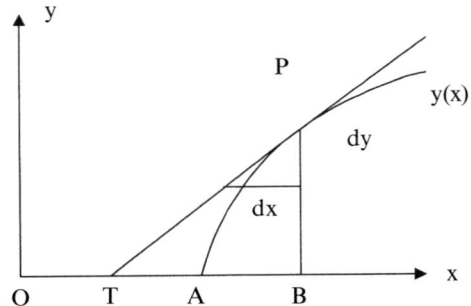

»In einem rechtwinkligen cartesischen Achsenkreuz mit dem Ursprung O sei eine glatte Kurve (die auch Graph einer irrationalen und sogar transzendenten Funktion sein kann) AP = y(x) gegeben. Die Tangente in P, deren Anstieg bestimmt und die dadurch definiert werden soll, schneide die x-Achse im Punkt T; BP sei Ordinate, TB = t die Subtangente. …das ›Differential‹ dy der ›Funktion‹ y wird folgendermaßen definiert:

$$dy = \frac{y}{t} dx$$

Dann ist $\frac{y}{t}$, der Anstieg der Tangente, zugleich der ›Differentialquotient‹ $\frac{dy}{dx}$ der Kurve y(x) im Punkt P. Hierbei muss man sich vorstellen, dass der Grenzübergang von endlichen zu schließlich beliebig kleinen Größen dx und dy dadurch erfolgt, dass dem Punkt P ein benachbarter Punkt Q zugeordnet wird und dann Q längs der Kurve gegen P strebt.

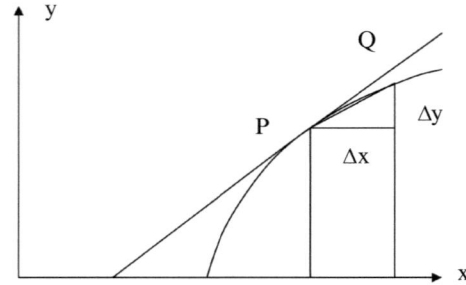

Es handelt sich im Prinzip um das heutige Verfahren, den Differentialquotienten als Grenzwert einer Folge von Differenzenquotienten anzusehen:

$$\frac{dy}{dx} = \lim_{\Delta x \to 0} \frac{\Delta y}{\Delta x}$$

nur hat LEIBNIZ (wie auch NEWTON) noch nicht die exakte Ausdrucksweise des 19. Jahrhunderts und unterscheidet insbesondere in der Bezeichnungsweise noch nicht dy von Δy. Der Sache nach macht LEIBNIZ sehr wohl den Unterschied zwischen Differenz und Differential, was geometrisch folgendermaßen veranschaulicht werden kann.

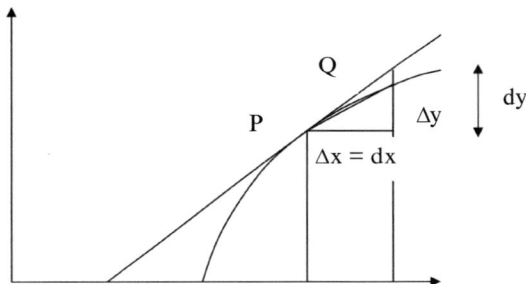

Dadurch, dass LEIBNIZ mit Differentialen arbeitet, erhält er u. a. die folgenden Rechenregeln, in denen y, z, v, w differenzierbare Funktionen von x darstellen:

(1) da = 0, wenn a konstant ist

(2) $d(ax) = a \cdot dx$

(3) $y = v \Rightarrow dy = dv$

(4) $y = z - v + w \Rightarrow dy = dz - dv + dw$

(5) $d(yz) = zdy + ydz$

(6) $d\left(\dfrac{y}{z}\right) = \dfrac{zdy - ydz}{z^2}, z \neq 0$

(7) $d(x^n) = n \cdot x^{n-1} \cdot dx, n \in N$

(8) $d\left(\dfrac{1}{x^n}\right) = d(x^{-n}) = -n \cdot x^{-n-1} \cdot dx = \dfrac{-n \cdot dx}{x^{n+1}}, n \in N$

(9) $d\sqrt[b]{x^a} = \dfrac{a}{b}\sqrt[b]{x^{a-b}} \cdot dx, a \in N, b \in N$

LEIBNIZ betont ausdrücklich, dass die Regeln (8) und (9) unter die Regel (7) fallen, wenn x eine rationale Zahl ist.«[86]

Beispiel 2: Herleitung der Produktregel $d(yz) = zdy + ydz$

$$\frac{d(yz)}{dx} = \lim \frac{y(x + \Delta x)z(x + \Delta x) - y(x)z(x)}{\Delta x} =$$

$$\lim \frac{y(x + \Delta x)z(x + \Delta x) - y(x)z(x) - y(x)z(x + \Delta x) + y(x)z(x + \Delta x)}{\Delta x} =$$

$$\lim \frac{z(x + \Delta x)(y(x + \Delta x) - y(x))}{\Delta x} + \lim \frac{y(x)(z(x + \Delta x) - z(x))}{\Delta x} =$$

$$z(x)dy + y(x)dz$$

Der bei der Herleitung der Produktregel verwendete Grenzwertbegriff hat eine lange Entwicklungsgeschichte, die in einem eigenen Kapitel noch dargestellt wird. Jetzt soll noch dem Zusammenhang von Differentiation und Integration nachgespürt werden.

Zusammenhang von Differentiation und Integration

»1674 wird LEIBNIZ sich darüber klar, dass aus der inversen Tangentenaufgabe die Quadratur der Kurve folgt. Im Oktober / November 1675 gelingen LEIBNIZ dann die entscheidenden Formalisierungen: An die Stelle der Gesamtheiten CAVALIERIS ›omn(es) l‹, die sich auch noch bei WALLIS finden, verwendet LEIBNIZ das Integralzeichen als stilisiertes S für ›summa‹, zunächst in der Form $\int l$, bald in der bis heute üblichen Weise: $\int ydy$. Für die inverse Operation wird zunächst $\frac{x}{d}$, dann dx geschrieben, und LEIBNIZ bemerkt hierzu: ›Wie nämlich das Zeichen $\int$ die Dimension vermehrt, so wird das Zeichen d die vermindern; es bezeichnet aber $\int$ eine Summe, d eine Differenz.‹«[87]

---

[86] Ebd., S. 135–137
[87] Ebd., S. 134

Zusammenhang zwischen Tangenten- und Flächenproblem[88]

Tangentenproblem

»Es ist zu prüfen, welche Eigenschaften der Funktion f garantieren, dass die Sekanten durch (x/f(x)) eine als **Tangente** bezeichnete Grenzlage haben.

Bei einer differenzierbaren Funktion gibt die erste Ableitung f′ die Steigung f′(x) der Tangente an.

Flächenproblem

»Es ist zu prüfen, welche Eigenschaften der nichtnegativen Funktion f garantieren, dass die Ordinatenmengen zwischen Abzissen a und x einen **Inhalt** haben.

Bei einer R-integrierbaren Funktion gibt das Riemann-Integral den Inhalt an.

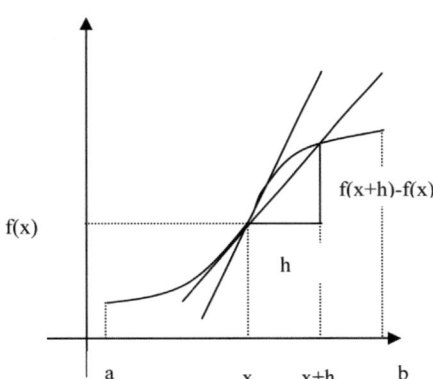

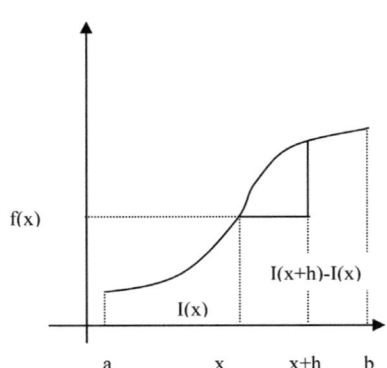

Der relative Zuwachs von f, bezogen auf die Stelle x, stimmt approximativ mit f′(x) überein, d. h.

$$\frac{f(x+h)-f(x)}{h} \approx f'(x)$$

für hinreichend kleine h.«

Der relative Zuwachs von I, bezogen auf die Stelle x, stimmt approximativ mit f(x) überein, d. h.

$$\frac{I(x+h)-I(x)}{h} \approx f(x)$$

für hinreichend kleine h.«

»Natürlich ist es Aufgabe der Infinitesimalrechnung, die Begriffe Steigung und Flächeninhalt erst zu präzisieren. Dabei gewinnt man die Begriffe **Differenzierbarkeit** bzw. **Integrierbarkeit** einer Funktion.

Zwischen beiden Begriffen besteht ein wichtiger Zusammenhang. Die

Steigung f′(x)

des Graphen einer differenzierbaren Funktion f: (a, b) → R an einer Stelle x und der

---

[88] dtv-Atlas zur Mathematik Band 2, S. 290

Inhalt I(x)

der Fläche unter dem Graphen zwischen einer fest gewählten Stelle a und der Stelle x können als Funktionswerte zweier Funktionen

f´und I

aufgefasst werden. Zwischen den Funktionen des Paares

(f´, f)

einerseits und denen des Paares

(f, I)

andererseits besteht dabei ein analoger Zusammenhang insofern, als jeweils die Änderung der zweiten Funktion relativ zur Änderung h der Argumentwerte approximativ durch die Funktionswerte der ersten Funktion beschrieben werden können, und zwar um so genauer, je kleiner h wird.«[89]

Bemerkung:

Wie unser bisheriger Gang durch die »Entwicklung« der Mathematik gezeigt hat, rückte ein Begriff immer mehr ins Zentrum der weiteren Entwicklung, der

»Grenzwert«.

Die näherungsweise Berechnung (Approximation) einer Kreisfläche, der Seitenlänge eines Quadrats mit vorgegebenem Flächeninhalt, die Ausschöpfung (Exhaustion) einer Parabelfläche, die Berechnung der Steigung einer Tangente und die Berechnung des Inhalts von Flächen unterhalb des Graphen einer positiven Funktion verwendeten »Grenzprozesse«, um ein Ergebnis zu erhalten. Das nächste Kapitel soll die geschichtliche Entwicklung und die weitere Bedeutung des Grenzwertbegriffes aufzeigen.

2.8 Grenzwertbegriff

ARCHIMEDES

ARCHIMEDES aus Syrakus (287 – 212 v. Chr.) »hat erstmals in der Geschichte der Mathematik die Kreiszahl π zwischen rationale Schranken eingeschlossen:

$$3\frac{10}{71} < \pi < 3\frac{\overline{10}}{70} = \frac{22}{7} \approx 3{,}14$$

Die **Näherungswerte** werden mittels ein- und umbeschriebener regulärer Polygone errechnet [...]«[90]

---

[89] Ebd., S. 291
[90] Kropp, S. 38

»ARCHIMEDES nimmt an den [...] Rotationskörpern Rauminhaltsbestimmungen vor. Zu diesem Zweck denkt er die Körper in Schichten zerlegt und diese durch ein- und umbeschriebene Zylinder **approximiert**. Durch Summation der Zylinderinhalte entstehen untere und obere Schranken der Volumina. Insofern ist ARCHIMEDES als Vorläufer der **Integralrechnung** zu bezeichnen.«[91]

HERON

HERON aus Alexandria (um 75) hat durch wechselweise Anwendung des geometrischen und arithmetischen Mittels zweier rationaler Zahlen die Quadratwurzel aus dem Produkt dieser beiden Zahlen näherungsweise berechnet.

geometrisches Mittel von a und b ist $\sqrt{a \cdot b}$

arithmetisches Mittel von a und b ist $\dfrac{a+b}{2}$

Der Höhensatz mit den Hypotenusenabschnitten a und b und der Höhe h = $\sqrt{a \cdot b}$ veranschaulicht, dass das geometrische Mittel (Höhe h) stets kleiner oder gleich dem arithmetischen Mittel (halbe Hypotenuse) ist.

Beispiel 1:   **Algorithmus des Heron zur näherungsweisen Berechnung von Quadratwurzeln.**

In heutiger Schreibweise[92]: Aus $x^2 - c > 0$ und $c = a_1 \cdot b_1$ mit $a_1 > b_1$ folgt:

$$a_1 \qquad\qquad\qquad\qquad\qquad b_1$$

$$a_2 = \frac{a_1 + b_1}{2} = \frac{1}{2}\left(a_1 + \frac{c}{a_1}\right) \qquad b_2 = \frac{c}{a_2} = \frac{c}{\dfrac{a_1+b_1}{2}}$$

$$a_3 = \frac{1}{2}\left(a_2 + \frac{c}{a_2}\right) \qquad\qquad b_3 = \frac{c}{\dfrac{a_2+b_2}{2}}$$

$$\cdots\cdots\cdots\cdots\cdots\cdots \qquad\qquad \cdots\cdots\cdots\cdots\cdots$$

$$a_n = \frac{1}{2}\left(a_{n-1} + \frac{c}{a_{n-1}}\right) \qquad b_n = \frac{c}{\dfrac{a_{n-1}+b_{n-1}}{2}}$$

$$a_1 > a_2 > a_3 > a_4 > \ldots > a_n > \ldots \quad\cdots\cdots\quad b_n > \ldots > b_4 > b_3 > b_2 > b_1$$

$$\lim_{n\to\infty} a_n = \lim_{n\to\infty} b_n = \sqrt{c}$$

[91] Ebd., S. 40
[92] Ebd., S. 48

Das Verfahren konvergiert rasch. Zahlenbeispiel für c = 2:

2	1
3/2	2 : 3/2 = 4/3
17/12	2:17/12 = 24/17
577/408	2:577/408 = 816/577
....	....
2 > 1,5 > 1,416 > 1,414215	1 > 1,3 > 1,411 > 1,414211

$$\sqrt{2} = 1{,}414213562373...$$

KEPLER

JOHANNES KEPLER (1571–1630) verwendet bei seinen Flächen- und Rauminhaltsberechnungen im Gegensatz zu ARCHIMEDES einen naiven Grenzwertbegriff.

Dies soll am Beispiel seiner Kreisflächenberechnung dargestellt werden:

»Der Umfang des Kreises BG hat so viele Teile als Punkte, nämlich unendlich viele; jedes Teilchen kann angesehen werden als Basis eines gleichschenkligen Dreiecks mit den Schenkeln AB, so dass in der Kreisfläche unendlich viele Dreiecke liegen, die sämtlich mit ihren Scheiteln im Mittelpunkt A zusammenstoßen. Es werde nun der Kreis zu einer Geraden BC ausgestreckt. So werden also die Grundlinien jener unendlich vielen Dreiecke oder Sektoren sämtlich auf der einen Geraden BC abgebildet und nebeneinander angeordnet.«[93]

Der Kreisinhalt ist dann dem Inhalt des Dreiecks ABC gleich und damit gilt:

$$F(Kreis) = \frac{1}{2} \cdot 2\pi \cdot r \cdot r = \pi \cdot r^2$$

Zur Berechnung des Kreisinhalts nach dieser Formel muss allerdings der Kreisumfang bekannt sein.

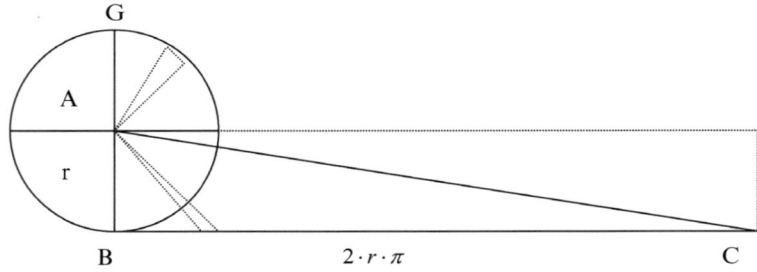

[93] Ebd., S. 105

FERMAT

Auf PIERRE DE FERMAT (1601–1665) geht ein Verfahren zurück, »das bis an die Schwelle der Differentialrechnung führt, obwohl die Herleitung algebraischen Charakter trägt, also nicht vom Begriff des Grenzwertes Gebrauch macht: Auf der Abszissenachse werde in der Nähe des Punktes x_0 eine Zahl $h \neq 0$ so gewählt, dass

$$f(x_O + h) \approx f(x_O) \text{ ist.}$$

Dann ist

$$f(x_O + h) - f(x_O) \approx 0 \text{«}[94]$$

Wird dann

$$\frac{f(x_O + h) - f(x_O)}{h} \approx 0$$

gesetzt, so erhält man für h = 0 den Wert x_o für den $f(x)$ eine waagrechte Tangente besitzt. Damit kann FERMAT Extrema bestimmen, falls $f(x_o + h)$ und $f(x_o - h)$ beide zugleich größer oder kleiner als x_o sind.

GREGORY

»JAMES GREGORY (1638–1675) veröffentlicht als erste Frucht seiner Mathematikstudien in Padua 1667 die *Vera circuli et hyperbolae quadratura* (lat. die wahre Quadratur des Kreises und der Hyperbel). In ihr werden die Inhalte von Ellipsen- und Hyperbelsektoren durch Polygonfolgen, die einer Grenzzahl zustreben, ermittelt, wobei zum ersten Male das Wort **Konvergenz** auftritt. GREGORY macht die prophetische Aussage, dass durch das Arbeiten mit Grenzwerten eine neue Rechenart begründet werde.«[95]

Die Gedanken von BLAISE PASCAL (1632–1662) und ISAAC BARROW (1630–1677) bildeten dann die letzte Stufe vor der Entdeckung der eigentlichen Infinitesimalrechnung durch ISAAC NEWTON (1643–1727) und GOTTFRIED WILHELM LEIBNIZ (1646–1716). LEIBNIZ und NEWTON haben fast gleichzeitig und unabhängig voneinander die Differential- und Integralrechnung entwickelt. Dies wird durch ihre unterschiedliche Herangehens- und Darstellungsweise, wie im Kapitel 2.7 aufgezeigt, belegt.

---

[94] Ebd., S. 114
[95] Ebd., S. 119

LAGRANGE

»Der umfassendste Versuch vor Beginn des neunzehnten Jahrhunderts, der Mathematik strenge Grundlagen zu geben, wurde von LAGRANGE [1736–1813] in seinem 1797 erschienenen Buch *Theorie des Fonctions analytiques* unternommen. LAGRANGE selbst sagte in einer Vorlesung von 1798, die an der Ecole polytechnique gehalten, aber anderweitig nicht veröffentlicht wurde, dass sein Buch zwei Hauptziele habe:

Das erste bestehe darin, ›die Differentialrechnung von den metaphysischen Betrachtungen unendlich kleiner oder verschwindender Größen zu befreien‹,

das zweite, ›den Calculus (die Differentialrechnung) auf der Algebra in einer Art und Weise aufzubauen, dass dazu nur eine einzige Methode benötigt werde‹.«[96]

GAUSS

CARL FRIEDRICH GAUSS (1777–1855) schließlich definierte den Begriff des **Grenzwertes einer Folge**.

»Er definierte eine

Folge

auch als ›den Inbegriff der Werthe einer Function Einer veränderlichen Größe‹, d. h. er gab die moderne Definition: Eine Folge ist eine Abbildung von N im R. Nachdem er eine

Majorante λ

einer beschränkten Folge definiert und die Existenz einer Zahl a festgestellt hatte, die kleiner als λ und keine Majorante der Folge ist, behauptet GAUSS: ›Lässt man demnach λ durch alle Zwischengrößen stetig abnehmen, so muss man notwendig auf eine

kleinste obere Grenze L′

kommen.‹

Alsdann formuliert er die charakteristische Eigenschaft der

oberen Grenze

und definiert die

untere Grenze.

Das interessanteste in dieser unveröffentlichten Arbeit sind aber die Definitionen des

limes superior

---

[96] Jean Dieudonne: Geschichte der Mathematik 1700-1900, Braunschweig: Friedrich Vieweg & Sohn Verlagsgesellschaft mbH, 1995, S. 359

(›letzte obere Grenze‹) und des

limes inferior

(›letzte untere Grenze‹) einer Folge.

Die Gaußsche Definition des oberen Limes entspricht der Formel

$$\overline{\lim_{n \to \infty}} \, a_n = \lim_{n \to \infty} (\sup_{p \ge n} a_p)$$

Gilt für eine Folge,
$$\overline{\lim_{n \to \infty}} \, a_n = \underline{\lim_{n \to \infty}} \, a_n,$$

so wird dieser gemeinsame Wert der **Grenzwert der Folge** genannt.«[97]

BOLZANO

»Unter den Mathematikern zu Beginn des neunzehnten Jahrhunderts war es wahrscheinlich BOLZANO [1781–1848], der die tiefsten Fragen in Bezug auf die Grundlagen der Analysis stellte. [...] In seiner Abhandlung über den Zwischenwertsatz, der aussagt, dass jede auf einem Intervall [a, b] stetige reellwertige Funktion f jeden Wert zwischen f(a) und f(b) annimmt, hatte Bolzano, soweit es um veröffentlichte Arbeiten geht, das Beste gegeben, was er als Analytiker leisten konnte. [...] Vor dem Beweis des Hauptsatzes gab Bolzano mehrere Definitionen und bewies einige Hilfssätze. So formulierte er die erste

Definition einer stetigen Funktion.

Zu sagen, eine reellwertige Funktion f der reellen Variablen x sei für alle Werte von x, die einem gegebenen Intervall angehören, stetig, bedeutet ›nur so viel, dass wenn x irgend ein solcher Wert ist, der Unterschied

$$f(x + \omega) - f(x)$$

kleiner als jede gegebene Größe gemacht werden könne, wenn man ω so klein, als man nur immer will, annehmen kann.‹

[...] BOLZANO beschäftigte sich auch mit der

Theorie der konvergenten Reihen.

›Was aber bemerkenswert ist, ist die Tatsache, dass BOLZANO bei der Betrachtung einer konvergenten Funktionsreihe mit dem allgemeinen Glied

$$u_n(x)$$

und der Folge

---

[97] Ebd., S. 360

$$\left(F_n(x)\right)$$

mit dem allgemeinen Glied

$$F_n(x) = u_1(x) + \dots + u_n(x)$$

behauptet, dass

$$\left|F_{n+r}(x) - F_n(x)\right|$$

für jedes $r \in N$ ›kleiner als jede gegebene Größe bleibt, wenn man erst n groß genug genommen hat‹. Das ist die erste Formulierung der notwendigen Bedingung des

›Cauchyschen Konvergenzkriteriums‹.

BOLZANO ›bewies‹ anschließend die Umkehrung.«[98]

CAUCHY

»Es war der 1821 erschienene *Cours d`Analyse* von CAUCHY [1789–1857], mit dem der Weg in die moderne Analysis begann, und zwar ebenso sehr wegen der Strenge als wegen der Klarheit und der Eleganz des mathematischen Stils seines Autors. In seiner Einleitung schrieb CAUCHY: ›Was die Methoden anbetrifft, so bin ich bemüht gewesen, dieselben mit derjenigen Strenge zu geben, welche man in der Geometrie fordert, wo man keineswegs alle aus der algebraischen Allgemeingültigkeit entspringenden Beziehungen beachtet.««[99]

Bemerkungen

Wie wir gesehen haben, hat sich der Begriff des **Grenzwertes** über einen großen Zeitraum hinweg immer weiter entwickelt. Es begann mit den natürlichen Zahlen, setzte sich dann damit fort, Größen (Längen, Flächen, Volumina) zahlenmäßig immer genauer zu erfassen und später Gleichungen zu lösen. Ergebnis davon war der **mathematische Urknall**, wie ihn PIERRE BASIEUX[100] mit den Expansionsstufen $N_0 \subset Z \subset Q \subset R \subset C$ betitelt. Mithilfe von Funktionen, die den natürlichen Zahlen Elemente zuordnen, werden **Folgen** und **Reihen** (Folgen von Summen) erzeugt.

---

[98] Ebd., S. 363
[99] Ebd., S. 364
[100] Basieux, S. 138

Zeitgemäße Begriffserklärungen

Definition des **Grenzwertes einer Folge**:

a heißt Grenzwert einer Folge (a_n), wenn es für jedes $\varepsilon > 0$ ein n_0 gibt, sodass für alle $n > n_0$ gilt $|a_n - a| < \varepsilon$.

Schreibweise:

$$\lim_{n \to \infty} a_n = a$$

Beispiel 2: Grenzwert der Zahlenfolge $a_n = \dfrac{3n + 5}{4n + 3}$

Es gilt:

$$\left| \frac{3n+5}{4n+3} - \frac{3}{4} \right| = \left| \frac{4(3n+5)}{4(4n+3)} - \frac{3(4n+3)}{4(4n+3)} \right| = \frac{11}{4(4n+3)}$$

Eine Umformung ergibt:

$$\frac{11}{4(4n+3)} < \varepsilon \Leftrightarrow n > \frac{11}{16\varepsilon} - \frac{3}{4}$$

Für

$$n_0 > \frac{11}{16\varepsilon} - \frac{3}{4}$$

gilt also

$$\left| \frac{3n+5}{4n+3} - \frac{3}{4} \right| < \varepsilon$$

oder anders geschrieben

$$\lim_{n \to \infty} \left(\frac{3n+5}{4n+3} \right) = \frac{3}{4}$$

Zahlenbeispiel: für $\varepsilon = 0{,}001$ erhält man $n_0 = 687$

Definition des **Grenzwertes einer Funktion**:

g heißt Grenzwert einer Funktion $f(x)$ an der Stelle *a*, wenn für alle Grundfolgen (x_n) mit $\lim\limits_{n \to \infty}(x_n) = a$ gilt:

$$\lim_{n \to \infty} f(x_n) = g \qquad .$$

Man schreibt dafür auch

$$\lim_{x \to a} f(x) = g \qquad .$$

2.9 Mengenlehre

Die Anfänge der Mengenlehre sowohl in der Menschheitsgeschichte als auch in der Entwicklung des menschlichen Individuums gehen, ganz allgemein gesprochen, auf die differenzierende Wahrnehmung von »Objekten« und auf das Hantieren mit diesen zurück. Das Zuordnen von Kerben auf Knochen (Steinzeitmenschen) bzw. das Verschieben von Perlen auf der Rechentafel (Grundschüler) führten bzw. führen dann zum Begriff der natürlichen Zahlen und zum Addieren und Subtrahieren.

RICHARD DEDEKIND (1831–1916) und GEORG CANTOR (1845–1918) aber kommt das Verdienst zu, die Mengenlehre als zusammenhängende Theorie geschaffen zu haben.

»Die Beschäftigung mit der arithmetischen Grundlegung der Mathematik (1872/78) veranlasst DEDEKIND zu seiner 1888 erschienenen wichtigen Schrift: *Was sind und was sollen Zahlen?* Hier werden ›*Systeme von Dingen*‹ eingeführt und diese durch ›*Abbildungen*‹ aufeinander bezogen; ein System wird **unendlich** genannt, wenn seine ›*Elemente*‹ umkehrbar eindeutig auf die Elemente eines echten Teilsystems abgebildet werden können. Das ›*System*‹ DEDEKINDS (das er auch *Inbegriff, Mannigfaltigkeit* oder *Gesamtheit* nennt) entspricht weitgehend der **Mannigfaltigkeit** (›*Menge*‹) CANTORS.«[101]

»Die moderne Algebra, die Theorie der reellen Funktionen und vor allem die Topologie sind ohne die **Mengenlehre** nicht zu denken […] Für den strukturellen Aufbau der gegenwärtigen Mathematik ist die Mengenlehre unentbehrlich. […] Kein Geringerer als HILBERT hat ausgesprochen: ›Aus dem Paradies, das CANTOR uns geschaffen hat, soll uns niemand vertreiben können.‹«[102]

Übersicht über den Aufbau der »naiven Mengenlehre«[103]

Einführende Begriffe

Definition 1:
Eine **Menge** ist eine Zusammenfassung von bestimmten, wohlunterschiedenen Objekten unserer Anschauung oder unseres Denkens zu einem Ganzen. Die Objekte heißen **Elemente** der Menge.

---

[101] Kropp, S. 212
[102] Kropp, S. 214
[103] In Anlehnung an die Darstellung im dtv-Atlas zur Mathematik Band 1, S. 23 – 49

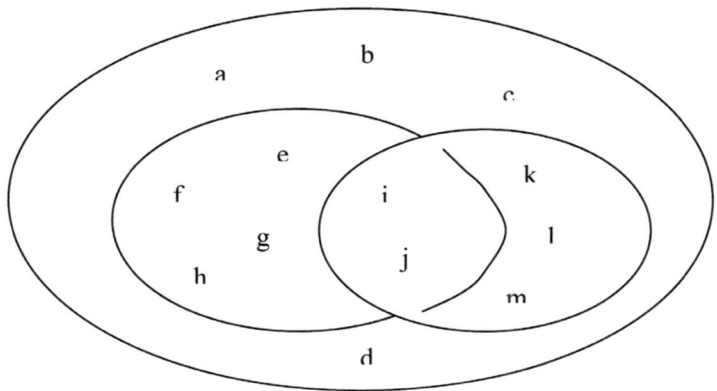

$$A = \{a,b,c,d,e,f,g,h,i,j,k,l,m,n\}, \ B = \{e,f,g,h,i,j\}, \ C = \{i,j,k,l,m\}$$
$$a \in A \wedge a \notin B \wedge a \notin C, \ e \in A \wedge e \in B \wedge e \notin C, \ i \in A \wedge i \in B \wedge i \in C,$$
$$k \in A \wedge k \notin B \wedge k \in C$$

»a ist Element von A und a ist nicht Element von B und a ist nicht Element von C«

Definition 2:
Mengen heißen **gleich**, wenn sie dieselben Elemente enthalten.

Beispiel 1: Verschiedene Beschreibungsmöglichkeiten einer Menge[104]

$$M_1 = \{3,5,7\}$$
$$M_2 = \{x \,/\, x \in N \wedge x^3 - 15x^2 + 71x - 105 = 0\}$$

M_3 sei die Menge aller ungeraden einstelligen Primzahlen

M_4 sei die Menge aller Primteiler von 315

M_5 sei die Menge aller ungeraden Zahlen zwischen 2 und 8

Es gilt $M_1 = M_2 = \ldots = M_6$

Definition 3:
Die Menge, die keine Elemente besitzt, heißt **leere Menge**, ($\{ \ \}$).

$$\{ \ \} := \{x \,/\, x \neq x\}$$

---

[104] dtv-Atlas zur Mathematik Band 1, S. 22

Definition 4:

Eine Menge A, deren Elemente auch Elemente der Menge B sind, heißt **Teilmenge der Menge B** ($A \subset B$).

$$A = \{a,b,c,d,e,f,g,h,i,j,k,l,m,n\}, \ B = \{e,f,g,h,i,j\}, \ C = \{i,j,k,l,m\}$$

$C \subset A \wedge B \subset A \wedge C \not\subset B$, lies: »C ist echte Teilmenge von A und C ist nicht echte Teilmenge von B.«

Definition 5:

Eine Menge A, deren Elemente auch Elemente der Menge B sind und dazu A ungleich B ist, heißt **echte Teilmenge der Menge B** ($A \subset B$).

Auch Mengen lassen sich zu einer Menge zusammenfassen. Die Mengen sind dann Elemente einer Menge (eines Mengensystems):

Definition 6:

Die Menge aller Teilmengen einer Menge A heißt **Potenzmenge P(A) von A**

$$A = \{a,b,c\}, \ P(A) = \{\{ \ \},\{a\},\{b\},\{c\},\{a,b\},\{a,c\},\{b,c\},\{a,b,c\}\}$$

Verknüpfungsoperationen für Mengen

Definition 1:

Die Menge aller Elemente, die zu A, aber nicht zu B gehören, heißt **Restmenge A\B von A** bezüglich B (»A ohne B«).

$$A\backslash B := \{x \,/\, x \in A \wedge x \notin B\}$$
$$A = \{a,b,c,d,e,f,g,h,i,j,k,l,m,n\}, \ B = \{e,f,g,h,i,j\}, \ C = \{i,j,k,l,m\}$$
$$A\backslash B = \{a,b,c,d,k,l,m,n\}, \ B\backslash A = \{ \ \}, \ B\backslash C = \{e,f,g,h\}, \ C\backslash B = \{k,l,m\}$$

Definition 2:

Die Menge aller gemeinsamen Elemente der Mengen A und B heißt der **Durchschnitt von A und B** ($A \cap B$).

$$A \cap B := \{x \,/\, x \in A \wedge x \in B\}$$
$$A = \{a,b,c,d,e,f,g,h,i,j,k,l,m,n\}, \ B = \{e,f,g,h,i,j\}, \ C = \{i,j,k,l,m\},$$
$$A \cap B = B \cap A = \{e,f,g,h,i,j\}, \ A \cap C = C \cap A = \{i,j,k,l,m\},$$
$$B \cap C = C \cap B = \{i,j\}$$

Definition 3:

Die Menge aller Elemente, die zu A oder (auch) zu B gehören, heißt die **Vereinigung von A und B** ($A \cup B$).

$$A \cup B := \{x \mid x \in A \vee x \in B\}$$

$$A = \{a,b,c,d,e,f,g,h,i,j,k,l,m,n\}, \; B = \{e,f,g,h,i,j\}, \; C = \{i,j,k,l,m\}$$

$$A \cup B = B \cup A = \{a,b,c,d,e,f,g,h,i,j,k,l,m,n\},$$

$$B \cup C = C \cup B = \{e,f,g,h,i,j,k,l,m\}$$

Kartesisches Produkt, Relation

»Zu den fundamentalen Begriffen der Mathematik gehört der Relationsbegriff, dem **das kartesische Produkt** von Mengen zugrunde liegt. **Relationen** stellen Beziehungen zwischen den Elementen einer Menge oder den verschiedenen Mengen her. Einerseits ergeben sich daraus die **Abbildungen** als besonders wichtige spezielle Relationen, andererseits erzeugen die Relationen die Strukturen auf Mengen.«[105]

Definition 1:
Die Menge aller geordneten Paare (a, b) mit $a \in A \wedge b \in B$ heißt das **kartesische Produkt der Mengen A und B** (*A × B*).

$$A \times B = \{(a,b) \mid a \in A \wedge b \in B\}$$

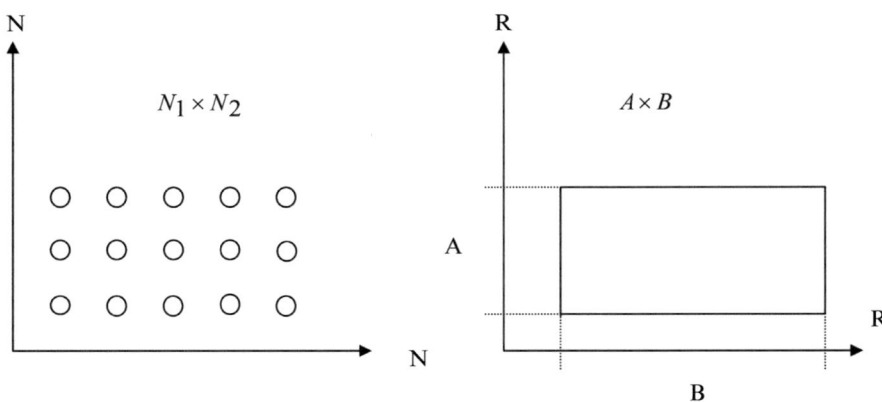

$$N_1 \times N_2 = \{(1,1),(1,2),(1,3),(2,1),(2,2),(2,3),(3,1),(3,2),(3,3),(4,1),(4,2),(4,3),(5,1),(5,2),(5,3)\}$$

Definition 2:
Jede Teilmenge $R \subseteq A \times B$ heißt zweistellige **Relation**.

[105] Ebd., S. 31

Beispiel 2: Gegeben ist das kartesische Produkt $A \times B$ mit
$A = \{1,2,3,4,5,6,7,8,9,10,11,12\}$, $B = \{0,1,2,3\}$ und
$R = \{(1,1),(2;2),(3,3),(4,0),(5,1),(6,2),(7,3),(8,0),(9,1),(10,2),(11,3),(12,0)\}$.

Hinweis: Zwei Elemente $a \in A$ und $b \in B$ stehen genau dann in Relation zueinander, wenn ihre Differenz durch 4 ohne Rest teilbar ist:$= aRb \Leftrightarrow 4/(a - b)$
Z. B. (1-1):4 = 0, (7-3) : 4 = 1, (11-3) : 4 = 2, (7-0) : 4 = 1 Rest 3, (7-1) : 4 = 1 Rest 2, … usw.

Definition 3:
Die Relation $R^{-1} := \{(b,a)/(a,b) \in R\}$ heißt **Umkehrrelation (inverse Relation)** von R.

Abbildungen
»Relationen stellen im allgemeinen keine eindeutigen Beziehungen zwischen Mengen her, d.h. einem Element können durchaus mehrere Elemente zugeordnet sein. Von einer Abbildung einer Menge in eine andere Menge wird verlangt, dass sie die ganze Menge eindeutig in die andere Menge abbildet. Dies gewährleisten die linkstotalen, rechtseindeutigen Relationen.«[106]

Definition 1:
Eine linkstotale, rechtseindeutige Relation $f \subseteq M \times N$ heißt **Abbildung (Funktion)**. Man schreibt statt $(x,y) \in f$ auch $x \mapsto y$ (Abbildungsvorschrift) oder $x \mapsto f(x)$ mit $y = f(x)$.
Statt $f \subseteq M \times N$ wird $f: M \mapsto N$ geschrieben. M heißt Definitionsbereich und N Wertebereich.

Beispiel 3: Die folgende Relation ist eine Abbildung (Funktion)
Gegeben ist das kartesische Produkt $M \times N$ mit $M = \{1,2,3,4,5,6,7,8,9,10,11,12\}$, $N = \{0,1,2,3\}$ und $R = \{(1,1),(2;2),(3,3),(4,0),(5,1),(6,2),(7,3),(8,0),(9,1),(10,2),(11,3),(12,0)\}$.

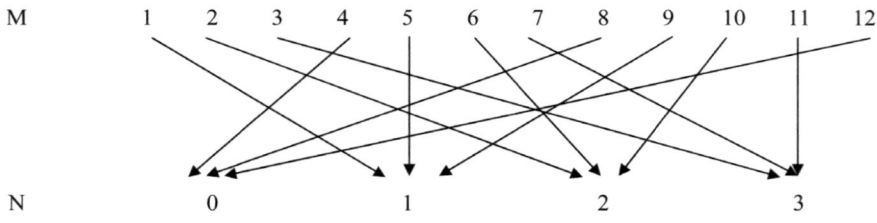

[106] Ebd., S. 33

Definition 2:
Die Umkehrrelation R^{-1} ist genau dann eine **Umkehrfunktion**, wenn f bijektiv ist.

Die Umkehrelation von Beispiel 2 ist keine Umkehrfunktion, weil sie nicht eindeutig ist.

Äquivalenzrelation, Quotientenmenge

Definition 1:
Eine Relation $\ddot{A} \subseteq M \times M$ heißt **Äquivalenzrelation**, wenn sie *reflexiv* (xRx), *symmetrisch* (xRy $\Rightarrow$ yRx) und *transitiv* (xRy $\wedge$ yRz $\Rightarrow$ xRz) ist.

Beispiel 4: Eine Relation ist durch das kartesische Produkt $M \times M$ mit $M = \{1,2,3,4,5,6,7,8,9,10,11,12\}$ und der Vorschrift: Zwei Elemente $x \in M$ und $y \in M$ stehen genau dann in Relation zueinander, wenn ihre Differenz durch 4 ohne Rest teilbar ist, gegeben.

Die Relation ist aus Beispiel 2 bekannt, es müssen noch die Reflexivität, die Symmetrie und die Transitivität nachgewiesen werden.

Es gilt selbstverständlich

4/(x-x) (**Reflexivität**)

Aus 4/(x-y) $\Rightarrow$ 4/(y-x) (**Symmetrie**).

Aus 4/(x-y) $\wedge$ 4/(y-z) $\Rightarrow$ (x-y = 4m $\wedge$ y-z = 4n) mit $m \in Z \wedge n \in Z$,

$\Rightarrow$ (x-y)+(y-z) = x-z = 4(m+n) $\Rightarrow$ 4/(x-z) (**Transitivität**).

Definition 2:
Die Menge aller zu $x \in M$ in Relation stehender Elemente von M heißt **Äquivalenzklasse [x]** oder **Faser über x**: $[x] := \{z \, / \, x \in M \wedge z \in M \wedge x\ddot{A}z\}$

Definition 3:
$M \, / \, \ddot{A} := \{[x] \, / \, x \in M\}$ heißt **Quotientenmenge** von M nach Ä. Ein Element y $\in$ [x] heißt **Repräsentant** der Klasse [x]. R heißt vollständiges **Repräsentantensystem** von M/Ä, wenn R genau ein Element jeder Klasse von M/Ä enthält.

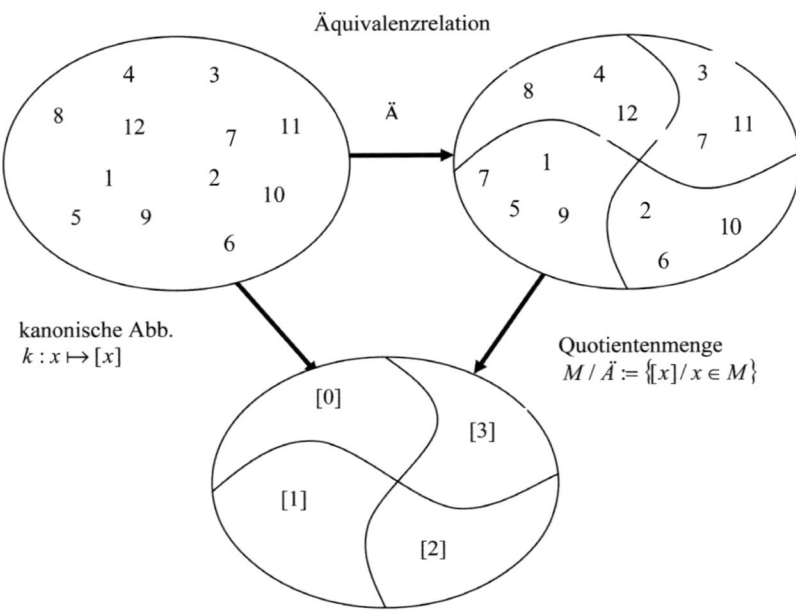

Abbildungstypen[107]:

$f : M \mapsto N$ heißt **surjektiv** (Abbildung auf), wenn $f[M] = N$ ist.
Hinweis: $f[M] := \{f(x)/x \in M\}$

$f : M \mapsto N$ heißt **injektiv** (eineindeutig), wenn $f^{-1}[\{y\}] = \{x\}$ oder $f^{-1}[\{y\}] = \{\,\}$
für alle $y \in N$ ist.

$f : M \mapsto N$ heißt **bijektiv**, wenn f surjektiv und injektiv ist.

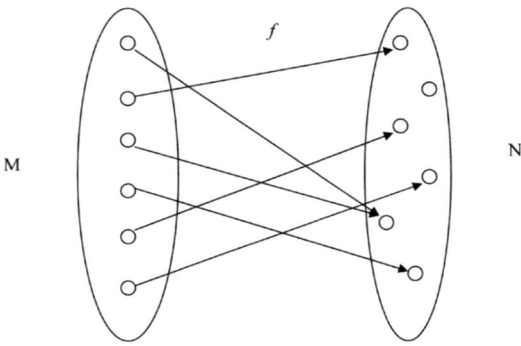

[107] Ebd., S. 32

84

Zu jedem $x \in M$ existiert genau ein Zuordnungspfeil. Die Abbildung ist aber nicht surjektiv, weil auf ein Element von N kein Zuordnungspfeil weist.

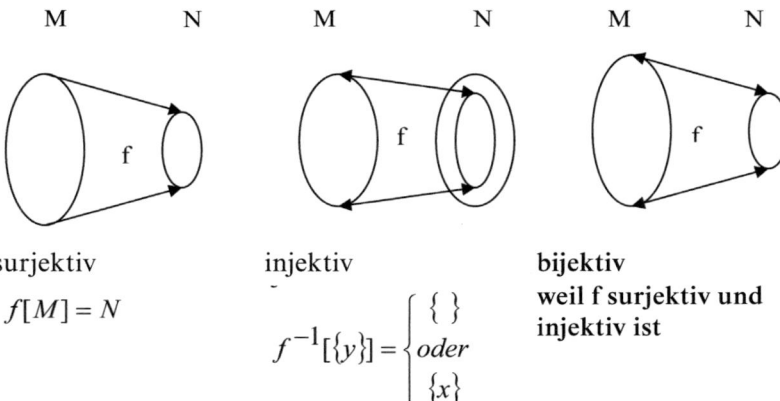

surjektiv

$f[M] = N$

injektiv

$f^{-1}[\{y\}] = \begin{cases} \{\,\} \\ oder \\ \{x\} \end{cases}$

bijektiv

weil f surjektiv und injektiv ist

Mächtigkeit von Mengen

Definition: Zwei Mengen A und B heißen **gleichmächtig** (A~B), wenn zwischen beiden eine Bijektion existiert.

Beispiel 5: Sei N = {1, 2, 3, ...} und M = {2, 3, 4, ...}, dann gilt N ~ M,
Beweis:
$f : N \mapsto M$ mit $y = f(x) = x + 1$ ist surjektiv
und wegen
$f^{-1}[\{y\}] = \{x\}$ auch injektiv.

Die Menge N der natürlichen Zahlen ist also einer echten Teilmenge von ihr gleichmächtig! Für endliche Mengen ist das ausgeschlossen, gleich mächtige endliche Mengen haben gleich viele Elemente.

Wie uns Beispiel 3 aus Kapitel 2.3 lehrt, ist sogar die Menge Q der positiven rationalen Zahlen gleichmächtig der Menge der natürlichen Zahlen N.

Aber die Menge R der reellen Zahlen hat eine größere Mächtigkeit als die Menge der rationalen Zahlen. Beispiel 4 aus Kapitel 2.3 zeigt nämlich, dass die Menge R der reellen Zahlen nicht abzählbar (überabzählbar) ist.

Beispiel 6[108]: Sei $J = \{x / (0 < x < 1) \wedge x \in R\}$, dann gilt $J \sim R$.

---

[108] Ebd., S. 34f.

Struktur der Mathematik – Funktionsweise

Beweis: $f : J \mapsto R$ mit $y = f(x) = \dfrac{x - \dfrac{1}{2}}{x(x-1)}$ ist bijektiv.

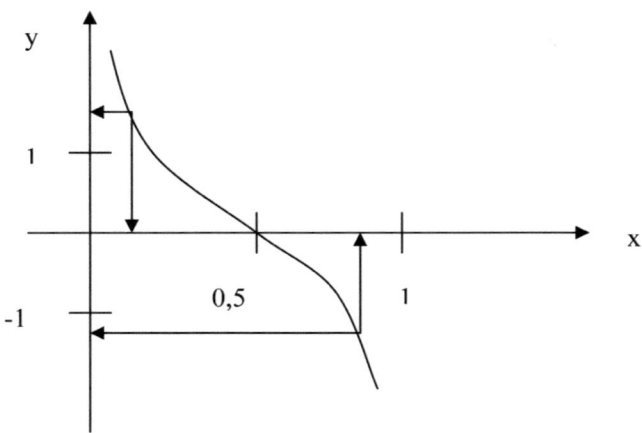

2.10 Allgemeine Topologie

»Zunächst war die Topologie unter der Bezeichnung **Analysis situs** bekannt geworden, die auf L EIBNIZ zurückgeht [...]; diese Bezeichnung ist in den englisch- bzw. französischsprachigen Ländern bis ins erste Drittel des zwanzigsten Jahrhunderts gebräuchlich geblieben. Der deutsche Mathematiker L ISTING führte 1836 die Bezeichnung **Topologie** ein, aus der sich leicht abgeleitete Wörter bilden ließen [...].«[109]

»Ohne dass man es gewollt hätte, hat sich die Topologie in zwei mehr oder weniger getrennten Zweigen herausgebildet, der sogenannten **allgemeinen** (oder mengentheoretischen oder analytischen) **Topologie** und der **kombinatorischen Topologie**, die sich dann zur **algebraischen Topologie** entwickelte; wie schon die Namen zum Ausdruck bringen, unterscheiden sich diese Zweige durch den Charakter ihrer Methoden, vor allem aber sind sie verschiedenen Ursprungs.«[110]

[109] Dieuxdonne, S. 639
[110] Ebd., S. 641

Überblick über die Topologie[111]

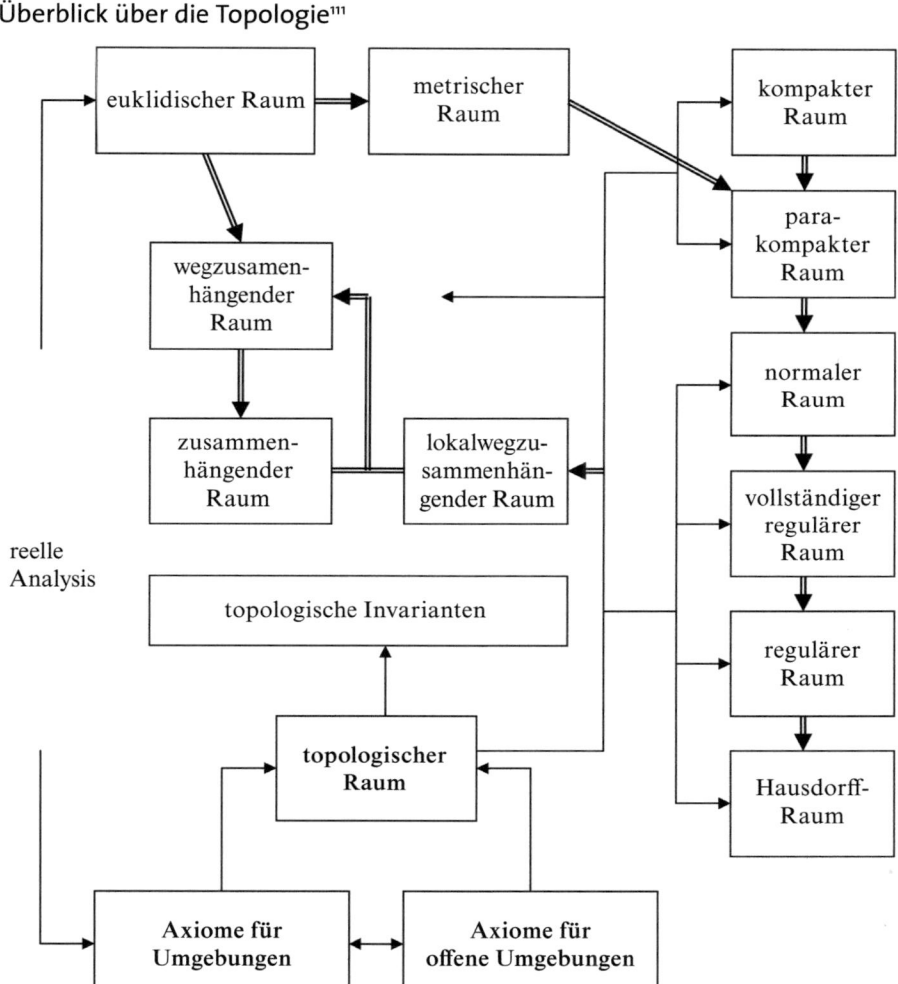

reelle
Analysis

Struktur der Mathematik – Funktionsweise

Die allgemeine (mengentheoretische oder analytische) Topologie

»Die mengentheoretische Topologie (kurz: Topologie) hat ihre Wurzeln in der reellen Analysis. Es zeigte sich nämlich, dass man z. B. die **Konvergenztheorie allein durch die Eigenschaften von Punktmengen** entwickeln kann, ohne sich der algebraischen Struktur oder der Ordnungsstruktur zu bedienen.

[111] dtv-Atlas zur Mathematik Band 1, S. 206

Es kristallisierte sich eine dritte Struktur heraus, die **topologische Struktur** [neben der algebraischen und Ordnungsstruktur]. In ihr werden Begriffe wie **Umgebung, offene Menge, abgeschlossene Menge, Berührungspunkt, Häufungspunkt, Konvergenz, Zusammenhang** und **Kompaktheit** formuliert und Punktmengen mithilfe dieser Begriffe untersucht und klassifiziert.«[112]

Die algebraische Topologie

»In der algebraischen Topologie versucht man, **topologische Probleme mit algebraischen Hilfsmitteln (z. B. Moduln, Gruppen) zu lösen.** Zu den noch nicht vollständig gelösten Problemen der Topologie gehört das **Homöomorphieproblem**, d. h. die Klassifizierung topologischer Räume in topologisch äquivalente. Dabei ist zu zwei topologischen Räumen entweder eine topologische Abbildung anzugeben oder zu zeigen, dass eine derartige Abbildung nicht existieren kann.«[113]

Definition des topologischen Raums durch Umgebungssysteme

Definition 1: Umgebungssystem

»Man ordnet zunächst jedem Punkt $x \in X$ ein System von Punktmengen $U = U(x)$ aus X zu mit der Absicht, dieses System als **Umgebungssystem** $U(x)$ des Punktes zu verwenden. [...] Die an die Zuordnung der Umgebungssysteme $U(x)$ zu den Punkten x zu stellenden Forderungen lassen sich damit in die folgenden **Umgebungsaxiome** zusammenfassen:

[U 1] Jede Umgebung U von x enthält x.

[U 2] Mit der Umgebung U von x ist auch jede Obermenge $V \supseteq U$ eine Umgebung von x.

[U 3] Mit zwei Umgebungen U_1, U_2 von x ist auch deren Durchschnitt $U_1 \cap U_2$ eine Umgebung von x. X ist Umgebung von x.

[U 4] Zu jeder Umgebung U von x existiert eine Umgebung V von x derart, dass U Umgebung aller Punkte $y \in V$ ist.

Definition 2: Topologischer Raum

Werden den Punkten x einer Menge X Umgebungssysteme $U(x)$ zugeordnet, welche den Axiomen [U 1] bis [U 4] genügen, so sagt man, es werde der Menge damit eine topologische Struktur oder kürzer eine **Topologie T** aufgeprägt. Eine mit einer Topologie versehene Menge bezeichnet man als **topologischen Raum.**«[114]

---

[112] Ebd., S. 207
[113] Ebd., S. 237
[114] Hans von Mangoldt, Konrad Knopp und Friedrich Lösch: Einführung in die höhere Mathematik, Band 4, S. 278

Beispiel 1: Sei $X = \{a,b,c\}$ und das zugehörige Umgebungssystem sei die Potenzmenge $P(X) = \{\{\ \},\{a\},\{b\},\{c\},\{a,b\},\{a,c\},\{b,c\},\{a,b,c\}\}$, dann ist der Menge X eine Topologie aufgeprägt und es liegt der **topologische Raum (X; P(X))** vor.

Nachweis der Eigenschaften:

[U 1]: Das Umgebungssystem $U(a) = \{\{a\},\{a,b\},\{a,c\},\{a,b,c\}\}$

[U 2]: Jede Obermenge einer dieser Umgebungen ist wieder Umgebung von a.

[U 3]: Der Durchschnitt zweier beliebiger Umgebungen von a ist wieder Umgebung von a.

[U 4]: Umgebung U von a: $U = \{a\}$ $U = \{a,b\}$ $U = \{a,c\}$ $U = \{a,b,c\}$

       Umgebung V von a: $V = \{a\}$ $V = \{a\}$ $V = \{a\}$ $V = \{a\}$

Beachte: Die jeweilige Umgebung U von a mit zugehöriger Umgebung V sind vertikal angeordnet.

Der Nachweis für die Umgebungen von b und c werden analog durchgeführt.

Wenn einer Menge ihre Potenzmenge als größtmögliches Umgebungssystem zugeordnet wird, spricht man von der **feinsten Topologie von X.**

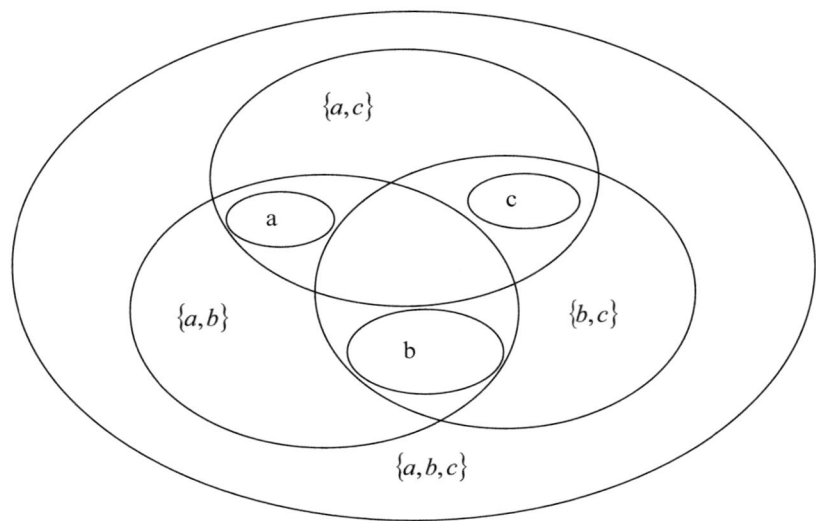

Beispiel 2: Sei $X = \{a,b,c\}$ und das zugehörige Umgebungssystem sei die Menge $P = \{\{\ \},\{a,b,c\}\}$, dann ist der Menge X eine Topologie aufgeprägt und es liegt der **topologische Raum** $(X;P)$ vor. Diese Topologie, wenn das zugeordnete Umgebungssystem nur aus der leeren Menge und X selbst besteht, heißt die **gröbste Topologie der Menge X**.

Beispiel 3: Sei $X = \{a,b,c\}$ und das zugehörige Umgebungssystem sei die Menge $P = \{\{\ \},\{a\},\{b\},\{c\}\}$, dann ist der Menge X eine Topologie aufgeprägt und es liegt der **topologische Raum** $(X;P)$ vor. Diese Topologie heißt die **diskrete Topologie der Menge X**.

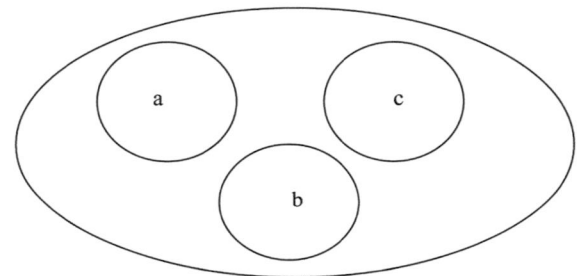

Beispiel 4: Gegeben sei der topologische Raum (X;P) mit X = {a, b, c, d, e} und $P \subseteq P(X)$ mit X = {{a}, {b}, {d}, {a, d}, {c, e}} und die Teilmenge M = {a, b, c} Damit erhalten wir folgende **Umgebungssysteme für die Elemente der Menge** M:

$U(a) = \{\{a\},\{a,d\}\}$, $U(b) = \{\{b\},\{b,c\}\}$, $U(c) = \{\{b,c\},\{c,e\}\}$, $U(d) = \{\{d\},\{a,d\}\}$, $U(e) = \{\{c,e\}\}$.

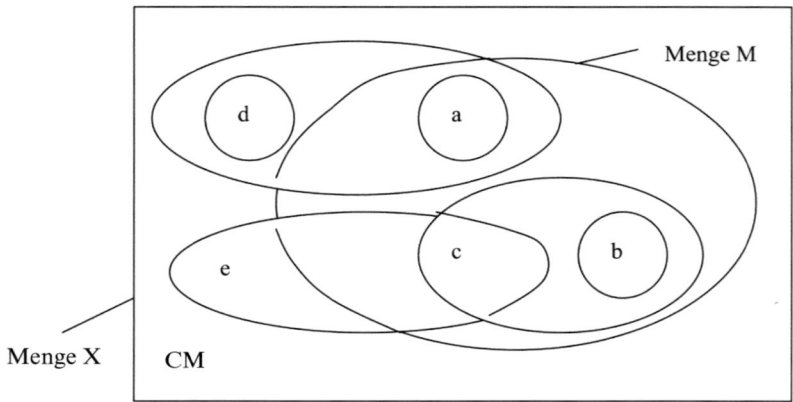

Anhand von Beispiel 4 werden die fundamentalen Begriffe (Definitionen) der allgemeinen Topologie erläutert.

Definition 3: »Ist M eine Punktmenge des topologischen Raums X, so heißt ein Punkt x des Raums

a) ein **Berührungspunkt** der Menge M, wenn in **jeder** Umgebung $U(x)$ von x mindestens ein Punkt aus M liegt;

b) ein **Häufungspunkt** der Menge M, wenn in **jeder** Umgebung $U(x)$ von x mindestens ein von x verschiedener Punkt aus M (also mindestens ein Punkt aus $M - \{x\}$) liegt.«[115]

Wie man aus dem Mengendiagramm abliest, sind a, b, c, e Berührungspunkte der Menge M, einziger Häufungspunkt der Menge M ist der Punkt e (der nicht Element von M ist!). Per Definition ist **jeder Häufungspunkt auch Berührungspunkt**, d. h. die Menge der Häufungspunkte ist eine Teilmenge der Menge der Berührungspunkte.

»Ein Berührungspunkt x von M, der nicht zugleich Häufungspunkt ist, besitzt mindestens eine Umgebung $U(x)$, die x als einzigen Punkt von M enthält. Bezeichnet man einen Punkt x dieser Art als **isolierten Punkt** von M, so kann man sagen: **Jeder Berührungspunkt einer Menge M ist entweder ein isolierter Punkt von M oder ein Häufungspunkt von M.**«[116]

Damit erweisen sich die Berührpunkte a, b, c als isolierte Punkte von M. Der Punkt d ist kein Berührungspunkt der Menge M und damit weder Häufungspunkt noch isolierter Punkt.

Wir haben bis jetzt den topologischen Raum auf den Umgebungsaxiomen [U 1] bis [U 4] aufgebaut. Wie unsere Übersicht der Topologie zeigt, gibt es ein dazu **äquivalentes Axiomensystem**, das mit »**offenen Mengen** arbeitet«.

Offene und abgeschlossene Mengen

Wir betrachten den topologischen Raum (X;P) von Beispiel 4:
$X = \{a,b,c,d,e\}$, $M = \{a,b,c\}$, die Restmenge von M in X ($X\backslash M$) wird als **Komplementärmenge** von M bezeichnet (CM). $CM = \{d,e\}$

Definition 4: »Ist M eine beliebige Punktmenge eines topologischen Raums X, so nennt man einen Punkt $x \in X$

---

[115] Mangoldt, Knopp und Lösch: Einführung in die höhere Mathematik, S. 281
[116] Ebd., S. 282

a) einen **inneren Punkt** von M, wenn **eine** Umgebung $U(x)$ ganz zu M gehört;

b) einen **äußeren Punkt** von M, wenn **eine** Umgebung $U(x)$ ganz zu *CM* gehört;

c) einen **Randpunkt** von M, wenn in **jeder** Umgebung $U(x)$ mindestens ein zu *M* und mindestens ein zu *CM* gehöriger Punkt liegt.

Für jeden Punkt x des Raums tritt genau eine der drei Möglichkeiten a) bis c) ein.«[117]

In Beispiel 4 sind die Punkte a, b, c innere Punkte von M, der Punkt d ist äußerer Punkt und der Punkt e ist Randpunkt von M. Mithilfe dieser Definitionen ist eine **Klassifizierung** möglich:

Definition 5: »Eine Punktmenge M des topologischen Raums X bezeichnet man

a) als **offene Menge**, wenn sie keinen ihrer Randpunkte enthält;

b) als **abgeschlossene Menge**, wenn sie ihre sämtlichen Randpunkte enthält.«[118]

Die Menge $M = \{a,b,c\}$ aus Beispiel 4 ist demnach eine offene Menge, weil sie den einzigen Randpunkt e nicht enthält.

Es empfiehlt sich, die Eigenschaften der einzelnen Punkte a, b, c, d, e aus Beispiel 4 anhand der gemachten Definitionen noch einmal zu durchdenken:

Punkte des Raums X	a	b	c	d	e
Berührpunkt von M	ja	ja	ja	nein	ja
Häufungspunkt von M	nein	nein	nein	nein	ja
Isolierter Punkt von M	ja	ja	ja	nein	nein
Innerer Punkt von M	ja	ja	ja	nein	nein
Äußerer Punkt von M	nein	nein	nein	ja	nein
Randpunkt von M	nein	nein	nein	nein	ja

Nach der Definition 2 ist die Menge $M = \{a,b,c\}$ offen und die Restmenge (**Komplementärmenge**) $CM = \{d,e\}$ abgeschlossen in *X*.

[117] Ebd., S. 282
[118] Ebd., S. 283

Man kann aus den Definitionen zwei dazu äquivalente Aussagen ableiten:

Satz 1: »Eine **Punktmenge** M des topologischen Raums X ist dann und nur dann **offen**, wenn sie für jeden ihrer Punkte eine Umgebung darstellt.«[119]
Eine abstraktere Formulierung: M offen $\Leftrightarrow$ $\forall x \in M$ gilt: M ist eine Umgebung von x

Beweis »$\Rightarrow$«: »M ist offen und $x \in M$, so ist x innerer Punkt von M. Es gibt also eine Umgebung $U(x) \subseteq M$. Nach dem Umgebungsaxiom [U 2] ist damit auch M als Obermenge von $U(x)$ eine Umgebung von x.

Beweis »$\Leftarrow$«: »Wenn umgekehrt M für jeden Punkt $x \in M$ eine Umgebung darstellt, so bedeutet dies, dass jeder Punkt $x \in M$ eine in M gelegene Umgebung besitzt, also innerer Punkt von M ist. Die Menge M ist offen.«

Satz 2: »Eine **Punktmenge** M des topologischen Raums X ist dann und nur dann **abgeschlossen**, wenn eine der beiden folgenden gleichwertigen Bedingungen erfüllt ist:

a) Die Menge M enthält ihre sämtlichen Häufungspunkte.

b) Die Menge M enthält ihre sämtlichen Berührungspunkte.«[120]

Eine abstraktere Formulierung:

a) M abgeschlossen $\Leftrightarrow$ M enthält ihre sämtlichen Häufungspunkte.

b) M abgeschlossen $\Leftrightarrow$ M enthält ihre sämtlichen Berührungspunkte.

Beweis:
»Ein **Häufungspunkt** von M kann **nur** innerer **oder** Randpunkt von M sein, während umgekehrt ein **Randpunkt** von M **nur** Häufungspunkt **oder** isolierter Punkt von M sein kann.

Die Menge der **Randpunkte** unterscheidet sich also von der Menge der **Häufungspunkte** nur um eine Teilmenge von M.

Speziell stimmt die Menge der nicht in M enthaltenen Randpunkte mit der Menge der nicht in M enthaltenen Häufungspunkte überein. Daraus folgt die Richtigkeit von a).

Dass die Bedingung a) durch die Bedingung b) ersetzt werden kann, folgt daraus, dass die Menge der **Berührpunkte** von M und die Menge der Häufungspunkte von M sich nur dadurch unterscheiden, dass die erstere zu-

---

[119] Ebd., S. 284
[120] Ebd., S. 284

Struktur der Mathematik – Funktionsweise

sätzlich die isolierten Punkte von M, also durchweg zu M gehörige Punkte umfasst.«[121]

Haben Sie den Beweis verstanden?
Ich bin jedes Mal verwirrt, wenn ich ihn neu durchdenke. Warum ist der Beweis so schwierig? In die Überlegungen gehen sechs Definitionen (Häufungspunkt, innerer Punkt, Randpunkt, isolierter Punkt, Berührpunkt, abgeschlossene Menge) ein, von denen man keine ausreichend genaue Vorstellung hat. Solche Arten von Beweisen sind der Schrecken eines (fast) jeden Mathematikstudenten. Das Problem löst sich, wenn die begrifflichen Zusammenhänge in einem Mengendiagramm veranschaulicht werden:

(1) Die Menge $M \cup CM$ zerfällt in die disjunkten Mengen $\ddot{A}$ der äußeren Punkte von M, R der Randpunkte von M und I der inneren Punkte von M.

(2) Kein äußerer Punkt von M ist ein Berührungspunkt von M, weil er laut Definition eine Umgebung hat, die ganz in CM liegt. Damit ist jeder äußere Punkt von M weder Häufungspunkt noch isolierter Punkt von M.

(3) Jeder Randpunkt von M ist laut Definition ein Berührungspunkt von M. Der Häufungspunkt kann Element von M **oder** von CM sein.

(4) Jeder innerer Punkt von M ist Element von M und ist entweder Häufungspunkt oder isolierter Punkt.

(5) Ein Berührungspunkt ist **entweder** ein isolierter Punkt **oder** ein Häufungspunkt.

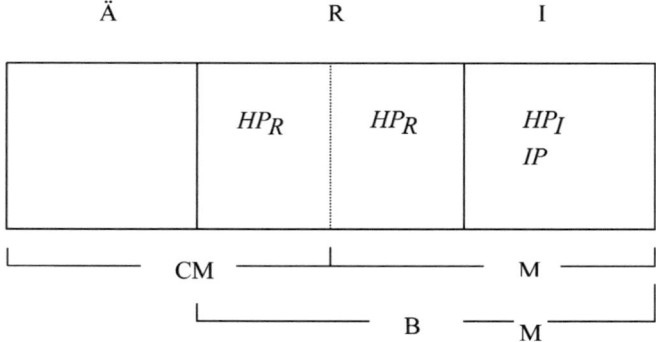

[121] Ebd., S. 284

R = Menge der Randpunkte von $M \cup CM$,

I = Menge der inneren Punkte von M,

$\ddot{A}$ = Menge der äußeren Punkte von M,

IP = Menge der isolierten Punkte von M,

HP = Menge der Häufungspunkte von M, $HP = HP_R \cup HP_I$

   HP_R = Menge der Häufungspunkte von M in R,

   HP_I = Menge der Häufungspunkte von M in I,

B = Menge der Berührpunkte von M, $B = B_R \cup B_I$,

   B_R = Menge der Berührpunkte von M in R,

   B_I = Menge der Berührpunkte von M in I.

Jetzt erschließt sich der Beweis fast von selbst mithilfe des Mengendiagramms:

a) *M* abgeschlossen $\Leftrightarrow$ *M* enthält ihre sämtlichen Häufungspunkte.

   Laut Definition ist die Menge *M* genau dann abgeschlossen, wenn sie sämtliche Randpunkte enthält.

   Aus $HP_R \subseteq R \subseteq M \Rightarrow (HP_R \cup HP_I) \subseteq M$

   und $(HP_R \cup HP_I) \subseteq M \Rightarrow R \subseteq (HP_R \cup IP) \subseteq M$

   folgt die Behauptung.

b) *M* abgeschlossen $\Leftrightarrow$ *M* enthält ihre sämtlichen Berührungspunkte.

   Aus $R \subseteq M \wedge (M = HP_I \cup IP) \Rightarrow (HP \cup IP) \subseteq M$

   und $(HP \cup IP) \subseteq M \Rightarrow M \supseteq (HP_R \cup IP) \supseteq R$

   folgt die Behauptung. Beachte, dass $B = HP \cup IP$ gilt.

c) *M* enthält sämtliche Häufungspunkte $\Leftrightarrow$ *M* enthält sämtliche Berührungspunkte

   Aus $M \supseteq HP \wedge M \supseteq IP \Rightarrow M \supseteq (HP \cup IP)$

   und $M \supseteq (HP \cup IP) \Rightarrow M \supseteq HP$

   folgt die Behauptung.

Satz 3: »Eine Menge M des topologischen Raumes X ist genau dann abgeschlossen, wenn ihre Komplementärmenge CM offen ist; sie ist genau dann offen, wenn ihre Komplementärmenge CM abgeschlossen ist.

Beweis: Die Richtigkeit beider Aussagen ergibt sich daraus, dass der Rand von M mit dem von CM übereinstimmt. Dann und nur dann, wenn M alle Randpunkte enthält, enthält also CM keine Randpunkte und umgekehrt.«[122]

---

[122] Ebd., S. 285

Kern und Hülle einer Menge

Definition 6:

»Es sei M eine Punktmenge des topologischen Raums X und es sei R ihr Rand. Man nennt

a) **Kern** M^0 von M die Punktmenge $M^0 = M \backslash R$;

b) **Hülle** $\overline{M}$ von M die Punktmenge $\overline{M} = M \cup R$

Satz 1: Der Kern M^0 einer Menge M besteht aus denjenigen Punkten, die M als Umgebung haben.

Ist nämlich $x \in M^0$, so ist x innerer Punkt von M. Es gibt also eine Umgebung $U(x) \subseteq M$ und damit ist auch M eine Umgebung von x. Wenn andererseits M eine Umgebung von x ist, so ist x innerer Punkt von M und gehört daher zu M^0.

Nach früheren Überlegungen stimmt die Menge der nicht in M enthaltenen Randpunkte und die Menge der nicht in M enthaltenen Häufungspunkte von M überein [...]. Daher entsteht $\overline{M}$ aus M durch Hinzufügen der nicht in M enthaltenen Häufungspunkte von M. Das besagt

Satz 2: Die Hülle $\overline{M}$ einer Menge M besteht aus den Berührungspunkten von M. Die Menge M steht zu M^0 und $\overline{M}$ stets in der Beziehung $M^0 \subseteq M \subseteq \overline{M}$.«[123]

Zusammenhang zwischen den Begriffen »Umgebung« und »offene Menge«

Satz 3: »Eine Menge U des topologischen Raums X gehört dann und nur dann zum Umgebungssystem $U(x)$ eines Punktes $x \in X$, wenn es in X eine offene Menge O gibt, für die $x \in O \subseteq U$ gilt.

Beweis: Existiert eine offene Menge O der genannten Art, so ist sie eine Umgebung des in ihr enthaltenen Punktes x. Damit ist aber auch $U \supseteq O$ eine Umgebung von x. Wenn andererseits U zum Umgebungssystem $U(x)$ gehört, so ist x innerer Punkt von U, also $x \in U^0$. Da U^0 offen ist, so kann man $O = U^0$ wählen und hat dann in der Tat $x \in O \subseteq U$.

Der Satz zeigt, dass das Umgebungssystem $U(x)$ eines Punktes x genau von den x enthaltenden offenen Mengen, die weiterhin die **offenen Umgebungen von x** heißen sollen, und von deren Obermengen gebildet wird.«[124]

---

[123] Ebd., S. 287
[124] Ebd., S. 290

Satz 3 erlaubt uns, eine Umgebungstopologie (U-**Topologie**) in eine Topologie von offenen Umgebungen (O-**Topologie**) umzuwandeln.

Definition 7: Topologischer Raum über offenen Mengen[125]

O sei eine Teilmenge der Potenzmenge $P(X)$ mit folgenden Eigenschaften:

[O 1]   Die leere Menge $\{\ \}$ und die Menge X sind Mengen von O,

[O 2]   der Durchschnitt zweier Mengen aus O ist wieder eine Menge von O,

[O 3]   die Vereinigung von beliebig vielen Mengen aus O ist wieder eine Menge von O.

O heißt **O-Topologie** auf der Trägermenge X. Die Elemente von O heißen **offene Mengen**, die Elemente von X heißen Punkte.

Definition 8: Umgebung in einer O-Topologie

U heißt eine **Umgebung von x**, wenn $U \subseteq X$ und es eine offene Umgebung von x gibt, die in U enthalten ist.

Beispiel 5: Die Trägermenge X sei die Menge R der reellen Zahlen. O sei die Menge aller offenen Intervalle der reellen Zahlen x einschließlich der leeren Menge und R. Diese Topologie wird natürliche Topologie genannt und liegt der reellen Analysis zugrunde[126].

Basis einer Topologie

Definition 9: Basis[127]

(X;M) sei ein topologischer Raum. Dann heißt $B \subseteq M$ **Basis von M**, wenn sich jede offene Menge als Vereinigung von Elementen aus B darstellen lässt. B heißt abzählbare Basis, wenn B abzählbar ist.

»Von besonderem Interesse sind Basen, die wesentlich ›weniger‹ Elemente als M enthalten. Das ist z. B. für die metrische Topologie der Fall. R^n besitzt sogar eine abzählbare Basis. $\{(a;b)/a,b \in R^1\}$ und $\left\{(a;b)/a,b \in Q \wedge b-a = \dfrac{1}{n} \wedge n \in N - \{0\}\right\}$ sind Basen von R^1.«[128]

---

[125] dtv-Atlas zur Mathematik Band 1, S. 215
[126] Ebd., S. 215
[127] Ebd., S. 217
[128] Ebd., S. 217

Konvergenz von Folgen

»In jedem topologischen Raum kann man die Konvergenz von Folgen wie in der Analysis definieren.

Definition 10: Konvergente Folge
(X;M) sei ein topologischer Raum und (a_n) eine Folge in X. Dann heißt (a_n) konvergent gegen $a \in X$, wenn es zu jeder Umgebung $U \in U(a)$ ein $n_o \in N$ gibt, so dass $a_n \in U$ für alle $n \geq n_o$.

Im Gegensatz zur reellen Analysis ist die Konvergenz einer Folge jedoch i. a. nicht mehr eindeutig. Die Konvergenz hängt also entscheidend von der Topologie ab. Die Eindeutigkeit ist erst in speziellen topologischen Räumen, z. B. in den sogenannten Hausdorff-Räumen gesichert. Dazu gehören z. B. die metrischen Räume mit der metrischen Topologie. [...]

Filterbasen, Konvergenz von Filterbasen

Führt man für eine Folge (a_n) das Mengensystem E aller Mengen $E_k := \{a_n / n \geq k\}$ $(k \in N)$ (>Endstücke der Folge<) ein, so ergibt sich aus der Definition 1:
    (a_n) konvergiert gegen a genau dann, wenn jedes Element aus $U(a)$ ein Element aus E umfasst. [...]

Definition 11: Filterbasis
Ein nichtleeres Mengensystem F aus $P(X)$ heißt Filterbasis auf X, wenn $\{\ \} \notin F$ und der Durchschnitt je zweier Elemente aus F ein Element aus F umfasst.«[129]

Definition 12: Hausdorff-Raum
»Ein topologischer Raum heißt **Hausdorffscher Raum** (oder separierter Raum) und seine Topologie eine Hausdorffsche Topologie, wenn er dem folgenden Axiom genügt:

    [Hd] Zu zwei Punkten $x \neq y$ des Raums X gibt es stets fremde Umgebungen $U \in U(x)$ und $V \in U(y)$.«[130]

Definition 13: Kompakter Raum
»Ein topologischer Raum X und seine Topologie T heißen **kompakt** (auch genauer **überdeckungskompakt**), wenn X ein Hausdorffscher Raum ist, der dem folgenden Axiom genügt:

---

[129] Ebd., S. 225
[130] Mangoldt, Knopp, Lösch: Einführung in die höhere Mathematik, S. 341

[C]   Jede offene Überdeckung von X enthält eine endliche Teilüber-
       deckung von X.«[131]

Definition 14: Regulärer Raum

»Ein topologischer Raum X und seine Topologie T heißen **regulär**, wenn X ein
Hausdorffscher Raum ist, der dem folgenden Axiom genügt:

[Rg]   Zu einem Punkt $x \in X$ und einer diesen nicht enthaltenden abge-
        schlossenen Menge $A \subseteq X$ gibt es stets fremde Umgebungen U
        von x und V von A.«[132]

Definition 15: Normaler Raum

»Ein topologischer Raum X und seine Topologie T heißen **normal**, wenn X
ein Hausdorffscher Raum ist, der dem folgenden Axiom genügt:

[Nm]   Zu zwei fremden abgeschlossenen Mengen A, B des Raums X
        gibt es stets fremde Umgebungen U von A und V von B.

Da in einem Hausdorffschen Raum jede einpunktige Menge abgeschlossen
ist, so ist mit dem Axiom [Nm] auch das Axiom [Rg] erfüllt. Jeder normale ist
also regulär.«[133]

2.11 Vom Würfeln zur Wahrscheinlichkeitsrechnung

»Im 16. Jahrhundert begann man, sich für die Begründung der bei Würfel-
spielen beobachteten Zufallsgesetze zu interessieren. HIERONYMUS CARDANO
(1501–1576) […] behandelte in seinem Buch ›Liber de ludo aleae‹ erstmals einfache Würfelspielprobleme. Das 17. Jahrhundert, genauer das Jahr 1654, kann
als eigentlicher Beginn der Wahrscheinlichkeitsrechnung bezeichnet werden.
CHEVALIER DE MERE (1607–1684), ein berufmäßiger Spieler, hatte sich bei
BLAISE PASCAL (1623–1662) über die Mathematik beklagt, weil ihre Ergebnisse ihm nicht mit den Erfahrungen des praktischen Lebens übereinzustimmen
schienen.«[134]

CHEVALIER DE MERE meinte, die Wahrscheinlichkeit, mit einem Würfel
bei vier Wurfversuchen **mindestens** einmal die Sechs zu erhalten, müsste
gleich groß sein wie mit zwei Würfeln bei 24 Wurfversuchen **mindestens**
einmal die Doppelsechs zu erzielen. BLAISE PASCAL konnte nach einem
Briefwechsel mit PIERRE DE FERMAT (1601–1665) das Missverständnis auf-

---

[131] Ebd., S. 354
[132] Ebd., S. 370
[133] Ebd., S. 371
[134] Franz Heigl und Jürgen Feuerpfeil: Stochastik, Bayerischer Schulbuch-Verlag,
       München 1976, S. 241

klären. Tatsächlich beträgt die Wahrscheinlichkeit im ersten Fall 0,518 und im zweiten Fall nur 0,491.

Beispiel 1: Aufgabe des Chevalier de Mere

Was ist wahrscheinlicher: Beim viermaligen unabhängigen Werfen von einem Laplace-Würfel wenigstens einmal eine Sechs zu erhalten oder bei 24 unabhängigen Würfen von je zwei Laplace-Würfeln wenigstens einmal eine Doppel-Sechs zu erhalten?

Lösung:

CHEVALIER DE MERE dachte: Im ersten Fall stehen vier Versuchen 6 sechs Möglichkeiten und im zweiten Fall stehen 24 Versuchen 36 Möglichkeiten gegenüber und deshalb müssten, weil $4:6=24:36$ ist, auch die Wahrscheinlichkeiten gleich sein.

Worin liegt das Missverständnis? CHEVALIER DE MERE ist über das Wörtchen »mindestens« (gleichbedeutend: wenigstens) gestolpert:

»Mindestens einmal von vier Versuchen die Sechs« bedeutet ja »einmal oder zweimal oder dreimal oder viermal die Sechs« und das ist das Gegenereignis von »keinmal die Sechs«.

»Mindestens einmal von 24 Versuchen die Doppelsechs« ist das Gegenereignis von »keinmal die Doppelsechs«. Da entweder das Ereignis oder das Gegenereignis eintritt, ist die Summe ihrer Wahrscheinlichkeiten jedes Mal 1.

Es gilt also:

Erster Fall: $\quad P(1)=1-\left(\dfrac{5}{6}\right)^4=0,518$

Zweiter Fall: $\quad P(2)=1-\left(\dfrac{35}{36}\right)^{24}=0,491$

Grundlagen

Damit »Wahrscheinlichkeiten berechenbar« werden, müssen erst grundlegende Begriffe eingeführt werden. Das Werfen eines Würfels ist ein **Zufallsexperiment**. Als **Ergebnis** erhält man genau eine Zahl aus der Menge (Ergebnisraum) $\{1,2,3,4,5,6\}$. Wenn der Würfel nicht manipuliert ist, die »Wahrscheinlichkeit« für das Auftreten jeder der Zahlen also gleich groß ist, liegt ein LAPLACE-Würfel vor.

Die **Wahrscheinlichkeit P** für das Auftreten einer bestimmten »Augenzahl« ist $\frac{1}{6}$. Die Summe aller Wahrscheinlichkeiten $P(i)$, $i \in \{1,2,3,4,5,6\}$ ist folglich 1:

$$\sum_{i=1}^{6} P(i) = 1 \quad .$$

Der **Ergebnisraum** Ω besteht aus den **Elementarereignissen** 1, 2, 3, 4, 5, 6.

Jede Teilmenge A des Ergebnisraumes Ω heißt **Ereignis**. Der **Ereignisraum** des Ergebnisraumes ist folglich die **Potenzmenge** $P(\Omega)$ mit der Mächtigkeit

$$|P(\Omega)| = 2^6 = 64$$.

Sei A das Ereignis »eine Sechs zu würfeln«, dann ist das **Gegenereignis** $\overline{A}$ »keine Sechs zu würfeln«. Da entweder das Ereignis A oder das Gegenereignis $\overline{A}$ eintritt, muss die Summe der Wahrscheinlichkeiten 1 sein:

$$P(A) + P(\overline{A}) = 1$$

Es gilt dann: $P(A) = \dfrac{1}{6}$ und $P(\overline{A}) = \dfrac{5}{6}$

Definition 1:

Ein Vorgang, der unter gleichen Bedingungen beliebig oft wiederholt werden kann, heißt

Zufallsexperiment.

Definition 2:

Eine nichtleere Menge von möglichen Einzelergebnissen ω_v eines Zufallsexperiments heißt **Ergebnisraum** Ω.

$$\Omega := \{\omega_1, \omega_2, ..., \omega_n\} \quad (n \in N)$$

Definition 3:

Jede Teilmenge A des Ergebnisraumes Ω heißt **Ereignis**.

Definition 4:

Ein Ereignis, das genau dann eintritt, wenn das Ereignis A nicht eintritt, heißt **Gegenereignis** $\overline{A}$ (lies A quer).

Definition 5:

Die Potenzmenge $P(\Omega)$ heißt **Ereignisraum**. Die Ereignisse $\{\omega_v\}$ als einelementige Teilmengen heißen **Elementarereignisse** des Ereignisraumes.

Definition 6 [Wahrscheinlichkeit eines Ereignisses][135]:

Wird jedem Elementarereignis dieselbe **Wahrscheinlichkeit** zugeordnet, so gilt:

[135] Diese Definition wird bei Franz Heigl und Jürgen Feuerpfeil: Stochastik auf S. 47 als Beweis aufgeführt.

Wahrscheinlichkeit eines Ereignisses $= \dfrac{Anzahl\ günstiger\ Ereignisse}{Anzahl\ möglicher\ Ereignisse}$

$$P(A) = \frac{|A|}{|\Omega|}, \ (A \in P(\Omega))$$

Nun zurück zur Frage des Spielers CHEVALIER DE MERE:

Ereignis $A:=$ »mit einem Würfel mindestens einmal eine Sechs mit vier Würfen zu erzielen«.

Gegenereignis $\overline{A}$ = »mit einem Würfel viermal hintereinander keine Sechs zu haben«.

$$P(\overline{A}) = \frac{5}{6} \cdot \frac{5}{6} \cdot \frac{5}{6} \cdot \frac{5}{6} = \left(\frac{5}{6}\right)^4, \text{ daraus folgt:}$$

$$P(A) = 1 - \left(\frac{5}{6}\right)^4 = 0{,}5177 \text{ (gerundet)}$$

Ereignis $A:=$ »mit zwei Würfeln bei 24 Wurfversuchen mindestens einmal die Doppelsechs zu erzielen«.

Gegenereignis $\overline{A}$ = »mit zwei Würfeln bei 24 Wurfversuchen keinmal die Doppelsechs zu erzielen«.

Ergebnisraum,

$$\Omega = \{(1,1),(1,2),...,(1,6),(2,1),(2,2),...,(2,6),...,(6,6)\}, \ |\Omega| = 6 \cdot 6 = 36$$

$$P(\overline{A}) = \left(\frac{35}{36}\right)^{24}, \text{ daraus folgt}$$

$$P(A) = 1 - \left(\frac{35}{36}\right)^{24} = 0{,}4914 \text{ (gerundet)}$$

Die Bernoulli-Kette

Abb. 14: JAKOB I. BERNOULLI, 1654–1705

»Ab 1686 verwendete JAKOB BERNOULLI die vollständige Induktion, untersuchte wichtige Potenzreihen mithilfe der Bernoulli-Zahlen, und begründete die Wahrscheinlichkeitstheorie mit (siehe Bernoulli-Verteilung). Im Jahre 1687 wurde er zum Professor für Mathematik an der Universität Basel ernannt und begann zusammen mit seinem jüngeren Bruder und Schüler JOHANN BERNOULLI, die Infinitesimalrechnung von LEIBNIZ zu bearbeiten und anzuwenden. Die beiden Brüder benutzten als erste diesen neuen Calculus, ohne zum Umfeld von LEIBNIZ zu gehören.«[136]

Bernoulli-Formel

$$B(n; p; k) = \binom{n}{k} p^k q^{n-k}$$

Ein Zufallsexperiment, das nur erfasst, ob eine Ereignis eintritt (Treffer) oder nicht eintrifft (Niete), heißt **Bernoulli-Experiment**. Treffer werden mit 1 und Nieten mit 0 bezeichnet. Die Wahrscheinlichkeit für einen **Treffer** wird mit **p** und die Wahrscheinlichkeit für eine **Niete** mit **q** bezeichnet.

Wendet man diese Begriffe auf das

Ereignis $A :=$ »mit einem Würfel mindestens einmal eine Sechs mit vier Würfen zu erzielen«, so erhält man den Ergebnisraum

$$\Omega = \left\{ \begin{array}{l} (0,0,0,0), \\ (1,0,0,0),(0,1,0,0),(0,0,1,0),(0,0,0,1), \\ (1,1,0,0),(1,0,1,0),(1,0,0,1),(0,1,1,0),(0,1,0,1),(0,0,1,1), \\ (1,1,1,0),(1,1,0,1),(1,0,1,1),(0,1,1,1), \\ (1,1,1,1) \end{array} \right\}$$

Das Bernoulli-Experiment ist einmaliges Werfen eines Würfels. Die **Wahrscheinlichkeit p** für das Würfeln einer Sechs (Treffer) ist $\frac{1}{6}$, die **Wahrschein-**

---

[136] wikipedia.org/wiki/Jakob_I._Bernoulli

lichkeit q für das Würfeln einer anderen Zahl (Niete) ist $\frac{5}{6}$. Das Bernoulli-Experiment wird viermal durchgeführt, d. h. die Bernoulli-Kette hat die **Länge n = 4.**

Nun gibt es genau eine Möglichkeit lauter Nieten, vier Möglichkeiten ein Treffer, sechs Möglichkeiten zwei Treffer, drei Möglichkeiten drei Treffer und eine Möglichkeit vier Treffer anzuordnen.

Aufsummiert ergibt das

$$P(A) = 4 \cdot \left(\frac{1}{6}\right)^1 \cdot \left(\frac{5}{6}\right)^3 + 6 \cdot \left(\frac{1}{6}\right)^2 \cdot \left(\frac{5}{6}\right)^2 + 4 \cdot \left(\frac{1}{6}\right)^3 \cdot \left(\frac{5}{6}\right)^1 + 1 \cdot \left(\frac{1}{6}\right)^4$$

$$P(\overline{A}) = 1 \cdot \left(\frac{1}{6}\right)^0 \cdot \left(\frac{5}{6}\right)^4$$

$$P(A) + P(\overline{A}) = 1$$

Ausflug in die Kombinatorik

Beispiel 2: Wie viele Möglichkeiten gibt es vier verschiedene Zahlen anzuordnen?

> (1, 2, 3, 4), (1, 2, 4, 3), (1, 3, 2, 4), (1, 3, 4, 2), (1, 4, 2, 3), (1, 4, 3, 2)
> (2, 1, 3, 4), (2, 1, 4, 3), (2, 3, 1, 4), (2, 3, 4, 1), (2, 4, 1, 3), (2, 4, 3, 1)
> (3, 2, 1, 4), (3, 2, 4, 1), (3, 1, 2, 4), (3, 1, 4, 2), (3, 4, 2, 1), (3, 4, 3, 1)
> (4, 2, 3, 1), (4, 2, 1, 3), (4, 3, 2, 1), (4, 3, 1, 2), (4, 1, 2, 3), (4, 1, 3, 2)

Für die erste Stelle gibt es vier Möglichkeiten. Die zweite Stelle kann dann jeweils mit einer der verbleibenden drei Zahlen (drei Möglichkeiten), die dritte Stelle mit einer der dann noch verbleibenden zwei Zahlen (zwei Möglichkeiten) besetzt werden. Die dann noch verbleibende letzte Zahl nimmt dann jeweils die vierte Stelle ein.

Es gibt also insgesamt $4 \cdot 3 \cdot 2 \cdot 1 = 24$ Möglichkeiten.

Verallgemeinerung:

n verschiedene Elemente können auf $1 \cdot 2 \cdot \ldots \cdot n := n!$ **(n-Fakultät) verschiedene Weisen in n-Tupeln** $a_1, a_2, \ldots, a_n$ **angeordnet werden. Die Anzahl der Permutationen beträgt n-Fakultät.**

Beispiel 3: Wie viele Möglichkeiten gibt es, aus der Menge $\{1,2,3,4\}$ 1-Tupel, 2-Tupel, 3-Tupel, 4-Tupel zu bilden?

1-Tupel: (1), (2), (3), (4)

2-Tupel: (1, 2), (2, 1), (1, 3), (3, 1), (1, 4), (4, 1); (2, 3), (3, 2), (2, 4), (4, 2); (3, 4), (4, 3)

3-Tupel: (1, 2, 3), (1, 3, 2), (2, 1, 3), (2, 3, 1), (3, 1, 2), (3, 2, 1)

(1, 2, 4), (1, 4, 2), (2, 1, 4), (2, 4, 1), (4, 1, 2), (4, 2, 1)

(1, 3, 4), (1, 4, 3), (3, 1, 4), (3, 4, 1), (4, 1, 3), (4, 3, 1)

(2, 3, 4), (2, 4, 3), (3, 2, 4), (3, 4, 2), (4, 2, 3), (4, 3, 2)

4-Tupel: (1, 2, 3, 4), (1, 2, 4, 3), (1, 3, 2, 4), (1, 3, 4, 2), (1, 4, 2, 3), (1, 4, 3, 2)

(2, 1, 3, 4), (2, 1, 4, 3), (2, 3, 1, 4), (2, 3, 4, 1), (2, 4, 1, 3), (2, 4, 3, 1)

(3, 2, 1, 4), (3, 2, 4, 1), (3, 1, 2, 4), (3, 1, 4, 2), (3, 4, 2, 1), (3, 4, 3, 1)

(4, 2, 3, 1), (4, 2, 1, 3), (4, 3, 2, 1), (4, 3, 1, 2), (4, 1, 2, 3), (4, 1, 3, 2)

Aus der Menge $\{1,2,3,4\}$ lassen sich genau vier 1-Tupel, zwölf 2-Tupel, vierundzwanzig 3-Tupel und vierundzwanzig 4-Tupel bilden.

Verallgemeinerung:

1-Tupel gibt es so viele, wie es verschiedenen Elemente gibt, also n.

2-Tupel werden so gebildet: für die erste Stelle gibt es n Möglichkeiten und für die zweite Stelle gibt dann noch jeweils (n - 1) Möglichkeiten. Also insgesamt $n \cdot (n$ - 1) Möglichkeiten.

Nach diesem Zählprinzip gilt dann für das k-Tupel:

Aus der Menge $\{1, 2, ..., n\}$ lassen sich genau $n \cdot (n$ - 1$) \cdot ... \cdot (n$ - k + 1$)$ verschiedene k-Tupel bilden.

Anmerkung:

Das Produkt $n \cdot (n$ - 1$) \cdot ... \cdot (n$ - k + 1$)$ lässt sich auch als Quotient schreiben:

$$n \cdot (n-1) \cdot ... \cdot (n-k+1) = \frac{n \cdot (n-1) \cdot ... \cdot (n-k+1) \cdot (n-k) \cdot ... \cdot 1}{1 \cdot 2 \cdot ... \cdot (n-k)} = \frac{n!}{(n-k)!}$$

Wenn wir bei den k-Tupeln auf die k! Anordnungen verzichten, erhalten wir eine Aussage über k-Teilmengen (Teilmengen mit k Elementen):

Aus der Menge $\{1, 2, 3, 4\}$ lassen sich genau $\dfrac{n!}{k!(n-k)!}$ verschiedene k-Teilmengen bilden.

Definition 7:

»Es sei $n \in N$, $k \in \{0, 1, ..., n\}$. Dann versteht man unter dem **Binominalkoeffizienten k aus n** in Zeichen $\binom{n}{k}$ die Zahl $\binom{n}{k} := \dfrac{n!}{k!(n-k)!}$ «[137]

---

[137] Heigl, Feuerpfeil: Stochastik, S. 59

Beispiel 4: Wie groß ist die Wahrscheinlichkeit, beim Lotto »6 aus 49« zu gewinnen?

Lösung: »6 aus 49« $= \binom{49}{6} = 13.983.816$, es gibt also 13.983.816 Teilmengen mit sechs Elementen

aus der Menge $\{1, 2, 3, 4, \ldots, 49\}$. Eine davon beinhaltet die »gezogenen Lottozahlen«, folglich ist die Wahrscheinlichkeit für den Lottogewinn

$$P = \frac{1}{13.983.816} = 0,000000071511 \text{ gerundet.}$$

Jetzt sind wir in der Lage, die Bernoulli-Formel $B(n; p; k) = \binom{n}{k} p^k q^{n-k}$ zu verstehen.

Der Binomialkoeffizient $\binom{n}{k}$ gibt an, wie viele von n Versuchen k Treffer und damit auch (n-k) Nieten aufweisen.

Beispiel 5: »Wie groß ist die Wahrscheinlichkeit, dass eine Ziehung leer ausgeht, dass es also keinen Gewinner gibt?«

Lösung:
Es werden etwa 140 Millionen Lottoscheine abgegeben[138], dann gilt:

$$n = 1,4 \cdot 10^8, \quad p = \binom{49}{6}^{-1}, \quad q = 1 - \binom{49}{6}^{-1}, \quad k = 0, \quad (n-k) = 1,4 \cdot 10^8 - 0$$

$$B\left(n = 1,4 \cdot 10^8; p = \binom{49}{6}^{-1}; k = 0\right) = \binom{1,4 \cdot 10^8}{0}\left(\binom{49}{6}^{-1}\right)^0 \left(1 - \binom{49}{6}^{-1}\right)^{140.000.000} =$$

$$\left(1 - \binom{49}{6}^{-1}\right)^{140.000.000} = \left((0,9999999284888)^{1000000}\right)^{140} \approx 4,5 \cdot 10^{-5}$$

Die Wahrscheinlichkeit, dass wenigstens einmal »6 Richtige« vorkommen, ist als ungefähr

$$1 - 0,000045 = 0,999955$$

---

[138] Ebd., S. 110

Veranschaulichung der Bernoulli-Formel mit den Galton-Brett[139]

Abb. 15: Galton-Brett

Fächer						
1	2	3	4	5	6	7
$\binom{6}{0}p^0q^6$	$\binom{6}{1}p^1q^5$	$\binom{6}{2}p^2q^4$	$\binom{6}{3}p^3q^3$	$\binom{6}{4}p^4q^2$	$\binom{6}{5}p^5q^1$	$\binom{6}{6}p^6q^0$
$1 \cdot \left(\dfrac{1}{2}\right)^6$	$6 \cdot \left(\dfrac{1}{2}\right)^6$	$15 \cdot \left(\dfrac{1}{2}\right)^6$	$20 \cdot \left(\dfrac{1}{2}\right)^6$	$15 \cdot \left(\dfrac{1}{2}\right)^6$	$6 \cdot \left(\dfrac{1}{2}\right)^6$	$1 \cdot \left(\dfrac{1}{2}\right)^6$
0,015625	0,09375	0,234375	0,3125	0,234375	0,09375	0,015625

Das vom Naturforscher FRANCIS GALTON (1822–1911) entwickelte Galton-Brett veranschaulicht die Wahrscheinlichkeitsverteilung:

[139] wikipedia.org/wiki/Galtonbrett

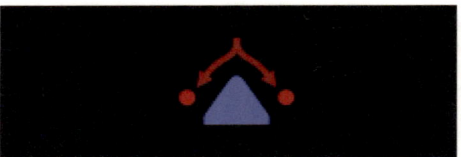

Abb. 16: Galton-Brett–zwei Möglichkeiten

Fällt eine Kugel nach links, gilt sie als Niete (0), fällt die Kugel nach rechts, gilt sie als Treffer (1). Der Lauf der eingezeichneten Kugel wird dann durch die Folge (100111) beschrieben, sie fällt mit einer Wahrscheinlichkeit von 0,234375 in das fünfte Fach. Da die Wahrscheinlichkeiten für Treffer und Nieten gleich sind (p = q = 0,5); erhalten wir eine symmetrische Wahrscheinlichkeitsverteilung. Geht die Anzahl n der Kugeln gegen unendlich, dann ergibt sich die Gaußsche-Glockenkurve.

Axiomatisierung des Wahrscheinlichkeitsmaßes

»Die axiomatische Grundlegung der Wahrscheinlichkeitsrechnung gelang im Jahre 1933 dem zeitgenössischen russischen Mathematiker A. N. Kolmogorow. Seine Leistung besteht darin, erkannt zu haben, welche einfachen Eigenschaften der relativen Häufigkeit genügen, um eine zufriedenstellende mathematische Theorie über zufälliges Geschehen aufzubauen.«[140]

Weitere für das Axiomensystem benötigte Begriffe

Definition 8:

»Eine nicht-leere Menge S von Ereignissen aus einem Ergebnisraum Ω heißt **Ereignisalgebra** $\mathcal{A}$ auf Ω, wenn gilt:

$$1. \quad A \in S \Rightarrow \overline{A} \in S,$$
$$2. \quad A \in S \wedge B \in S \Rightarrow A \cup B \in S$$
$$3. \quad A \in S \wedge B \in S \Rightarrow A \cap B \in S \ .«^{[141]}$$

Definition 9:

»Wir betrachten also ein prinzipiell beliebig oft wiederholbares Experiment, auf dessen Ergebnisraum Ω eine Ereignisalgebra $\mathcal{A}$ definiert ist. Tritt in einer

---

[140] Heigl, Feuerpfeil: Stochastik, S. 40
[141] Ebd., S. 26

Folge von n Versuchen ein Ereignis genau z-mal ein, so nennen wir z die **absolute Häufigkeit** von A und

$$h_n(A) := \frac{z}{n}$$

die **relative Häufigkeit** von A $(n \in N, z \in \{0, 1, ..., n\}$.

[Eigenschaften der relativen Häufigkeit:]
Wie man unmittelbar sieht, ist die relative Häufigkeit eine rationale Zahl mit
$0 \le h_n(A) \le 1$ für alle $n \in N$.

Das **sichere Ereignis** Ω tritt bei jedem Versuch ein. Also ist die absolute Häufigkeit gleich n und damit

$$h_n(\Omega) = 1.$$

Das **unmögliche Ereignis** $\{\ \}$ tritt bei keinem Versuch ein. Also ist z = 0 und damit

$$h_n(\{\}) = 0.$$

Wegen [...] gilt für zwei **unvereinbare Ereignisse** A und B:

$$A \cap B = \{\} \Rightarrow h_n(A \cap B) = 0 \ .$$

Von zwei unvereinbaren Ereignissen kann bei einem einzelnen Versuch entweder nur das eine oder das andere Ereignis eintreten. Es gilt daher:

$$A \cap B = \{\} \Rightarrow h_n(A \cup B) = h_n(A) + h_n(B).$$

Für zwei **beliebige Ereignisse** A und B lässt sich $A \cup B$ in paarweise unvereinbare Ergebnisse zerlegen:

$$A \cup B = (A \cap \overline{B}) \cup (A \cap B) \cup (\overline{A} \cap B) \ .$$

Dann ist: [...]

$$h_n(A \cup B) = h_n(A) + h_n(B) - h_n(A \cap B).\text{«}[142]$$

Das Axiomensystem von Kolmogorow

»Die wesentlichen, für jedes beliebige $n \in N$ gültigen Eigenschaften der relativen Häufigkeit sind:

$$h_n(A) \ge 0 \quad (A \in \mathfrak{A})$$
$$h_n(\Omega) = 1$$
$$A \cap B = \{\} \Rightarrow h_n(A \cup B) = h_n(A) + h_n(B) \quad (A, B \in \mathfrak{A})$$

[142] Ebd., S. 32

109

Wir postulieren nun die Existenz eines mathematischen Wahrscheinlichkeitsmaßes,

Definition 10:

$\mathfrak{A}$ sei eine Ereignisalgebra. Eine Funktion P, die jedem Ereignis aus $\mathfrak{A}$ eine reelle Zahl zuordnet, heißt ein **Wahrscheinlichkeitsmaß**, wenn sie die folgenden Eigenschaften besitzt:

Axiom I: $P(A) \geq 0 \quad (A \in \mathfrak{A})$

Axiom II: $P(\Omega) = 1$

Axiom III: $A \cap B = \{\} \Rightarrow P(A \cup B) = P(A) + P(B) \quad (A, B \in \mathfrak{A})$

P(A) bezeichnen wir kurz als Wahrscheinlichkeit von A. Allgemein nennt man eine solche Funktion ein nicht-negatives (Axiom I), normiertes (Axiom II) und additives (Axiom III) Maß.«[143]

---

[143] Ebd., S. 40

110

3 Aufbau der Mathematik

Es gibt grundsätzlich zwei verschiedene Möglichkeiten, an einen Aufbau der Mathematik heranzugehen. Man kann es geschichtlich-genetisch oder strukturell versuchen.

3.1 Genetisch-geschichtlicher Aufbau

Steinzeit –20.000	Zahlzeichen, Ornamente **Gekerbte Knochen**	»Die ältesten bekannten gekerbten Knochen sind in Westeuropa gefunden worden. Sie stammen aus dem Aurignacien und tauchen etwa gleichzeitig mit dem Cro-Magnon-Menschen auf.«[144]
–2000	Zahlzeichen der Ägypter Bruchrechnung spielt eine erhebliche Rolle Urkunden aus der 11. bis 13. Dynastie Hauptstadt das alte Theben	**Papyrus Rhind** **»elementare arithmetische und geometrische Aussagen«**[145] alle vier Grundrechnungsarten vertraut, Geometrie wurde aus dem Rechteck entwickelt, Flächeninhalte von Dreieck und Trapez, Volumen von Zylinder und Pyramidenstumpf
Gleiche Zeit	Babylonische Zahlzeichen ganze Zahlen reichen oft aus	**Sexagesimalsystem** mit der Basiszahl 60 Positionssystem allerdings ohne Null Das Zahlensystem und die Rechenverfahren der Babylonier sind durchdachter und arithmetisierter als bei den Ägyptern[146]
–624 –548	THALES VON MILET	Winkelbegriff, Winkelsumme im Dreieck, **Dreieckskonstruktionen, »Satz des Thales«**

---

[144] Ifrah, S. 110
[145] Kropp, S. 10
[146] Ebd., S. 17

Struktur der Mathematik – Funktionsweise

−580 −501	PYTHAGORAS	Wertschätzung der Arithmetik (Zahlenmystik der natürlichen Zahlen) $1 + 3 + 5 + \ldots + (2n - 1) = n^2$ $1 + 2 + 3 + \ldots + n = n(n+1)/2$ **Entdeckung, dass die Diagonallänge des Einheitsquadrates nicht rational ist**
−365 −300	**Euklid aus Alexandria Begründer der Axiomatik**	**Elemente des Euklid**[147] »Alle Sätze werden aus den Definitionen, Postulaten, Axiomen und gegebenfalls aus bereits bewiesenen anderen Sätzen auf rein logischem Wege deduziert.«
−287 −212	ARCHIMEDES aus Syrakus Anwendung der Mathematik und reine Theorie	**Archimedisches Prinzip** Rauminhalte von Kegel, Kugel und Zylinder gleicher Grundfläche und Höhe verhalten sich wie 1 : 2 : 3 Archimedisches »Exhaustionsverfahren« Kreismessung: 3 10/7 < p < 3 10/70
um 250	DIOPHANTOS aus Alexandria	**Lösung von komplizierten linearen Gleichungen** $x^3 + y^3 = x + y$
	Fortschritte bei den Indern	Einführung der Null und Ausbau des Positionssystems der Zahlen Halbsehnen – Trigonometrie
700 – 1500	Wirksamkeit arabischer Mathematiker:	»Große Teile der griechischen Mathematik sind nur oder vorwiegend in arabischer Fassung ins Abendland gedrungen, wobei sich gezeigt hat, dass die arabischen Texte mit großem Sachverständnis verfasst waren.«[148] Übersetzung griechischer Mathematiker, Aufnahme indischer und babylonischer Arithmetik, **ebene und sphärische Trigonometrie** als selbstständige Disziplinen entwickelt[149]
780 – 850	AL-KWARAZMĪ	Arithmetik und Algebra Lat. Ausgabe »Algorithmi de numero Indorum« Tafeln mit Sinus- und Tangenswerten
1180 – 1250	FIBONACCI aus Pisa	»Liber abaci« »Practica geometriae«

[147] Euklid
[148] Kropp, S. 53
[149] Ebd., S. 55

1400 – 1600	Mathematik in der Renaissance:	Die Ausweitung der länderübergreifenden Handels- beziehungen erforderte einen **Ausbau der Rechen- verfahren**
1492 – 1559	ADAM RIES(e) aus Staffelstein	»Rechnung auf der Linien und Federn«
1487 – 1567	MICHAEL STIFEL	»Arithmetica integra« **Rechnen mit negativen Zahlen** Einführung des Begriffs »Binomialkoeffizient« Zuordnung arithmetischer und geometrischer Fol- gen (Anbahnung der Logarithmen zur Basis 2)

	...	3	2	1	0	-1	-2	-3	...
	...	8	4	2	1	1/2	1/4	1/8	...
=	...	2^3	2^2	2^1	2^0	2^{-1}	2^{-2}	2^{-4}	...

1501 – 1576	GERONIMO CARDANO	»Cardanische Formel« zur Auflösung einer kubi- schen Gleichung aufgeführt in seiner »Ars magna sive de regulis algebraicis«
1540 – 1603	FRANCOIS VIETE	**Rechnen mit Buchstaben**

$$x^3 + a\,x^2 + bx + c = 0 \quad \begin{vmatrix} x_1 + x_2 + x_3 = -a \\ x_1\,x_2 + x_1\,x_3 + x_2\,x_3 = b \\ x_1\,x_2\,x_3 = -c \end{vmatrix}$$

Tafeln der Winkelfunktionen
Methodische Verfahren zur Berechnung ebener und
sphärischer Dreiecke

»Dass Algebra und Analysis seit dem 17. Jhd. erheb-
liche Fortschritte gemacht haben, ist sicher zu einem
großen Teile darauf zurückzuführen, dass den Mathematikern formale Hilfsmittel zu Gebote standen, die
der Antike und dem Mittelalter noch fremd waren.«[150]

1552 – 1632	JOST BÜRGI	Herausgabe einer **Logarithmentafel** zur Basis e $1,001^{10000} \approx 2,71846 \approx e$
1561 – 1630	HENRI BRIGGS	Vater der dekadischen Logarithmentafeln log 1 = 0, log 10 = 1 Briggs berechnet 1617 vierzehnstellige Logarithmen von 10.000 bis 20.000 und von 90.000 bis 100.000[151]

150151

---

[150] Ebd. S. 81
[151] Ebd. S. 82

1601 – PIERRE DE 1665 FERMAT	FERMAT stellt die **Gleichungen folgender Kegelschnitte** auf:

FERMAT stellt die **Gleichungen folgender Kegelschnitte** auf:

Gerade $\quad ax + by = cd$

Hyberbel $\quad xy = cd$
$\qquad\quad (x - a)(b - y) = cd - ef$

Parabel $\quad x^2 = ay$
$\qquad\quad x^2 = a(b - y)$

Kreis $\qquad a^2 - x^2 = y^2$
$\qquad\quad a^2 - (x + c)^2 = (y + d)^2$

Ellipse $\quad c^2(a^2 - x^2) = b^2y^2$

genialer **Zahlentheoretiker**:

Kleiner Fermatscher Satz:
Für teilerfremde Zahlen a und p (p Primzahl) ist p stets Teiler von $(a^{p-1} - 1)$

Großer Fermatscher Satz:
Die Gleichung $x^n + y^n = z^n$ ist für n > 2 durch natürliche Zahlen x, y, z nicht lösbar

---

1596 – RENE DESCARTES 1650

»Discours de la methode » :
Durch dieVerbindung von Algebra und Geometrie durch das »Cartesische Koordinatensystem« legte er die **Grundlagen für die analytische Geometrie.**

1598 – BONAVENTURA 1647 CAVALIERI

Schöpfer der »**Indivisibeln-Geometrie**« (Prinzip des CAVALIERI). Mit eigenen Worten: »Ebene Figuren sind als Gewebe aus parallelen Fäden hergestellt zu denken, Körper als Bücher, die aus einander parallelen Blättern bestehen.«[152]

1643 – ISAAC NEWTON 1727

Hauptwerk: »Philosophiae naturalis principia mathematica«, mathematische Arbeiten: »Tractatus de quadratura«, »Arithmetica universalis«, »Analysis per aequationes numero terminorum infinitas« (1665/66 entstanden, aber erst 1711 veröffentlicht) **Die Fluxionsrechnung[153] (Entdeckung der Infinitesimalrechnung)** (siehe Beispiel Nr. S. 130)

---

[152] Zitiert nach Kropp, S. 105
[153] Ebd., S. 129

1646 – GOTTFRIED 1716 WILHELM LEIBNIZ	Hauptwerke: »Calculus differentialis« und »Calculus summatorius«. Darin begründet er die »**Differential- und Integralrechnung**«[154] (siehe Beispiel Nr. S. 135) Programm einer **symbolischen Logik** als Anbahnung des modernen Logikkalüls zur Formalisierung des mathematischen Denkens
1654 – JAKOB I. 1705 BERNOULLI	**Theorie der Wahrscheinlichkeit** »Ars coniectandi« mit den Theorem über binomiale Verteilung, Verfasser der ersten Lehrbücher der Differential- und Integralrechnung
1707 – LEONHARD 1783 EULER	Werke: »**Vollständige Anleitung zur Algebra**« (1770), »Indroductio in analysis in infinitorum« (1745), »Institutiones calculi differentialis« (1748), »Institutiones calculi integralis« (1763) Mit seinen Lehrbüchern hat EULER Ordnung in das überlieferte Wissensgut gebracht[155]. $e^{ix} = \cos x + i \times \sin x$ $e^{i\pi} + 1 = 0$
1777 – CARL FRIEDRICH 1855 GAUSS	**Zahlentheorie:** »Disiquisitiones arithmeticae« (1801), Fundamentalsatz der Algebra: »Jedes Polynom n-ten Grades besitzt genau n Nullstellen.«
1781 – BERNHARD 1848 BOLZANO	ε, δ – **Definition der Stetigkeit**, Zwischenwertsatz für reelle Funktionen, Satz von BOLZANO-WEIERSTRASS
1789 – AUGUSTIN 1857 CAUCHY	**Analysis:** »Cours d`analyse« (1821) Arbeiten auf dem Gebiet der reellen und komplexen Analysis, Begründer der **Theorie endlicher Gruppen**
1826 – BERNHARD 1866 RIEMANN	»Grundlagen für eine allgemeine Theorie der Functionen einer veränderlichen complexen Größe« Riemannsche Flächen, **Riemannscher Integralbegriff**, »Über die Darstellbarkeit einer Funktion durch eine trigonometrische Reihe«
1815 – KARL 1897 WEIERSTRASS	**Strenge Arithmetisierung der Analysis** (Weierstraßsche Strenge), Gründung der Funktionentheorie im Komplexen auf Potenzreihen, Theorie der elliptischen Funktionen

[154] Ebd., S. 133
[155] Ebd., S. 149

1845 – GEORG CANTOR 1918	Einführung der Fundamentalfolgen (Cauchy-Folgen), Entwicklung der **Grundlagen der Mengenlehre**, transfinite Kardinalzahlen (Mächtigkeiten von Mengen), Wohlordnung einer Menge
1849 – FELIX KLEIN 1925	Erlanger Programm: »Vergleichende Betrachtungen über neuere geometrische Forschungen«, **Klassifizierung der Geometrie** mithilfe der Invarianz bezüglich zugehöriger Transformationsgruppen, »Elementarmathematik vom höheren Standpunkt aus« (vorzügliches Werk für den Mathematikunterricht an Gymnasien)
1862 – DAVID HILBERT 1943	»Grundlagen der Mathematik I/II« (1934, 1939) **Formalismus Hilberts:** Begründung der mathematischen Theorien mithilfe von Axiomen, dann Sicherung durch »Metamathematik«, sodass die Widerspruchsfreiheit gezeigt werden kann, in den »Grundlagen der Geometrie« (1899) entwickelt HILBERT ein vollständiges Axiomensystem der ebenen euklidischen Geometrie, in der Algebra führen HILBERTS Ideen zu einer »**allgemeinen Theorie abstrakter Körper, Ringe und Moduln.**«[156]

3.2 Logisch-axiomatischer Aufbau von Bourbaki

Abb. 17: Bourbaki-Kongress 1938, von links: Simone Weil, Charles Pisot, André Weil, Jean Dieudonné (sitzend), Claude Chabauty, Charles Ehresmann, Jean Delsarte

»**Nicolas Bourbaki**

ist das kollektive Pseudonym einer Gruppe vorwiegend französischer Mathematiker (Autorenkollektiv), die seit 1934 an einem vielbändigen Lehrbuch der Mathematik in französischer Sprache, den *Éléments de mathématique*, arbeitete und mehrmals jährlich an verschiedenen Orten Frankreichs in Seminaren ihr gemeinsames Buchprojekt vorantrieb.

Angeblich arbeitete BOURBAKI an

[156] Ebd., S. 219

der Universität von *Nancago* (Pseudonym: zusammengezogen aus Nancy und Chicago, JEAN DIEUDONNÉ bewohnte in Nizza die *Villa Nancago*).

Die Veröffentlichungen stehen in der Tradition der axiomatischen Begründung der Mathematik.«[157]

Das Autorenteam BOURBAKI hat einen stringenten Aufbau auf dem Begriff der **Mengenlehre** und den **Grundstrukturen** vorgenommen. »Bei BOURBAKI tritt die überkommene Einteilung der Mathematik in Geometrie, Algebra und Analysis nicht in Erscheinung. Der einheitliche und durchschaubare Aufbau der gesamten Mathematik ist nur dadurch möglich, dass man von historisch motivierten Zusammenhängen absieht und die **logische-axiomatischen Komponenten** in den Vordergrund rückt.«[158]

BOURBAKI hat sein Werk »Éléments de Mathématique«, das auf bisher dreißig Bände angewachsen ist, in folgende sechs Bücher eingeteilt:

I. Mengenlehre und Ordnungsstrukturen
II. Algebra
III. Allgemeine Topologie
IV. Funktionen einer reellen Variablen
V. Topologische Vektorräume
VI. Integration

3.3 Kombination aus genetisch-historischem und strukturellem Aufbau

Eine Kombination aus beiden oben genannten Ansätzen (historisch-genetisch bzw. strukturell) findet sich im dtv-Atlas zur Mathematik Band 1, die hier wiedergegeben wird.[159]

»**Die mathematische Logik** formuliert die Sprache, in der mathematische Aussagen gemacht werden, stellt Regeln auf, um von Aussagen auf neue Aussagen schließen zu können, analysiert Aussagenformen und entwickelt Beweisverfahren. Üblicherweise legt man die zweiwertige Logik [entweder wahr (w) oder falsch (f)] zugrunde.

---

[157] wikipedia.org/wiki/Nicolas_Bourbaki
[158] Kropp, S. 222
[159] Reinhardt/Soeder: dtv-Atlas zur Mathematik Band 1, S. 12

Die Mengenlehre präzisiert den Mengenbegriff, das wichtigste Konstruktionshilfsmittel der reinen Mathematik, und behandelt die Verknüpfung von Mengen. Die Symbolik und die Ergebnisse der Mengenalgebra dienen einer einheitlichen Darstellung der verschiedenen mathematischen Disziplinen und spielen auch für die Anwendungen (z. B. Rechenautomaten) eine wichtige Rolle.

Die Strukturen auf Mengen (algebraische, topologische und Ordnungsstrukturen) lassen sich mit dem Relationsbegriff erfassen. Alle mathematischen Disziplinen verwenden bestimmte Zahlenbereiche und deren Struktur.

Beim Aufbau des Zahlensystems geht es um eine Klärung und schrittweise Erweiterung des Zahlbegriffs. Dabei kommt dem Problem der Vervollständigung eines Bereiches hinsichtlich bestimmter Struktureigenschaften besondere Bedeutung zu.

Die Beschäftigung mit so verschiedenen Dingen wie Zahlen, Figuren und Strukturen macht eine Gliederung der Mathematik in Teilgebiete notwendig. Diese ist inhaltlich, aber auch historisch bedingt und berücksichtigt die von anderen Wissenschaften (Physik, Technik, Geodäsie u. a.) auf die Mathematik ausgeübte Impulse.«[160]

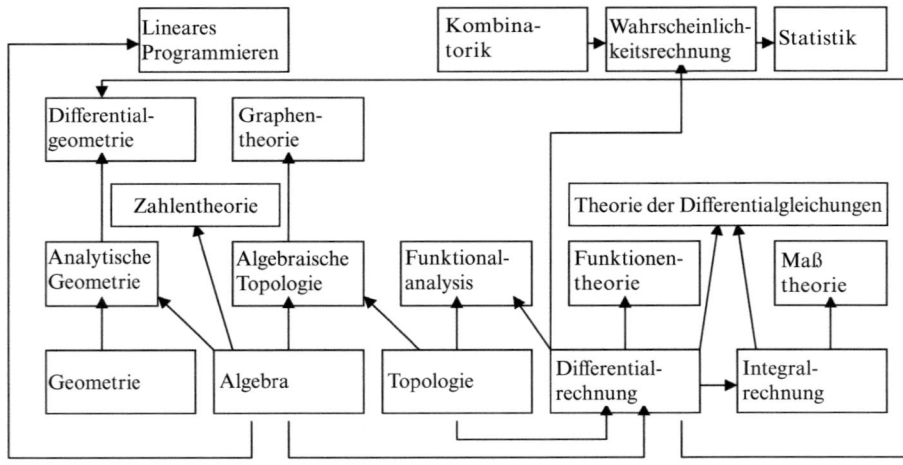

[160] Ebd., S. 13

Teil II
Mathematik der Strukturen –
Design der Theorien

PIERRE BASIEUX[161] zählt drei Grundstrukturen für mehr als 3000 Einzeldisziplinen der Mathematik auf:

- die Ordnungsstruktur,
- die algebraische Struktur und
- die topologische Struktur.

»Jede strukturierte Menge, und sei sie noch so komplex, besteht aus einer Kombination dieser Grundstrukturen. Dies führt uns in natürlicher Weise zur Betrachtung von multiplen Strukturen.«[162]

Die Untersuchung dieser Strukturen geschieht mithilfe von strukturerhaltenden Abbildungen (Morphismen):

- für die Ordnungsstrukturen sind das die isotonen Abbildungen,
- für die algebraischen Strukturen die Homomorphismen und
- für die topologischen Strukturen die stetigen Abbildungen.

---

[161] Pierre Basieux: Die Architekur der Mathematik – Denken in Strukturen, rororo science 3. Auflage März 2007
[162] Ebd. S. 10

4 Topologische Strukturen

Der Satz über den Zusammenhang zwischen den Begriffen »Umgebung« und »offene Menge« aus Kapitel 2.10 erlaubt uns, eine Umgebungstopologie (**U-Topologie**) in eine Topologie von offenen Umgebungen (**O-Topologie**) umzuwandeln.

Definition des topologischen Raumes über offenen Mengen[163]

O sei eine Teilmenge der Potenzmenge $P(X)$ mit folgenden Eigenschaften:

[O 1] Die leere Menge $\{\ \}$ und die Menge X sind Mengen von O,

[O 2] der Durchschnitt zweier Mengen aus O ist wieder eine Menge von O,

[O 3] die Vereinigung von beliebig vielen Mengen aus O ist wieder eine Menge von O.

O heißt **O-Topologie** auf der Trägermenge X. Die Elemente von O heißen **offene Mengen**, die Elemente von X heißen Punkte.

4.1 Beispiele topologischer Räume[164]

Beispiel 1: Der topologische Raum $(R^1; \mathfrak{R}^1)$
Trägermenge ist die Menge aller reellen Zahlenpunkte auf der Zahlengeraden R^1. Offene Mengen sind die leere Menge und die offenen Intervalle, sie bilden die sogenannte natürliche Topologie $\mathfrak{R}^1$. Der topologische Raum $(R^1; \mathfrak{R}^1)$ liegt der reellen Analysis zugrunde.

Beispiel 2: Der topologische Raum $(M; P(M))$
Auf jeder Trägermenge M ist die Potenzmenge P(M) eine Topologie, die sogenannte **diskrete Topologie**.

Beispiel 3: Der topologische Raum $(M; \{\{\}, M\})$
Für jede Trägermenge M ist die Topologie $M = \{\{\}, M\}$ ein minimales System von offenen Mengen, die sogenannte **indiskrete Topologie**.

4.2 Metrische Räume[165]

»Eine wichtige Klasse von topologischen Räumen bilden die sogenannten metrischen Räume.

---

[163] dtv-Atlas zur Mathematik Band 1, S. 215
[164] Ebd., S. 215
[165] Ebd., S. 217

Definition 1: (M;d) heißt metrischer Raum, wenn es eine Abbildung der [Produktmenge] $M \times M \rightarrow R_0^+$ (sogenannte Metrik auf M) mit den Eigenschaften

(1) $d(x,y) = 0 \Leftrightarrow x = y$

(2) $d(x,y) = d(y,x)$

(3) $d(x,y) + d(y,z) \geq d(x,z)$ gibt.

d(x,y) heißt Entfernung von x und y.

Beispiele:
Im euklidischen Raum R^n lässt sich durch $\quad d_E(x,y) = \sqrt{\sum_{v=1}^{n}(x_v - y_v)^2}$, d. h.

durch den »Abstand« zweier Punkte $x = (x_1, x_2, ..., x_n)$ und $y = (y_1, y_2, ..., y_n)$ die sogenannte **euklidische Metrik** d_E einführen; im R^1 ist $d_E = |x - y|$. Analog zur natürlichen Topologie $\mathfrak{R}^1, \mathfrak{R}^2, \mathfrak{R}^3$ auf R^1, R^2, R^3 lässt sich jeder metrische Raum topologisieren. Man führt den Begriff der ε-Umgebung ein und definiert durch sie die offenen Mengen des metrischen Raumes.

Definition 2:
(M;d) sei ein metrischer Raum. Dann heißt $U(x,\varepsilon) := \{y / y \in M \wedge d(x,y) < \varepsilon\}$ **ε-Umgebung** (auch Kugelumgebung) von x mit Radius ε. Eine Teilmenge O aus M heißt offen, wenn mit jedem $x \in 0$ eine ε-Umgebung von x zu O gehört.«

4.3 Konvergenz von Folgen[166]

»In jedem topologischen Raum kann man die Konvergenz von Folgen wie in der Analysis definieren.

Definition:
(M;M) sei ein topologischer Raum und (a_n) eine Folge in M. Dann heißt (a_n) **konvergent** gegen $a \in$ M, wenn es zu jeder Umgebung $U \in U(a)$ ein $n_0 \in N$ gibt, so dass $a_n \in U$ für alle $n \geq n_0$.

4.4 Stetigkeit und Konvergenz von Folgen

Wie in der reellen Analysis gilt auch in beliebigen topologischen Räumen, dass stetige Abbildungen die Konvergenz von Folgen erhalten, d. h. wenn (a_n) eine gegen a konvergierende Folge ist, dann konvergiert die zugehörige Bildfolge $(f(a_n))$ gegen $(f(a))$.«

[166] Ebd., S. 225

Mathematik der Strukturen – Design der Theorien

123

5 Algebraische Strukturen

Einer Menge wird eine algebraische Verknüpfung aufgeprägt, wenn auf ihr eine oder mehrere Verknüpfungen (z. B. Addition und Multiplikation) festgelegt werden. Die wichtigsten Strukturen sind: Halbgruppen, Gruppen, Ringe, Körper, Module und Vektorräume.

5.1 Halbgruppen

Definition 1:

Eine Menge M mit der inneren Verknüpfung o heißt **Halbgruppe (M; o)**, wenn für alle Elemente der Menge M das Assoziativgesetz (a o b) o c = a o (b o c) gilt.

Beispiele:

(N; +): Ist eine Halbgruppe, weil die Summe zweier natürlicher Zahlen wieder eine natürliche Zahl ist und das Assoziativgesetz für alle natürliche Zahlen gilt. Man sagt auch, die Menge der natürlichen Zahlen ist bezüglich der Addition abgeschlossen.

Die Gleichung n + x = m ist genau dann in N lösbar, wenn n < m ist.

(N; *): Ist eine Halbgruppe, weil das Produkt zweier natürlicher Zahlen wieder eine natürliche Zahl ist und das Assoziativgesetz für alle natürliche Zahlen gilt.

Die Gleichung n * x = m ist genau dann in N lösbar, wenn n ein Teiler von m ist (m ein Vielfaches von n ist).

(N; -): Ist **keine Halbgruppe**, weil z. B. 3 - 5 = -2 keine natürliche Zahl ist. Man sagt auch, die Menge der natürlichen Zahlen ist bezüglich der Subtraktion nicht abgeschlossen.

(Z; -): Ist eine Halbgruppe, weil die Differenz zweier ganzer Zahlen wieder eine ganze Zahl ist und das Assoziativgesetz für alle ganze Zahlen gilt.

5.2 Gruppen

Definition 2:

Eine Menge M mit der inneren Verknüpfung o heißt **Gruppe (M; o)** wenn sie eine

(I) Halbgruppe ist und zusätzlich

(II) ein neutrales Element e mit der Eigenschaft e o a = a für alle Elemente a existiert und

(III) zu jedem Element a ein inverses Element a^{-1} mit der Eigenschaft a o a^{-1} = e existiert.

Beispiele:

(Z; +): Das neutrale Element ist 0, das inverse Element zu a ist (-a). Es gilt ja a + (-a) = 0.

Die Gleichung a + x = b ist in Z immer (sogar eindeutig) lösbar.

(Z; *): Ist keine Gruppe! Es existiert zwar das neutrale Element 1 mit a * 1 = a, aber kein Element außer 1 und -1 hat ein bezüglich der Multiplikation inverses Element.

Eine Gruppe (M; o) heißt **kommutative** oder auch **abelsche Gruppe (M; o)**, wenn für alle Elemente a gilt: a o b = b o a

Bemerkungen:

Das Gruppenaxiom (II) verlangt nur eine **Linkseins** als neutrales Element und das Gruppenaxiom (III) ein **Rechtsinverses** zu jedem Element aus M. Es lässt sich ganz allgemein für alle auch nichtkommutative Gruppen beweisen, dass jede Linkseins auch **Rechtseins** ist und somit eindeutig bestimmt ist. Genauso lässt sich nachweisen, dass jedes linksinverse auch ein **rechtsinverses Element** ist. Folgen davon sind, dass jede Gleichung aox = b und yoa = b eindeutig lösbar ist und dass $(a^{-1})^{-1}$ = a gilt.

Beweise:

1) Sei e Linkseins und e* Rechtseins, dann gilt: eoe* = e* (weil e Linkseins ist) und eoe* = e (weil e* Rechtseins ist). Es gilt also e* = eoe* = e.

2) Es gilt: aoa^{-1} = e (weil a^{-1} Rechtsinverses ist). Linksmultiplikation der Gleichung mit (a^{-1})* ergibt (a^{-1})*o aoa^{-1} = (a^{-1})*oe und damit

$((a^{-1})$*oa)oa^{-1}= eoa^{-1} = a^{-1} = (a^{-1})*oe = (a^{-1})*.

3) Seien x′ und x″ Lösungen der Gleichung aox = b. Dann folgt aus
   aox′ = b = aox″ durch Linksmultiplikation mit a^{-1}: x′ = x″.
   Seien y′ und y″ Lösungen der Gleichung yoa = b. Dann folgt aus
   y′oa = b = y″oa durch Rechtsmultiplikation mit a^{-1}: y′ = y″.

4) Aus aoa^{-1} = e folgt durch Rechtsmultiplikation mit
   $(a^{-1})^{-1}$: aoa^{-1}o$(a^{-1})^{-1}$ = a = $(a^{-1})^{-1}$.

Weitere Beispiele endlicher Gruppen

Die Anzahl der Elemente einer Gruppe gibt die **Ordnung der Gruppe** an.

Beispiel 1: Es gibt nur eine multiplikative Gruppe der Ordnung 1
Jede multiplikativ geschriebene Gruppe muss das Einselement e enthalten.
Es gibt also nur eine multiplikative Gruppe der Ordnung 1: G = {e}

Beispiel 2: Es gibt nur eine Gruppe der Ordnung 2.
Weil ea = ae = a und ee = e sein muss, bleibt für aa nur e.

o	e	a
e	e	a
a	a	e

Beispiel 3: Es gibt nur eine Gruppe der Ordnung 3.

o	e	a	b
e	e	a	b
a	a	?	?
b	b	?	?

o	e	a	b
e	e	a	b
a	a	b	e
b	b	e	a

Für aa können wir nun e oder b wählen. e müssen wir ausschließen, weil sonst in der vierten Spalte zweimal b auftreten würde, also kann für aa nur b gewählt werden. Die Belegung der restlichen zwei Felder ergibt sich dann zwangsläufig.

Beispiel 4: Wie viele Gruppen der Ordnung 4 gibt es?
»Versucht man in gleicher Weise, auf der Menge M = {e, a, b, c} eine Gruppenstruktur einzuführen, so liefern Fallunterscheidungen die folgenden möglichen Gruppentafeln.

Mathematik der Strukturen – Design der Theorien

1	e	a	b	c
e	e	a	b	c
a	a	e	c	b
b	b	c	e	a
c	c	b	a	e

2	e	a	b	c
e	e	a	b	c
a	a	e	c	b
b	b	c	a	e
c	c	b	e	a

3	e	a	b	c
e	e	a	b	c
a	a	b	c	e
b	b	c	e	a
c	c	e	a	b

4	e	a	b	c
e	e	a	b	c
a	a	c	e	b
b	b	e	c	a
c	c	b	a	e

In allen vier Fällen handelt es sich wirklich um Gruppen; die Nachprüfung des Assoziativgesetzes macht allerdings ohne weitere Hilfsmittel schon recht viel Mühe. Man hat aber gar nicht vier wesentlich voneinander verschiedene Gruppen der Ordnung 4 gefunden! Vertauscht man nämlich in der zweiten Tafel a und b, ändert also lediglich diese beiden Bezeichnungen, so geht sie in die dritte über. Analog geht die vierte Tafel in die dritte über, wenn überall b statt c und c statt b geschrieben wird. Es bleiben also die beiden Tafeln 1 und 3; sie definieren die beiden einzigen der Gruppen der Ordnung 4; sie sind verschieden, weil in der ersten Gruppe $x^2 = e$ für jedes Gruppenelement gilt, in der anderen nicht.

Die **erste Gruppe** $G_1 = \{e, a, b, c\}$, in der immer $x^2 = e$ gilt und das Produkt von je zwei der Elemente a, b, c das dritte liefert, heißt nach dem deutschen Mathematiker F. KLEIN (1849–1925) die **Kleinsche Vierergruppe** oder auch nur die Vierergruppe. Macht man in der dritten Gruppentafel die Umbezeichnung e = 0, a = 1, b = 2, c = 3, so erhält man mit diesen neuen Zeichen 0, 1, 2, 3 für die **zweite mögliche Gruppe** $G_2 = \{0, 1, 2, 3\}$ der Ordnung 4 die Gruppentafel

+	0	1	2	3
0	0	1	2	3
1	1	2	3	0
2	2	3	0	1
3	3	0	1	2

Diese Darstellung wird besonders durchsichtig, wenn man die Verknüpfung nun additiv liest; das Ergebnis von m + n ist dann einfach der **Rest bei Division durch 4.**«[167]

Definition 3:

»Eine Teilmenge U der Gruppe G heißt **Untergruppe** von G, wenn U bezüglich der in G erklärten Verknüpfung eine Gruppe ist. Die Untergruppe U heißt echte Untergruppe, wenn $U \neq G$ ist.«[168]

Die Kleinsche Vierergruppe zum Beispiel hat die fünf Untergruppen:
$U_1 = \{e\}$, $U_2 = \{e, a\}$, $U_3 = \{e, b\}$, $U_4 = \{e, c\}$, $U_5 = \{e, a, b, c\}$.
Die echten Untergruppen der Ordnung 2 haben die »**gleiche Struktur**«, man sagt auch »sie sind **isomorph**«.

Definition 4:

»Es seien G eine Gruppe und S eine algebraische Struktur mit einer multiplikativ geschriebenen Verknüpfung. Dann heißen G und S isomorph, $G \cong S$, wenn eine **bijektive Abbildung** $f: G \mapsto S$ derart existiert, dass für alle $a,b \in G$ gilt: f(ab) = f(a)f(b).«[169]

Behauptung: Die Gruppen G = {e, a, b, c}und S = {0, 1, 2, 3} mit den angegebenen Verknüpfungstafeln sind isomorph. Die Verknüpfung der Bilder f(a) und f(b) ist in unserem Beispiel additiv. Zu zeigen ist deshalb f(ab) = f(a) + f(b)

3	e	a	b	c
e	e	a	b	c
a	a	b	c	e
b	b	c	e	a
c	c	e	a	b

+	0	1	2	3
0	0	1	2	3
1	1	2	3	0
2	2	3	0	1
3	3	0	1	2

$$f : f(e) = 0, f(a) = 1, f(b) = 2, f(c) = 3$$
$$f^{-1} : f^{-1}(0) = e, f^{-1}(1) = a, f^{-1}(2) = b, f^{-1}(3) = c$$

f(ee)=f(e)=0=0+0=f(e)+f(e); f(ea)=f(a)=1=0+1=f(e)+f(a);
f(eb)=f(b)=2=0+2=f(e)+f(b); f(ec)=f(c)=3=0+3=f(e)+f(c);
f(aa)=f(b)=2=1+1=f(a)+f(a); f(ab)=f(c)=3=1+2=f(a)+f(b);

---

[167] Hornfeck, S. 27
[168] Ebd., S. 25
[169] Ebd., S. 28

f(ac)=f(e)=0=1+3=f(a)+f(c); f(bb)=f(e)=0=2+2=f(b)+f(b);
f(bc)=f(a)=1=2+3=f(b)+f(c); f(cc)=f(b)=2=3+3=f(c)+f(c);

Da beide Gruppen G und S kommutativ sind, reichen diese Bespiele als Nachweis aus.

Darstellung von Gruppen durch Transformationsgruppen

In Beispiel 3 wurde die einzige Gruppe der Ordnung 3 durch folgende Verknüpfungstabelle dargestellt:

o	e	a	b
e	e	a	b
a	a	b	e
b	b	e	a

Die Verknüpfungstabelle mit dem Verknüpfungssymbol »o« wird multiplikativ so gelesen:

$$ee = e, ea = a, eb = b$$
$$ae = a, aa = b, ab = e$$
$$be = b, ba = e, bb = a$$

Man kann diese Zuordnungen auch als eindeutige Funktionen auf der Menge G = {e, a, b} interpretieren:

$$f_e(x) : x \mapsto ex, f_a(x) : x \mapsto ax, f_b(x) : x \mapsto bx$$

Solche eindeutigen Abbildungen einer Menge auf sich heißen **Transformationen**. Ist die Menge wie in unserem Beispiel endlich, so heißt die Transformation auch **Permutation**.

Unsere Gruppe G mit der Ordnung 3 lässt sich also als Permutationsgruppe

$$F = \{f_e(x), f_a(x), f_b(x)\} \text{ mit den Permutationen}$$

$$f_e = \begin{pmatrix} e\,a\,b \\ e\,a\,b \end{pmatrix}, f_a = \begin{pmatrix} e\,a\,b \\ a\,b\,e \end{pmatrix}, f_b = \begin{pmatrix} e\,a\,b \\ b\,e\,a \end{pmatrix},$$

schreiben. Wir erhalten dann

$$f_a f_b = \begin{pmatrix} e\,a\,b \\ e\,a\,b \end{pmatrix} \text{ und } f_b f_a = \begin{pmatrix} e\,a\,b \\ e\,a\,b \end{pmatrix}$$

Die Verknüpfungstabelle für $F = \{f_e(x), f_a(x), f_b(x)\}$ lautet

o	f_e	f_a	f_b
f_e	f_e	f_a	f_b
f_a	f_a	f_b	f_e
f_b	f_b	f_e	f_a

Wie ein Vergleich der Verknüpfungstabellen von G und F zeigt, sind **beide Gruppen isomorph.**

»Der englische Mathematiker CAYLEY (1821–1895), einer der Begründer der Gruppentheorie, zeigte, dass sich jede Gruppe als Transformationsgruppe darstellen lässt. Von ihm stammt nämlich der

Satz: Jede Gruppe G ist einer Transformationsgruppe isomorph.

Beweis:

Wähle ein $a \in G$ und betrachte die durch $f_a(x) = ax$ definierte Abbildung $f_a : G \mapsto G$.

Da sich [...] jedes $g \in G$ in der Gestalt ax schreiben lässt, ist sie surjektiv; sie ist injektiv wegen

$$f_a(x) = f_a(y) \Rightarrow x = y.$$

Also ist f_a eine Transformation von G. Für verschiedene $a, b \in G$ sind auch f_a, f_b verschieden; denn aus

$$f_a = f_b \text{ folgt } f_a(e) = f_b(e) \text{ oder a = b.}$$

Nun bilden wir die Menge

$$F = \{f_a : a \in G\}$$

aller dieser Transformationen und zeigen $G \cong F$. Die durch

$$\varphi(a) = f_a$$

definierte Abbildung $\varphi : G \mapsto F$ ist, wie bereits festgestellt, bijektiv. Für die Relationstreue muss

$$\varphi(ab) = \varphi(a)\varphi(b) \text{ oder } f_{ab} = f_a f_b$$

gezeigt werden; es ist aber in der Tat

$$f_{ab}(x) = abx = af_b(x) = f_a f_b(x)$$

für alle $x \in G$.

Mathematik der Strukturen – Design der Theorien

Der Beweis [...] gestattet sofort die

Folgerung: Jede endliche Gruppe lässt sich als Permutationsgruppe schreiben.«[170]

Definition 5:

»Es sei $M \neq \{\}$ eine endliche Menge von n Elementen. Die Gruppe aller Permutationen von M heißt die **symmetrische Gruppe** vom Index n. Wir bezeichnen sie in Zukunft mit S_n.«[171]

Beispiel: Die algebraische Struktur der symmetrischen Gruppe S_3

Element	Permutation		
e	1	2	3
a	1	3	2
b	2	1	3
c	2	3	1
d	3	1	2
f	3	2	1

$$e = \begin{pmatrix} 123 \\ 123 \end{pmatrix}, \ a = \begin{pmatrix} 123 \\ 132 \end{pmatrix}, \ b = \begin{pmatrix} 123 \\ 213 \end{pmatrix}, \ c = \begin{pmatrix} 123 \\ 231 \end{pmatrix}, \ d = \begin{pmatrix} 123 \\ 312 \end{pmatrix}, \ f = \begin{pmatrix} 123 \\ 321 \end{pmatrix}$$

$$ee = \begin{pmatrix} 123 \\ 123 \end{pmatrix}, \ aa = \begin{pmatrix} 123 \\ 123 \end{pmatrix}, \ bb = \begin{pmatrix} 123 \\ 123 \end{pmatrix}, \ ff = \begin{pmatrix} 123 \\ 123 \end{pmatrix}, \ cc = \begin{pmatrix} 123 \\ 312 \end{pmatrix} = d, \ dd = \begin{pmatrix} 123 \\ 231 \end{pmatrix} = c$$

$$cd = \begin{pmatrix} 123 \\ 123 \end{pmatrix} = e, dc = \begin{pmatrix} 123 \\ 123 \end{pmatrix} = e, \ db = cf = bc = fd = \begin{pmatrix} 123 \\ 132 \end{pmatrix} = a$$

$$ca = ad = fc = df = \begin{pmatrix} 123 \\ 213 \end{pmatrix} = b, \ af = fb = ba = \begin{pmatrix} 123 \\ 231 \end{pmatrix} = c$$

$$ab = fa = bf = \begin{pmatrix} 123 \\ 312 \end{pmatrix} = d, \ ac = da = bd = cb = \begin{pmatrix} 123 \\ 321 \end{pmatrix} = f$$

[170] Ebd., S. 30
[171] Ebd., S. 30

Verknüpfungstabelle:

	e	a	b	c	d	f
e	e	a	b	c	d	f
a	a	e	d	f	b	c
b	b	c	e	a	f	d
c	c	b	f	d	e	a
d	d	f	a	e	c	b
f	f	d	c	b	a	e

Die symmetrische Gruppe S_3 ist nicht kommutativ. Es gilt: aa = bb = cd = dc = ff = e

Element	e	a	b	c	d	f
Inverses	e	a	b	d	c	f

Die symmetrische Gruppe S_3 hat Untergruppen der Ordnung 1, 2, 3 und 6:
U_1 = {e}, U_2 = {e, a}, U_3 = {e, b}, U_4 = {e, f}, U_5 = {e, c, d}, U_6 = {e, a, b, c, d, f}

Die Permutationen lassen sich in Zyklen zerlegen:

$e = \begin{pmatrix} 1\,2\,3 \\ 1\,2\,3 \end{pmatrix}$ in 1→2→1   Schreibweise: (12)(12)   gerade Permutation

$a = \begin{pmatrix} 1\,2\,3 \\ 1\,3\,2 \end{pmatrix}$ in 2→3→2   (23)

$b = \begin{pmatrix} 1\,2\,3 \\ 2\,1\,3 \end{pmatrix}$ in 1→2→1   (12)

$c = \begin{pmatrix} 1\,2\,3 \\ 2\,3\,1 \end{pmatrix}$ in 1→2→3→1   (123) = (12)(23)   gerade Permutation

$d = \begin{pmatrix} 1\,2\,3 \\ 3\,1\,2 \end{pmatrix}$ in 1→3→2→1   (132) = (13)(32)   gerade Permutation

$f = \begin{pmatrix} 1\,2\,3 \\ 3\,2\,1 \end{pmatrix}$ in 1→3→1   (13)

Zyklen der Länge 2 heißen **Transpositionen**, Permutationen mit einer geraden Anzahl von Transpositionen heißen **gerade Permutationen**, die Gruppe der geraden Permutationen heißt **alternierende Gruppe** A_3.

Zerlegung einer Gruppe in Nebenklassen

Definition 6:

»Es sei G eine Gruppe, U eine Untergruppe von G und a ein beliebiges Element aus G. Dann heißt

$aU = \{x \,/\, x = au \wedge a \in G \wedge u \in U\}$ eine **Linksnebenklasse** und

$Ua = \{x \,/\, x = ua \wedge u \in U \wedge a \in G\}$ eine **Rechtsnebenklasse** von U in G«[172]

»Die Bedeutung der Nebenklassen von Untergruppen beruht auf dem Inhalt von

Satz 2:

Es sei G eine Gruppe mit Elementen a, b, c, … und U eine Untergruppe von G. Dann gelten die nachstehenden Aussagen.

    a)   Zwei Linksnebenklassen aU, bU von U sind entweder elementfremd oder identisch.

    b)   Durch die Gesamtheit derjenigen Linksnebenklassen von U, die paarweise voneinander verschieden sind, wird eine Partition auf G definiert.

    c)   Der durch die Linksnebenklassen von U auf G definierten **Partition** entspricht die **Äquivalenzrelation** $a \sim b \Leftrightarrow a^{-1}b \in U$. Die Elemente a, b sind also genau dann äquivalent, wenn sie sich nur durch einen Rechtsfaktor aus U voneinander unterscheiden.

Beweis:

    a)   Haben zwei Linksnebenklassen aU und bU ein Element $c = au_1 = bu_2$ gemeinsam ($u_1, u_2 \in U$), so folgt $a = bu_2u_1^{-1}$ also $au = bu_2u_1^{-1}u \in bU$ für jedes $u \in U$. Das heißt $aU \subset bU$, und entsprechend zeigt man $bU \subset aU$. Sind also aU und bU nicht elementfremd, so gilt aU = bU.

    b)   Nach a) bleibt noch zu zeigen, dass die Linksnebenklassen von U ganz G ausschöpfen. Ist g ein Element aus G, so gilt aber $g \in gU$.

    c)   Zwei Elemente a, b sind genau dann äquivalent, a ~ b, wenn ihre Klassen gleich sind: aU = bU. Durch Linksmultiplikation mit a^{-1} folgt hieraus $U = a^{-1}bU$ und aus $U = a^{-1}bU$ folgt umgekehrt aU = bU. Es bedeuten also a ~ b und $a^{-1}bU = U$ dasselbe. Die Linksnebenklassen

---

[172] Ebd. S. 34

$a^{-1}bU$ und $eU = U$ wiederum sind nach a) genau dann identisch, wenn $a^{-1}b \in eU$ ist. [...] Die Bedingung $a^{-1}b \in eU$ besagt: die Lösung von ax = b liegt in U. Da U eine Gruppe ist, sind schließlich die Bedingungen $a^{-1}b \in U$ und $(a^{-1}b)^{-1} = b^{-1}a \in U$ gleichwertig, und letzteres besagt: die Lösung von a = by liegt in U.«[173]

»Es ist klar, dass ein entsprechender Satz für die Rechtsnebenklassen einer Untergruppe U von G gilt. Die zugehörige Äquivalenzrelation lautet dann $a \sim b \Leftrightarrow ab^{-1} \in U$. Keine der von U verschiedenen Links- oder Rechtsnebenklassen von U enthält das (in U gelegene) Einselement; nur U selbst ist also eine Untergruppe der Gruppe G. Die Rechts- und die Linksnebenklassen von U in G fallen im allgemeinen nicht zusammen.«[174]

Definition 7:

»Ist U eine Untergruppe der Gruppe G, so heißt die Anzahl der paarweise voneinander verschiedenen Nebenklassen von U in G der **Index von U in G**.«[175]

»Nun wenden wir uns noch dem Fall zu, dass G endlich ist. Hier gilt der in der Gruppentheorie ständig gebrauchte

Satz 3:

Es sei U eine Untergruppe der endlichen Gruppe G. Dann ist die **Ordnung $|U|$ von U ein Teiler der Ordnung $|G|$ von G.** Genauer gilt $|G| = |U| \cdot \mathrm{ind}\, U$.

Beweis:

Wir sind fertig, wenn wir die letzte Behauptung bewiesen haben. Hierfür wiederum genügt es zu zeigen, dass jede Nebenklasse von U genauso viele Elemente hat wie U selbst. Man betrachte etwa eine Linksnebenklasse aU von U. Setzt man f(u) = au für jedes $u \in U$, so bekommt man eine surjektive Abbildung $f : U \mapsto aU$, die sogar bijektiv ist, weil aus $au_1 = au_2$ folgt: $u_1 = u_2$ ($u_1, u_2 \in U$). Also gilt $|aU| = |U|$, und es folgt der Satz.«[176]

»Die Linkszerlegungen und die Rechtszerlegungen der Gruppe G nach der Untergruppe U fallen gewiss dann zusammen, wenn für alle $a \in G$ gilt: aU = Ua.

[173] Ebd., S. 34
[174] Ebd., S. 35
[175] Ebd., S. 35
[176] Ebd., S. 36

Definition 8:

Eine Untergruppe U einer Gruppe G heißt **Normalteiler** von g, wenn
für jedes $a \in G$ gilt: $aU = Ua$.

Beispiel: Zerlegung (Partition) der symmetrischen Gruppe S_3

Verknüpfungstabelle:

	e	a	b	c	d	f
e	e	a	b	c	d	f
a	a	e	d	f	b	c
b	b	c	e	a	f	d
c	c	b	f	d	e	a
d	d	f	a	e	c	b
f	f	d	c	b	a	e

Die symmetrische Gruppe S_3 hat Untergruppen der Ordnung 1, 2, 3 und 6:

$U_1 = \{e\}$, $U_2 = \{e, a\}$, $U_3 = \{e, b\}$, $U_4 = \{e, f\}$, $U_5 = \{e, c, d\}$, $U_6 = \{e, a, b, c, d, f\}$

Definition 9:

Die Menge der Nebenklassen einer Untergruppe U von G in G heißt **Quotientenmenge** von G nach U und wird mit G/U geschrieben.

$S_3 / U_1 = \{\{e\},\{a\},\{b\},\{c\},\{d\},\{f\}\}$

$S_3 / U_2 = \{eU_2, bU_2, dU_2\} = \{\{e,a\},\{b,c\},\{d,f\}\}$ Zerlegung in Linksnebenklassen

$S_3 / U_2 = \{U_2e, U_2b, U_2c\} = \{\{e,a\},\{b,d\},\{c,f\}\}$ Zerlegung in Rechtsnebenklassen

$S_3 / U_5 = \{eU_5, aU_5\} = \{\{e,c,d\},\{a,b,f\}\}$ Zerlegung in Linksnebenklassen

$S_3 / U_5 = \{U_5e, U_5a\} = \{\{e,c,d\},\{a,b,f\}\}$ Zerlegung in Rechtsnebenklassen

$S_3 / U_6 = \{eU_6\} = \{\{e,a,b,c,d,f\}\}$

Das Beispiel veranschaulicht sehr schön die Sätze 2 und 3:

1) Je zwei Nebenklassen sind entweder elementfremd oder identisch.

2) Durch die Gesamtheit der Nebenklassen wird eine Partition (Zerlegung) festgelegt.

3) Der Partition entspricht eine Äquivalenzrelation: Zwei Elemente sind genau dann äquivalent zueinander, wenn sie in der gleichen Nebenklasse liegen.

4) Die Ordnung der Untergruppe ist ein Teiler der Ordnung der Gruppe.

5) Normalteiler sind die Untergruppen
$$U_1 = \{e\}, U_5 = \{e,c,d\}, U_6 = \{e,a,b,c,d,f\}$$

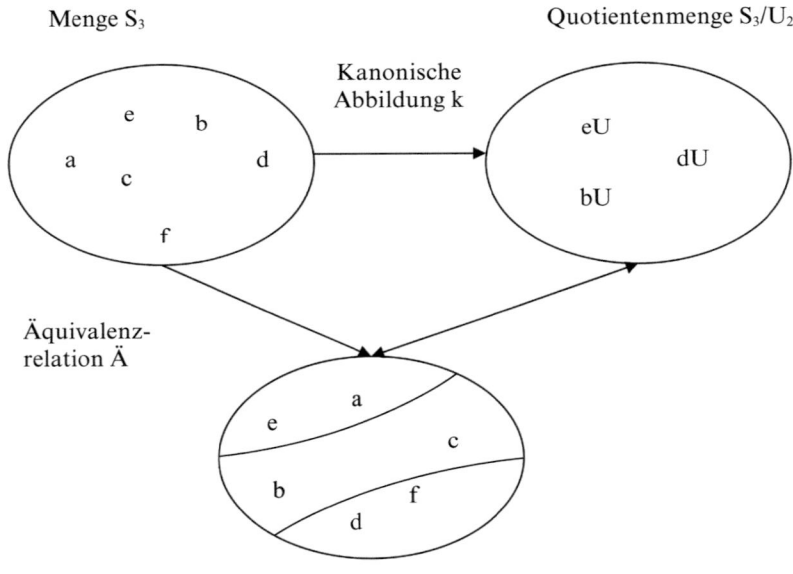

Äquivalenzklassen (Fasern)

Zyklische Gruppen

Beispiel 4 von Seite 126 zeigte, das es nur zwei in der Struktur unterschiedliche Gruppen der Ordnung 4 gibt. Nämlich die **Kleinsche Viergruppe** mit der Verknüpfungstabelle 1 und eine weitere Gruppe mit der Verknüpfungstabelle 3, die zur additiv geschriebenen **Restklassengruppe modulo 4** isomorph ist.

Mathematik der Strukturen – Design der Theorien

1	e	a	b	c
e	e	a	b	c
a	a	e	c	b
b	b	c	e	a
c	c	b	a	e

3	e	a	b	c
e	e	a	b	c
a	a	b	c	e
b	b	c	e	a
c	c	e	a	b

+	0	1	2	3
0	0	1	2	3
1	1	2	3	0
2	2	3	0	1
3	3	0	1	2

Bemerkung:

$$Z = \{\ldots, -3, -2, -1, 0, 1, 2, 3, \ldots\}$$
$$nZ = \{\ldots, -3n, -2n, -1n, 0, 2n, 3n, \ldots\}$$
$$4Z = \{\ldots, -12, -8, -4, 0, 8, 12, \ldots\}$$

Die zur Quotientenmenge $Z_n := Z/nZ$ gehörige Äquivalenzrelation:
$$x\ddot{A}y \Leftrightarrow n/(x-y)$$

Die zur Quotientenmenge $Z_4 := Z/4Z$ gehörige Äquivalenzrelation:
$$x\ddot{A}y \Leftrightarrow 4/(x-y)$$

Die Restklassengruppe modulo 4 ist dann $Z_4 := Z/4Z = \{0, 1, 2, 3\}$

In der Restklassengruppe modulo 4 gilt: $1 + 1 = 2, 1 + 1 + 1 = 2, 1 + 1 + 1 + 1 = 0$ oder multiplikativ mithilfe der Tabelle 3 geschrieben:

$aa = b$, $aaa = ba = c$, $aaaa = ca = e$, $aaaaa = a$, $aaaaaa = b$, ...

Setzt man $a^0 = e$, $a^1 = a$, $a^2 = b$, $a^3 = c$, dann wird die **Restklassengruppe modulo 4** zyklisch vom Element a erzeugt:

3	e	a	b	c
e	e	a	b	c
a	a	b	c	e
b	b	c	e	a
c	c	e	a	b

3	e	a	b	c
e	a^0	a^1	a^2	a^3
a	a^1	a^2	a^3	a^0
b	a^2	a^3	a^0	a^1
c	a^3	a^0	a^1	a^2

Definition 10:

»Eine Gruppe G, die nur aus den Potenzen $g, g^2, \ldots, g^n = e$ eines festen Elements g besteht heißt **zyklische Gruppe der Ordnung n.**«[177]

Rechnen in einer zyklischen Gruppe:

$g^k g^l = g^{k+l}$ falls $k + l < n$ sonst, wenn $k + l = n + r$ ist, $g^k g^l = g^r$

---

[177] Ebd., S. 38

Satz 1:

»Zu jeder natürlichen Zahl n gibt es genau eine zyklische Gruppe der Ordnung n. Sie ist abelsch [kommutativ] und isomorph zur additiven Restklassengruppe modulo n.«[178]

Beweis:

»Für n = 1 ensteht genau eine Klasse, denn 1 teilt alle Differenzen $x - y$. Diese Klasse kann durch die Zahl 0 repräsentiert werden: $[0] = \{x \,/\, 1/x\} = Z$. Es ist also $Z_1 = \{[0]\}$. Z_1 kann mit der Untergruppe $\{0\}$ von Z identifiziert werden.

Für n = 2 ergeben sich entsprechend die durch 0 und 1 repräsentierten Klassen

$$[0] = \{x\,/\,2\,/\,x\} = \{...,-4,-2,0,2,4,...\}$$
$$[1] = \{x\,/\,2\,/(x-1)\} = \{...,-3,-1,1,3,...\}$$

Für n = 3 erhält man die Klassen

$$[0] = \{x\,/\,3\,/\,x\} = \{...,-6,-3,0,3,6,...\}$$
$$[1] = \{x\,/\,3\,/(x-1)\} = \{...,-5,-2,1,4,7...\}$$
$$[2] = \{x\,/\,3\,/(x-2)\} = \{...,-4,-1,2,5,8,...\}$$

Für $n \geq 1$ ergibt sich demnach $Z_n = \{[0],[1],...,[n-1]\}$. Z_n ist für $n \geq 1$ eine endliche zyklische Gruppe der Ordnung n.«[179]

»Sind [...] $G = \{e,g,g^2,...,g^{n-1}\}$ und $H = \{e,h,h^2,...,h^{n-1}\}$ zwei zyklische Gruppen gleicher Ordnung n, so wird durch $f(g^k) = h^k$ ersichtlich ein Isomorphismus von G auf H definiert.«[180]

Homomorphe Bilder von Gruppen

Beispiel[181]:

Es sei G die additive Gruppe der ganzen Zahlen G = (Z; +), H = {g, u} eine additive Gruppe der Ordnung 2 mit der Addition g + g = u + u = g und g + u = u + g = u.

$A = \{...,-4,-2,0,2,4,...\}$ ist die Menge der geraden ganzen Zahlen und

$B = \{...,-3,-1,1,3,...\}$ ist die Menge der ungeraden ganzen Zahlen,

$Z = A \cup B$.

---

[178] Ebd., S. 38
[179] dtv-Atlas zur Mathematik Band 1, S. 74
[180] Hornfeck, S. 38
[181] Ebd., S. 50

f sei die surjektive Abbildung: $Z \mapsto H$ mit $f(a) = g$ für $a \in A$ und $f(b) = U$ für $b \in B$.

Behauptung: f ist relationstreu (homomorph).

Beweis:

$$f(a_1 + a_2) = g \text{ und } f(a_1) + f(a_2) = g + g = g \Rightarrow f(a_1 + a_2) = f(a_1) + f(a_2)$$
$$f(b_1 + b_2) = g \text{ und } f(b_1) + f(b_2) = u + u = g \Rightarrow f(b_1 + b_2) = f(b_1) + f(b_2)$$
$$f(a + b) = u \text{ und } f(a) + f(b) = g + u = u \Rightarrow f(a + b) = f(a) + f(b)$$
$$f(b + a) = u \text{ und } f(b) + f(a) = u + g = u \Rightarrow f(b + a) = f(b) + f(a)$$

»Die Gruppe H ist ein rechnerisch sehr grobes Bild von G und gibt nur noch die Regeln ›gerade plus gerade gleich gerade‹, ›ungerade plus ungerade gleich gerade‹ und ›gerade plus ungerade gleich ungerade‹ wieder. An Stelle eines isomorphen Bildes haben wir nur noch ein sogenanntes homomorphes Bild H von G vor uns.

Definition 11:

Es sei G eine multiplikativ geschriebene Gruppe und S eine algebraische Struktur mit einer ebenfalls multiplikativ geschriebenen Verknüpfung. Dann heißt S ein **homomorphes Bild** von G, [...] wenn eine surjektive Abbildung $f : G \mapsto S$ derart existiert, dass für alle $a, b \in A$ gilt: $f(ab) = f(a)f(b)$.

Satz 1:

Das homomorophe Bild einer Gruppe ist eine Gruppe. Dabei geht das Einselement in das Einselement, und Inverse gehen in Inverse über. Das homomorphe Bild einer abelschen Gruppe ist abelsch, das homomorphe Bild einer zyklischen Gruppe ist zyklisch.

Beweis:

Es sei S das homomorphe Bild von G und f der zugehörige Homomorphismus. [...] Ist $s \in S$ und $g \in G$ ein Original von s, so wird $f(e) \cdot s = f(e) f(g) = f(eg) = f(g) = s$; also ist f(e) Linkseins von S. Weiter wird $f(g^{-1}) \cdot s = f(g^{-1}g) = f(e)$; das Inverse von g geht also in das Linksinverse $f(g^{-1})$ von s über. [...] Ist G abelsch, so ist es auch S:

$$s_1 s_2 = f(g_1)f(g_2) = f(g_1 g_2) = f(g_2 g_1) = f(g_2)f(g_1) = s_2 s_1$$

Wird schließlich G von g erzeugt, so besteht S aus den Potenzen vo f(g) und ist somit zyklisch.«[182]

[182] Ebd., S. 51

Mathematik der Strukturen – Design der Theorien

Beispiel: Faktorgruppe von G nach N

»Es sei N ein **Normalteiler** von [einer Gruppe] G und F = {N, aN, bN, ...} die Menge der **Nebenklassen** von N in G. Wir wollen eine **Multiplikation auf F** durch $aN \cdot bN = abN$ erklären und müssen [...] nachsehen, ob das eine Definition ist:

Das Produkt der Nebenklassen aN, bN soll die Klasse sein, die das Produkt ab der Repräsentanten a, b enthält, und wir haben zu zeigen, dass das Produkt abN von der speziellen Wahl der Repräsentanten nicht abhängt.

Es sei also $a' \in aN$, das heißt $aN = a'N$, und $b' \in bN$, das heißt $bN = b'N$; mit gewissen Elementen n_i des Normalteilers N folgt dann

$$a'b' = an_1 \cdot bn_2 = a(n_1 b)n_2 = a(bn_3)n_2 = abn_4 \in abN$$

oder $a'b'N = abN$.

Damit ist festgestellt:

Durch die Vorschrift $aN \cdot bN = abN$ ist eine Multiplikation auf F definiert. Sie ist assoziativ,

$$(aNbN)cN = abNcN = (ab)cN = a(bc)N = aNbcN = aN(bNcN)$$,

N wird Einselement und $a^{-1}N$ Inverses von $aN \in F$. Also ist **F eine Gruppe.** Sie ist sogar ein homomorphes Bild von G; die durch f(a) = aN definierte Abbildung $f: G \mapsto F$ von G auf F ist ja **relationstreu:**

$$f(ab) = abN = aNbN = f(a)f(b)$$.

Diese Gruppe F nennt man die **Faktorgruppe von G nach N** und schreibt

F = G/N.

Die Bezeichnung für F deutet an: Man rechnet in G/N wie in G, setzt aber dabei Elemente aus dem Normalteiler N gleich eins.

Wir haben gesehen:
Für jeden Normalteiler N von G bekommen wir ein homomorphes Bild G/N von G. Der nachstehende **Homomorphiesatz für Gruppen** besagt nun, dass mit den Faktorgruppen G/N von G schon alle homomorphen Bilder von G gefunden sind.

Definition 12:

Es seien G und H Gruppen und f ein Homomorphismus von G auf H. Dann heißt die Teilmenge $K \subset G$ aller derjenigen Elemente $k \in G$, deren Bild f(k) das neutrale Element aus H ist, der **Kern des Homomorphismus** f.

Satz 2: Homomorphiesatz für Gruppen

Es sei G eine Gruppe. Dann gelten die folgenden Aussagen:
a) Ist N ein **Normalteiler** von G, so ist die Faktorgruppe G/N ein homomorphes Bild von G.
b) Ist f ein Homomorphismus von G auf eine Gruppe H, so ist der **Kern** K von f ein Normalteiler von G.
c) Ist $f: G \mapsto H$ ein Homomorphismus von G auf H und N sein Kern, so gilt $H \cong G/N$. Das heißt: Jedes homomorphe Bild H von G ist einer Faktorgruppe G/N **isomorph**.
d) Ein Homomorphismus f von G auf H ist genau dann ein Isomorphismus, wenn sein Kern K nur aus dem neutralen Element von G besteht.

Beweis:
a) Das ist bereits gezeigt worden.
b) Es seien e und e* die Einselemente der multplikativ geschriebenen Gruppen G und H. Nach Satz 1 gilt $e \in K$, also $K \neq \{\ \}$. Wir zeigen [...], dass K eine Untergruppe von G ist. Aus $g,h \in K$ folgt ja wieder mit Satz 1 $f(gh^{-1}) = f(g)f(h^{-1}) = f(g)f(h)^{-1} = ee*^{-1} = e*$, also $gh^{-1} \in K$. [...] die Untergruppe K von G [ist] sogar Normalteiler; aus $a \in G$ und $k \in K$ folgt ja
$f(aka^{-1}) = f(a)f(k)f(a^{-1}) = f(a)e* f(a)^{-1} = e*$, also $aka^{-1} \in K$ und damit $aKa^{-1} \subset K$ für jedes $a \in G$.
c) Wir betrachten ein $a \in G$ und sein Bild $f(a) \in H$. Sicher haben alle Elemente an aus G mit $n \in N$ dasselbe Bild; soll andrerseits $g = ax \in G$ das Bild f(a) haben, so muss f(x) = e*, also $x \in N$ sein. Es folgt: Genau die Elemente aus aN haben dasselbe Bild wie a. Durch $\varphi(aN) = f(a)$ wird deshalb eine Abbildung $\varphi : G/N \mapsto H$ definiert, und diese Abbildung ist bijektiv. Sie ist auch relationstreu:
$\varphi(aNbN) = \varphi(abN) = f(ab) = f(a)f(b) = \varphi(aN)\varphi(bN)$.
Die Abbildung φ ist also ein Isomorphismus von G/N auf H.
d) Die zu Beginn von c) vorgenommene Analyse zeigt speziell: Der Homomorphismus $f: G \mapsto H$ vermittelt genau dann eine eineindeutige Abbildung, wenn sein Kern nur aus einem Element besteht, also K = {e} gilt. Damit ist Satz 2 bewiesen.«[183]

[183] Ebd., S. 52–53

Modelle zyklischer Gruppen

»G sei eine zyklische Gruppe mit der Erzeugenden a. Dann ist die Abbildung:

$$f_a : Z \mapsto G \text{ definiert durch } z \mapsto f_a(z) = a^z$$

ein surjektiver Gruppen-Homomorphismus, also

$$Z/Kern\,(f_a) \cong f_a\,[Z] = G.$$

Der Normalteiler Kern f_a ist nZ ($n \in N$), sodass sich $G \cong Z_n$ ergibt. Es gilt:

Satz:

Die Gruppe (Z; +) der ganzen Zahlen ist bis auf Isomorphie die einzige unendliche zyklische Gruppe, die Restklassengruppe Z_n bis auf Isomorphie die einzige endliche zyklische Gruppe der Ordnung n.

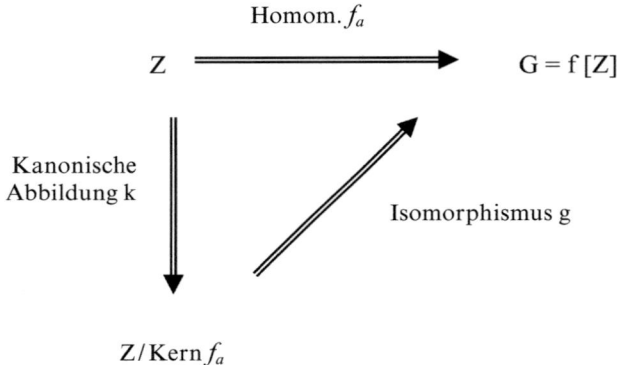

$$Kern\,f_a = \{z/z \in Z \wedge f_a(z) = e\} = \begin{cases} \{0\},\ wenn\_G\_unendlich \\ nZ,\ wenn\_G\_endlich \end{cases}$$

(n ist die kleinste natürliche Zahl $\neq 0$ mit $a^n = e$)

$$\Rightarrow G \cong \begin{cases} Z,\ wenn\_G\_unendlich \\ Z_n,\ wenn\_G\_endlich \end{cases} \text{«}[184]$$

Beispiel 1: Restklassengruppe modulo 0: $Z_0 = Z/0Z$

Zugehörige Äquivalenzrelation: $x \sim y \Leftrightarrow x - y \in \{0\} \Leftrightarrow x = y$

Nebenklassen 0, +1, -1, +2, -2, +3, -3, +4, -4, …

[184] dtv-Atlas zur Mathematik Band 1, S. 76

Kern $f_a = \{0\}$

Zugehörige Restklassen 0, +1, -1, +2, -2, +3, -3, +4, -4, ...

Verknüpfungstabelle der Restklassengruppe Z modulo 0

+	0	+1	-1	+2	-2	+3	-3	+4	...
0	0	+1	-1	+2	-2	+3	-3	+4	...
+1	+1	+2	0	+3	-1	+4	-2	+5	...
-1	-1	0	-2	+1	-3	+2	-4	+3	...
+2	+2	+3	+1	+4	0	+5	-1	+6	...
-2	-2	-1	-3	0	-4	+1	-5	+2	...
+3	+3	+4	+2	+5	+1	+6	0	+7	...
-3	-3	-2	-4	-1	-5	0	-6	+1	...
+4	+4	+5	+3	+6	+2	+7	+1	+8	...
...	...	...	...	...	...	...	...	...	...

$f_a : Z \mapsto G$ definiert durch $z \mapsto f_a(z) = a^z$

Verknüpfungstabelle der zugehörigen isomorphen unendlichen zyklischen Gruppe G

	0	a^1	a^{-1}	a^2	a^{-2}	a^3	a^{-3}	a^4	...
a^0	a^0	a^1	a^{-1}	a^2	a^{-2}	a^3	a^{-3}	a^4	...
a^1	a^1	a^2	a^0	a^3	a^{-1}	a^4	a^{-2}	a^5	...
a^{-1}	a^{-1}	a^0	a^{-2}	a^1	a^{-3}	a^2	a^{-4}	a^3	...
a^2	a^2	a^3	a^1	a^4	a^0	a^5	a^{-1}	a^6	...
a^{-2}	a^{-2}	a^{-1}	a^{-3}	a^0	a^{-4}	a^1	a^{-5}	a^2	...
a^3	a^3	a^4	a^2	a^5	a^1	a^6	a^0	a^7	...
a^{-3}	a^{-3}	a^{-2}	a^{-4}	a^{-1}	a^{-5}	a^0	a^{-6}	a^1	...
a^4	a^4	a^5	a^3	a^6	a^2	a^7	a^1	a^8	...
...	...	...	...	...	...	...	...	...	...

Beispiel 2: Restklassengruppe modulo 1: $Z_1 = Z/1Z$

Zugehörige Äquivalenzrelation: $x \sim y \Leftrightarrow x - y \in 1Z \Leftrightarrow 1/(x - y)$

Nebenklassen $1Z = \{0, +1, -1, +2, -2, +3, -3, +4, -4, ...\}$

Kern $f_a = \{z / z \in Z \wedge f_a(z) = e\}$

Zugehörige Restklassen: [0]

Restklassengruppe modulo 1: $Z_1 = \{[0]\}$

Verknüpfungstabelle der Restklassengruppe Z modulo n: [0] + [0] = [0]

$f_a : Z \mapsto G$ definiert durch $z \mapsto f_a(z) = a^z$

Verknüpfungstabelle der zugehörigen isomorphen zyklischen Gruppe
$$G = \{a^0\}: a^0 \, a^0 = a^0$$

Beispiel 3: Restklassengruppe modulo 2: $Z_2 = Z/2Z$

Zugehörige Äquivalenzrelation: $x \sim y \Leftrightarrow x - y \in 2Z \Leftrightarrow 2/(x - y)$

Nebenklassen:

$[0] = \{x / 2 / x\} = \{..., -4, -2, 0, 2, 4, ...\}$, $[1] = \{x / 2 / (x - 1) = \{..., -5, -3, -1, 1, 3, ...\}$

Kern $f_a = \{z / z \in Z \wedge f_a(z) = e\} = 2Z = \{..., -4, -2, 0, 2, 4, ...\}$

Zugehörige Restklassen: [0], [1]

$f_a : Z \mapsto G$ definiert durch $z \mapsto f_a(z) = a^z$

Verknüpfungstabelle $Z_2 = Z/2Z$ Verknüpfungstabelle in $G = \{a^0, a^1\}$

+	[0]	[1]
[0]	[0]	[1]
[1]	[1]	[0]

	a^0	a^1
a^0	a^0	a^1
a^1	a^1	a^0

Beispiel 4: Restklassengruppe modulo 3: $Z_3 = Z/3Z$

Zugehörige Äquivalenzrelation: $x \sim y \Leftrightarrow x - y \in 3Z \Leftrightarrow 3/(x - y)$

Nebenklassen:

$[0] = \{x / 3 / x\} = \{..., -3, 0, 3, ...\}$, $[1] = \{x / 3 / (x - 1) = \{..., -4, -1, 2, ...\}$,

$[2] = \{x / 3 / (x - 2)\} = \{..., -5, -2, 1, ...\}$

Kern $f_a = \{z / z \in Z \wedge f_a(z) = e\} = 3Z = \{..., -6, -3, 0, 3, 6, ...\}$

Zugehörige Restklassen: [0], [1], [2]

$f_a : Z \mapsto G$ definiert durch $z \mapsto f_a(z) = a^z$

Verknüpfungstabelle $Z_3 = Z/3Z$ Verknüpfungstabelle in G = $\{a^0, a^1, a^2\}$

+	[0]	[1]	[2]
[0]	[0]	[1]	[2]
[1]	[1]	[2]	[0]
[2]	[2]	[0]	[1]

	a^0	a^1	a^2
a^0	a^0	a^1	a^2
a^1	a^1	a^2	a^0
a^2	a^2	a^0	a^1

5.3 Ringe

»Die Theorie der Ringe beschäftigt sich mit kommutativen Gruppen, auf denen zusätzlich eine **zweite innere Verknüpfung** definiert ist, die das assoziative Gesetz erfüllt und mit der ersten inneren Verknüpfung durch das distributive Gesetz verträglich gemacht ist. Als wichtige Unterstrukturen ergeben sich die **Ideale**, die den Normalteilern in den Gruppen entsprechen. Die Ideale sind u. a. auch für die Teilbarkeitstheorie in Ringen von Bedeutung (Zahlentheorie). Neben kommutativen Ringen mit oder ohne Einselement werden **Integritätsringe** untersucht, in denen die Nullteilerfreiheit gesichert ist. Ringe werden in der Modultheorie als Operatorenbereiche verwendet und sind selbst spezielle Moduln. Die **Polynomringe** und die mit ihnen verbundenen Begriffe sind für viele Bereiche der Algebra von Bedeutung (z. B. Körpererweiterungen).«[185]

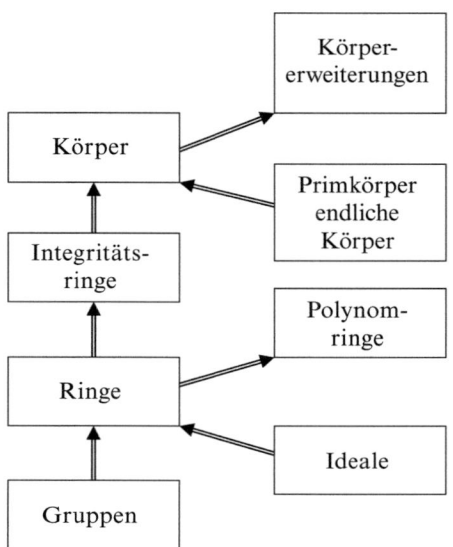

[185] Ebd., S. 71

Mathematik der Strukturen – Design der Theorien

Definition 13:

Eine Menge M mit zwei Verknüpfungen + und * **heißt Ring (M; +, *)**, wenn

(I) (M; +) eine kommutative Gruppe ist

(II) (M; *) eine Halbgruppe ist,

(III) die distributiven Gesetze a * (b + c) = a * b + a * c bzw. (a + b) * c = a * c + b * c gelten.

Beispiel 1: Ring (Z; +, *)der ganzen Zahlen mit der üblichen Addition und Multiplikation

Beispiel 2: Ring (Q; +, *) der rationalen Zahlen mit der üblichen Addition und Multiplikation

Beispiel 3: Der Restklassenring modulo n: $(Z_n; +, *)$
$Z_n = Z / nZ = \{[0],[1],...,[n-1]\}$

Beipiel 4: Der Nullring $(Z_1;+,*)$. $Z_1 = Z / 1Z = \{[0]\}$

Beispiel 5: Der Restklassenring $Z_4 = Z/4Z$
Verknüpfungstabellen

+	[0]	[1]	[2]	[3]
[0]	[0]	[1]	[2]	[3]
[1]	[1]	[2]	[3]	[0]
[2]	[2]	[3]	[0]	[1]
[3]	[3]	[0]	[1]	[2]

*	[0]	[1]	[2]	[3]
[0]	[0]	[0]	[0]	[0]
[1]	[0]	[1]	[2]	[3]
[2]	[0]	[2]	[0]	[2]
[3]	[0]	[3]	[2]	[1]

»Der Ring Z_4 ist nicht nullteilerfrei, also **kein Integritätsring [Integritätsbereich]**, denn [2] * [2] = [0]«[186]

Definition 14:

»Ein Element $a \neq 0$ eines Ringes R heißt linker **Nullteiler**, wenn ein $b \neq 0$ in R existiert, so dass ab = 0 ist. Ein Element $b \neq 0$, $b \in R$, heißt rechter Nullteiler, wenn ein $a \neq 0$, $a \in R$, existiert, so dass ab = 0 ist. Ein Ring R heißt **nullteilerfrei**, wenn er keine Nullteiler enthält.«[187]

---

[186] Ebd. S. 82
[187] Hornfeck. S. 79

Mathematik der Strukturen – Design der Theorien

Definition 15:

»Ein vom Nullring verschiedener kommutativer nullteilerfreier Ring heißt **Integritätsbereich** [Integritätsring].

Beispiele für Integritätsbereiche waren *Z, Q, R, C, Z_p (P_Primzahl)*«[188]

Beispiel 6: Der Restklassenring $Z_5 = Z/5Z$
Verknüpfungstabellen

+	[0]	[1]	[2]	[3]	[4]
[0]	[0]	[1]	[2]	[3]	[4]
[1]	[1]	[2]	[3]	[4]	[0]
[2]	[2]	[3]	[4]	[0]	[1]
[3]	[3]	[4]	[0]	[1]	[2]
[4]	[4]	[0]	[1]	[2]	[3]

*	[0]	[1]	[2]	[3]	[4]
[0]	[0]	[0]	[0]	[0]	[0]
[1]	[0]	[1]	[2]	[3]	[4]
[2]	[0]	[2]	[4]	[1]	[3]
[3]	[0]	[3]	[1]	[4]	[2]
[4]	[0]	[4]	[3]	[2]	[1]

»Der Ring Z_5 ist nullteilerfrei, also ein **Integritätsring**. Darüber hinaus existiert zu jedem Element aus Z_5\{[0]} ein inverses Element der Multiplikation (das Einselement [1] ist in jeder Zeile genau einmal vorhanden). Z_5 ist also sogar ein **Körper**.«[189]

Eine außerordentliche Bedeutung für die Algebra hat der Begriff des »Ideals«.

Definition 16:
»Eine Teilmenge *a* Ringes R heißt ein **Ideal**, wenn gilt:

(1) Es ist a eine Gruppe bezüglich der Addition.

(2) Für jedes $r \in R$ ist $ra \subset a$ und $ar \subset a$.

Beispiel 1: Jeder Ring R besitzt die Ideale {0} [Nullideal] und R.

Beispiel 2:
Die sämtlichen Ideale des Ringes Z sind unter den sämtlichen additiven Untergruppen {0} und nZ (n = 1, 2, 3, ...) von Z zu finden. [...] Alle diese Untergruppen sind aber, wie unmittelbar zu sehen ist, bereits Ideale von Z. Alle Ideale von Z sind also {0} und nZ (1, 2, 3, ...).

Definition 17:
»Es sei S eine algebraische Struktur mit Elementen a, a′, b, b′, ... und einer mul-

[188] Ebd., S. 79
[189] dtv-Atlas Band 1. S. 82

tiplikativ geschriebenen Verknüpfung. Eine auf S definierte Äquivalenzrelation »≡« heißt **Kongruenzrelation**, wenn aus a ≡ a′ und b ≡ b′ folgt: ab ≡ a′b′.«[190]

5.4 Körper

Definition 18:

Eine Menge mit zwei Verknüpfungen heißt **Körper (M; +, *)**, wenn

(I)	(M; +, *) ein Ring und
(II)	(M\\{o}; *) eine kommutative Gruppe ist.

Beispiele:

(Q; +, *):	Körper der rationalen Zahlen
(R; +, *):	Körper der reellen Zahlen

Ein Körper mit zwei Elementen

(M = {g, u}; +, *)[191] mit den folgenden Verknüpfungstabellen:

+	g	u
g	g	u
u	u	g

*	g	u
g	g	g
u	g	u

das neutrale Element der Addition ist g

das inverse Elemant zu g ist g

das inverse Element zu u ist u

(M; +) ist eine kommutative Gruppe

Das neutrale Element der Multiplikation ist u

(M; *) ist eine Halbgruppe

(M\\{g}; *) ist eine kommutative Gruppe

Die distributiven Gesetze gelten:

$$g * (g + g) = g * g = g \text{ und } g * g + g * g = g + g = g$$
daraus folgt $g * (g + g) = g * g + g * g$

$$g * (g + u) = g * u = g \text{ und } g * g + g * u = g + g = g$$
daraus folgt $g * (g + u) = g * g + g * u$

$$g * (u + u) = g * g = g \text{ und } g * u + g * u = g + g = g$$
daraus folgt $g * (u + u) = g * u + g * u$

---

[190] Ebd., S. 54
[191] Fritz Reinhardt / Heinrich Soeder: dtv-Atlas zur Mathematik Tafeln und Texte; Deutscher Taschenbuch Verlag Band 1, S. 40

u * (g + g) = u * g = g und u * g + u * g = g + g = g
daraus folgt u * (g + g) = u * g + u * g

u * (g + u) = u * u = u und u * g + u * u = g + u = u
daraus folgt u * (g + u) = u * g + u * u

u * (u + u) = u * g = g und u * u + u * u = u + u = g
daraus folgt u * (u + u) = u * u + u * u

5.5 Vektorräume

»Die Verwendung des kartesischen Koordinaten in der zwei- und dreidimensionalen Geometrie des achtzehnten Jahrhunderts führte meist auf schwerfällige und mühsame Rechnungen, da die Koordinatenachsen unzweckmäßig gewählt und die Rechnungen umständlich durchgeführt wurden. [...]

Ein erste Art, den Gebrauch von Koordinaten in der Ebene zu vermeiden, war die Verwendung der komplexen Zahlen. Sobald man die Möglichkeit erkannt hatte, diese Zahlen und die Punkte der Ebene eineindeutig einander zuzuordnen [...], war es natürlich, dass man aus der geometrischen Interpretation des Rechnens mit diesen Zahlen Nutzen ziehen wollte, um geometrische Probleme in einfacher Weise zu lösen. [...]

Die Addition komplexer Zahlen ist übrigens die Operation, die in Kinematik und Dynamik für die »Zusammensetzung« von Kräften und Geschwindigkeiten seit langem in Gebrauch war; eigentlich ist es ziemlich überraschend, dass niemals versucht wurde, diese Operation in der Algebra zu nutzen.«[192]

Mit parallelgleichen Pfeilen kann man im kartesischen Koordinatensystem rechnen. Ein Vektor ist ein Repräsentant der Menge aller parallelgleichen Pfeile und wird rechnerisch durch seine x- und y-Komponente dargestellt:

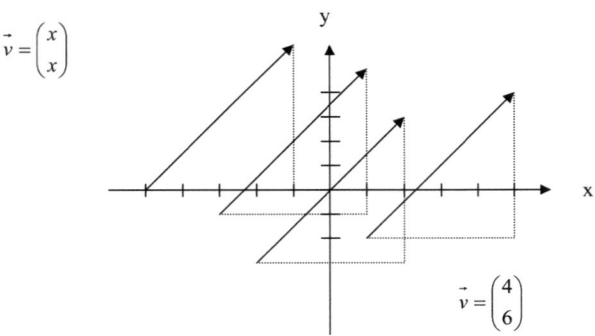

---

[192] Dieudonne, S. 82–83

Mathematik der Strukturen – Design der Theorien

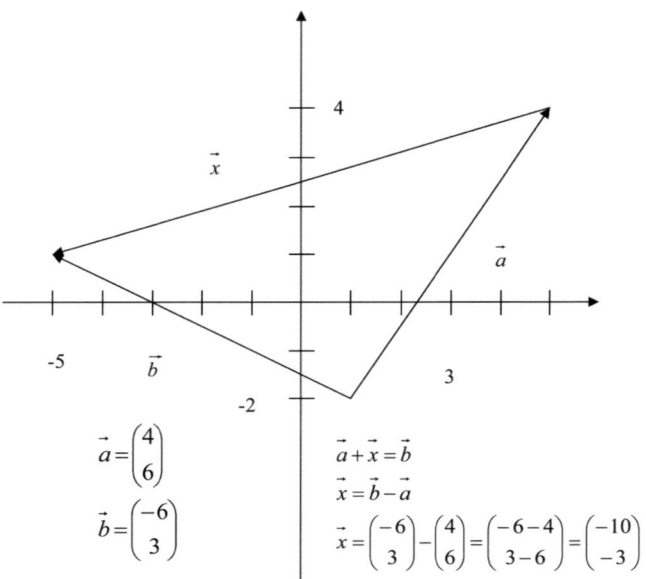

$$\vec{a} = \begin{pmatrix} 4 \\ 6 \end{pmatrix}$$

$$\vec{b} = \begin{pmatrix} -6 \\ 3 \end{pmatrix}$$

$$\vec{a} + \vec{x} = \vec{b}$$
$$\vec{x} = \vec{b} - \vec{a}$$
$$\vec{x} = \begin{pmatrix} -6 \\ 3 \end{pmatrix} - \begin{pmatrix} 4 \\ 6 \end{pmatrix} = \begin{pmatrix} -6-4 \\ 3-6 \end{pmatrix} = \begin{pmatrix} -10 \\ -3 \end{pmatrix}$$

In der Menge M der Vektoren der Zeichenebene ist eine Verknüpfung »+« erklärt:

$$\vec{a} + \vec{x} = \vec{b}$$

An die Spitze des Vektors $\vec{a}$ wird der Fuß des Vektors $\vec{x}$ angehängt. Der Summenvektor $\vec{a} + \vec{x}$ verläuft dann vom Fuß des ersten Vektors zur Spitze des zweiten Vektors. Die Summe zweier beliebiger Vektoren ist wieder ein Vektor. D. h. die Menge (M; +) der Vektoren ist bezüglich der Vektoraddition abgeschlossen. Weiterhin gilt:

    I. $(\vec{a} + \vec{b}) + \vec{c} = \vec{a} + (\vec{b} + \vec{c})$ Assoziativgesetz

    II. Das neutrale Element ist der Nullvektor

    III. Jeder Vektor hat einen inversen Vektor, den Gegenvektor

    IV. $\vec{a} + \vec{b} = \vec{b} + \vec{a}$ Kommutativgesetz

Damit ist die Menge (M;+) eine kommutative Gruppe.

Den Vektoren kann man auch mithilfe des »Pythagoras« eine Länge zuordnen:

$$|\vec{a}| = \sqrt{4^2 + 6^2} = 2\sqrt{13}$$

Damit lässt sich der Vektor $\vec{a}^0$ als Vielfaches des gleichgerichteten Vektors mit der Länge 1 schreiben.

Für $\vec{a}^0 = \begin{pmatrix} \dfrac{4}{2\sqrt{13}} \\ \dfrac{6}{2\sqrt{13}} \end{pmatrix}$ gilt $\left| \vec{a}^0 \right| = \sqrt{\left(\dfrac{4}{2\sqrt{13}} \right)^2 + \left(\dfrac{6}{2\sqrt{13}} \right)^2} = 1$ und $\vec{a} = 2\sqrt{13}\,\vec{a}^0$

Durch die »komponentenweise« Multiplikaton des Vektors mit einer reellen Zahl

$$\alpha \circ \vec{a} = \begin{pmatrix} \alpha \cdot a_1 \\ \alpha \cdot a_2 \end{pmatrix}$$

wird eine »äußere Verknüpfung ∘« eines Vektors mit einem Operator definiert, die folgenden Gesetzen genügt:

I. $\alpha \circ (a + b) = \alpha \circ a + \alpha \circ b$ Distributivgesetz

II. $(\alpha + \beta) \circ a = \alpha \circ a + \beta \circ a$ Distributivgesetz

III. $(\alpha \cdot \beta) \circ a = \alpha \circ (\beta \circ a)$ Assoziativgesetz

IV. $1 \circ a = a$

Definition 19:
Ein **Vektorraum** $(M, \Omega; \circ)$ besteht aus einer additiv geschriebenen, abelschen Gruppe $(M; +)$, deren Elemente Vektoren genannt werden, einem kommutativen Skalarenkörper $(\Omega; +, \cdot)$und einer äußeren Verknüpfung $\circ$, die jedem Paar (α, a) mit $\alpha \in \Omega$ und $a \in M$ eindeutig einen Vektor $\alpha \circ a \in M$ zuordnet, so dass die Axiome I–IV erfüllt sind. Man spricht dann von einem **Vektorraum M über dem Körper** Ω.

Beispiel 1: Der Vektorraum R^1, die reelle eindimensionale **euklidische Zahlengerade**
Der Körper der reellen Zahlen R kann als Vektorraum der »Dimension« 1 aufgefasst werden.
Jede reelle Zahl lässt sich als Vielfaches der Einheit 1 auffassen.

Beispiel 2: Der Vektorraum R^2, die reelle **zweidimensionale euklidische Zahlenebene**
Die Zeichenebene mit einem kartesischen Koordinatensystem lässt sich als Modell für eine zweidimesionalen Vektorraum auffassen (siehe Einführungsbeispiel).
Aus den Einheitsvektoren $e_1 = \begin{pmatrix} 1 \\ 0 \end{pmatrix}$ und $e_2 = \begin{pmatrix} 0 \\ 1 \end{pmatrix}$

lässt sich jeder Vektor $a = \begin{pmatrix} a_1 \\ a_2 \end{pmatrix}$ des Vektorraumes R^2 als

»Linearkombination« der Vektoren e_1 und e_2 darstellen:

$a = a_1 \circ e_1 + a_2 \circ e_2$

ausgeschrieben

$$\begin{pmatrix} a_1 \\ a_2 \end{pmatrix} = a_1 \circ \begin{pmatrix} 1 \\ 0 \end{pmatrix} + a_2 \circ \begin{pmatrix} 0 \\ 1 \end{pmatrix}$$

Definition 20:
»Endlich viele Vektoren $a_1, ..., a_n$ eines Vektorraums heißen **linear unabhängig**, wenn der Nullvektor nur die triviale Darstellung als Linearkombination von $a_1, ..., a_n$ zulässt; wenn also aus $c_1 \circ a_1 + ... + c_n \circ a_n = 0$ stets $c_1 = ... = c_n = 0$ folgen würde. Wenn die Vektoren $a_1, ..., a_n$ nicht linear unabhängig sind, werden sie **linear abhängig** genannt.

Eine Teilmenge M eines Vektorraums X heißt **linear unabhängig**, wenn je endlich viele verschiedene Vektoren aus M linear unabhängig sind. Andernfalls heißt die Teilmenge M **linear abhängig**.

Eine Teilmenge B eines Vektorraums X heißt eine **Basis** von X, wenn B linear unabhängig ist und den ganzen Raum X aufspannt.

Wenn ein Vektorraum X eine endliche Basis besitzt, wird die allen Basen von X gemeinsame Anzahl der Basisvektoren die **Dimension von X** genannt (in Zeichen: Dim X).

Besitzt X jedoch keine endliche Basis, so heißt X **unendlich-dimensional** (in Zeichen: Dim X = ∞).«[193]

Beispiel 3: Der Vektorraum R^3, der reelle **dreidimensionale euklidische Zahlenraum**

Der euklidische Raum mit einem kartesischen Koordinatensystem lässt sich als Modell für einen dreidimesionalen Vektorraum auffassen. Aus den Einheitsvektoren

$$e_1 = \begin{pmatrix} 1 \\ 0 \\ 0 \end{pmatrix}, \; e_2 = \begin{pmatrix} 0 \\ 1 \\ 0 \end{pmatrix}, \text{ und } e_3 = \begin{pmatrix} 0 \\ 0 \\ 1 \end{pmatrix}$$

[193] Hans-Joachim Kowalsky: lineare algebra, 2. Auflage, Berlin 1965, S. 33–34 und 38

lässt sich jeder Vektor $a = \begin{pmatrix} a_1 \\ a_2 \\ a_3 \end{pmatrix}$ des Vektorraumes R^3 als

»Linearkombination« der Vektoren e_1, e_2 und e_3 darstellen:

$a = a_1 \circ e_1 + a_2 \circ e_2 + a_2 \circ e_3$

ausgeschrieben

$$\begin{pmatrix} a_1 \\ a_2 \\ a_3 \end{pmatrix} = a_1 \circ \begin{pmatrix} 1 \\ 0 \\ 0 \end{pmatrix} + a_2 \circ \begin{pmatrix} 0 \\ 1 \\ 0 \end{pmatrix} + a_3 \circ \begin{pmatrix} 0 \\ 0 \\ 1 \end{pmatrix}$$

Beispiel 4: Der reelle n-dimensionale euklidische Vektorraum R^n
R^n ist der reellwertige Vektorraum der **Dimension n** mit der **kanonischen Basis**

$e_1 = (1,0,...,0)^T, e_2 = (0,1,0,...,0)^T,...,e_n = (0,...,0,1)^T$ (Hinweis: Das hochgestellte T besagt, dass die Spaltenschreibweise der Vektoren in die Zeilenschreibweise transponiert wurde).

Beispiel 5: Der reelle unendlich-dimensionale euklidische Vektorraum R^∞

$R^\infty = \{(a_1, a_2,...)/a_v \in R\}$ und nur endlich vielen $a_v \neq 0$.

Basis $B = \{e_1 = (1,0,...), e_2 = (0,1,0,..),...\}$

5.6 Normierte Räume

»Um in einem Vektorraum Methoden der Analysis entwickeln zu können, muss er eine topologische Struktur tragen. Eine wichtige Klasse von Räumen dieser Art bilden die normierten Räume.

Definition 21:
$(V; \|\_\|)$ heißt **normierter Vektorraum**, wenn V ein Vektorraum über K (mit K = R oder K = C) ist und auf V eine Norm genannte Funktion $\|\_\| : V \to R_0^+$ definiert ist mit folgenden Eigenschaften:

(N1) $\|x\| = 0 \Leftrightarrow x = 0$ (Nullvektor)
(N2) $\|\alpha x\| = |\alpha| \|x\|$ für alle $\alpha \in K$, $x \in V$
(N3) $\|x + y\| \leq \|x\| + \|y\|$ für alle $x, y \in V$

Mittels der Norm lässt sich eine **Metrik** definieren $d_N(x,y) := \|x - y\|$. Die normierten Räume gehören also zu den metrischen Räumen, in denen Begriffe wie Stetigkeit und Kompaktheit mittels Folgen erfassbar sind.

Beispiele für Normen:

(1) In R stellt der absolute Betrag eine Norm dar.

(2) Der Vektorraum R^n lässt sich auf verschiedene Weise normieren. Die wichtigsten Möglichkeiten sind:

$$\|x\|_o := grEl(\{|x_1|,...,|x_n|\}), \quad \|x\|_1 := \sum_{\nu=1}^{n}|x_\nu|, \quad \|x\|_2 := \sqrt{\sum_{\nu=1}^{n}x_\nu^2} \, ,$$

$\|x\|_o$ heißt CEBYSEV-Norm, $\|x\|_2$ euklidische Norm ($x = (x_1, ..., x_n)$)«[194]

5.7 Prä-Hilbert-Raum

Definition 22:

»In der Funktionalanalysis wird ein reeller oder komplexer Vektorraum, auf dem ein inneres Produkt (Skalarprodukt) definiert ist, als **Prä-Hilbert-Raum** (auch prä-hilbertscher Raum) oder **Skalarproduktraum** (auch Vektorraum mit innerem Produkt, vereinzelt auch Innenproduktraum) bezeichnet, wobei zwischen euklidischen (Vektor-)Räumen im reellen und unitären (Vektor-) Räumen im komplexen Fall unterschieden wird.«[195]

»Im Vektorraum R^n lässt sich die euklidische Norm $\|x\|_2$ über das Skalarprodukt durch $\|x\|_2 = \sqrt{\langle x,x\rangle}$ einführen. Man definiert allgemein

Definition Skalarprodukt 23:
Ist V ein Vektorraum über K (K = R oder K = C), so heißt $\langle x,x\rangle : V \times V \to K$ Skalarprodukt, wenn gilt

(S1) $\langle x,y\rangle = \overline{\langle y,x\rangle}$ für alle $x,y \in V$,

(S2) $\langle x_1 + x_2, y\rangle = \langle x_1,y\rangle + \langle x_2,y\rangle$ für alle $x_1, x_2, y \in V$,

(S3) $\langle \alpha x, y\rangle = \alpha\langle x,y\rangle$ für alle $x,y \in V$ und $\alpha \in K$,

(S4) $\langle x,x\rangle \in R^+$ für alle $x \neq 0$

Bemerkung: Der Querstrich in (S1) deutet für K = C den Übergang zum konjugiert-komplexen Wert an.«[196]

---

[194] dtv-Atlas Band 2, S. 365
[195] wikipedia-Prä-Hilbert-Raum
[196] dtv-Atlas Band 2, S. 365

Beispiel für einen Prä-Hilbert-Raum:

$$\» R^\infty := \left\{ x\,/\,x = (x_\nu) \wedge x_\nu \in R \wedge \sum_{\nu=1}^{\infty} x_\nu^2 \quad konvergent \right\}$$

Für irgend zwei Elemente $x = (x_\nu)$ und $y = (y_\nu)$ aus R^∞ definiert man ein Skalarprodukt und mit diesem eine Norm durch

$$\langle x, y \rangle := \sum_{\nu=1}^{\infty} x_\nu y_\nu \quad \text{und} \quad \|x\|_2 := \sqrt{\langle x, x \rangle}$$

R^∞ wird damit zu einem Prä-Hilbert-Raum.«[197]

5.8 Hilbert-Raum

Definition 24:
Ein Prä-Hilbert-Raum, in dem jede Cauchy-Folge konvergiert, heißt **Hilbert-Raum.**

Beispiel: »Hilbert-Raum R^∞
Die Elemente von R^∞ sind die Abbildungen

$f: N \to R^1$ definiert durch $\nu \to a_\nu$

mit der Eigenschaft:

$$\sum_{\nu=0}^{\infty} a_\nu^2 \quad \text{konvergent.}$$

Kurzform:

$(a_0, a_1, \ldots)$ unendliche Folgen.

Metrik:

$$d_H(x, y) := \sqrt{\sum_{\nu=0}^{\infty} (a_\nu - b_\nu)^2}$$

«[198]

[197] Ebd., S. 364
[198] Ebd., S. 230

6 Ordnungsstrukturen

»Einer Menge wird eine Ordnungsstruktur aufgeprägt, wenn in ihr eine **Ordnungsrelation** erklärt ist. Im weitesten Sinne bedeutet dies, dass es in einer Menge nach bestimmten Regeln **vergleichbare Elemente** gibt, wie das im speziellen Fall bei Zahlenmengen [außer in der Menge C der komplexen Zahlen] durch die Relation ›≤‹ geschieht. ›

Zu den Ordnungsstrukturen zählen:

- geordnete [älterer Begriff: ›halbgeordnet‹],
- konnex geordnete [älterer Begriff: ›geordnet‹],
- induktiv geordnete,
- wohlgeordnete Menge.

Die Theorie der Ordnungsstrukturen ist eng verknüpft mit der Mengenlehre.«[199]

6.1 Halbordnung – Ordnung – Wohlordnung

Kein Größenvergleich (kleiner, größer, leichter, schwerer, schneller, langsamer, höher, …) ohne geordnete Maßzahlen (N, Q, R). Wie viele Möglichkeiten gibt es eigentlich, endlich viele Elemente zu ordnen? Elemente einer abstrakten Menge lassen sich auch beliebig anordnen. So gibt es z. B. für eine zehnelementige Menge 3.628.800 verschiedene Möglichkeiten der Anordnung.

Beispiel 1: Wie viele »Ordnungsmöglichkeiten« gibt es für eine Menge mit n verschiedenen Elementen?

Sei $M = \{a_1, a_2, a_3, …, a_n\}$, das Ordnungssymbol sei »<« : $a_k < a_l$ soll heißen, a_k kommt vor (ist kleiner als) a_l.

Es gibt n Möglichkeiten, ein bestimmtes Element als kleinstes auszuwählen, dann verbleiben noch (n - 1) Möglichkeiten, einen Nachfolger zu bestimmen, für dieses zweite Element kann dann auf (n - 2) verschiedene Weisen ein Nachfolger bestimmt werden usw. Wie man sieht, gibt es $n \cdot (n - 1) \cdot (n - 2) \cdot … \cdot 3 \cdot 2 \cdot 1$

---

[199] dtv-Atlas Band 1, S. 37

verschiedene Anordnungen (Ordnungen). Für dieses Produkt verwendet die Mathematik das Symbol »n!« (n Fakultät). Wir können also der Menge M mit der Mächtigkeit n **n-Fakultät** verschiedene Ordnungsstrukturen aufprägen.

$$10! = 10 \cdot 9 \cdot 8 \cdot 7 \cdot 6 \cdot 5 \cdot 4 \cdot 3 \cdot 2 \cdot 1 = 3.628.800$$

Definition 1:

»Eine in einer Menge M erklärte (binäre) Relation soll eine [...] **Halbordnung** heißen [...], wenn sie den folgenden Axiomen genügt:

[Ord 1] Es gilt $x \leq x$ für $x \in M$ (Reflexivität)

[Ord 2] Aus $x \leq y$ und $y \leq x$ folgt $x = y$ für $x, y \in M$ (Antisymmetrie)

[Ord 3] Aus $x \leq y$ und $y \leq z$ folgt $x \leq z$ für $x, y, z \in M$ (Transitivität)

Eine Menge, in der eine Halbordnungsrelation erklärt ist, heißt eine **halbgeordnete Menge.**«[200]

Beispiel 2[201]: Sei $M = \{ 2, 3, 4, 5, 6, 7, 12, 25 \}$, die binäre Relation R: xRy $\Leftrightarrow$ x ist Teiler von y.

Dann lässt sich M auf folgende Weise halbordnen:

$$2 < 4 < 12 \; ; \; 2 < 6 < 12 \; ; \; 3 < 6 < 12 \; ; \; 5 < 25 \; ; \; 7$$

Mehr Ordnung »steckt nicht drin!«. **Es lassen sich nicht alle Elemente miteinander vergleichen!**

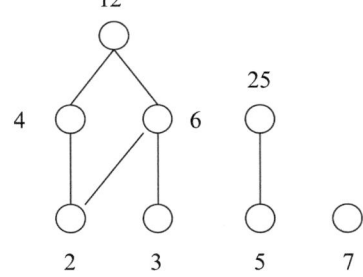

Definition 2:

Ein Element a einer halbgeordneten Menge M heißt **minimal** (maximal), wenn es **kein** Element $x \in M$ gibt, für das $x < a$ (bzw. $x > a$) gilt, wenn also aus $x \leq a$ (bzw. $x \geq a$) stets $x = a$ folgt.

[200] Mangoldt, Knopp, Lösch: Einführung in die höhere Mathematik, S. 50
[201] dtv-Atlas zur Mathematik Band 1, S. 42

Mathematik der Strukturen – Design der Theorien

Definition 3:

Ein Element a einer halbgeordneten Menge M heißt **kleinstes Element von M** (größtes Element von M), wenn für **alle** $x \in M$ gilt $x \geq a$ (bzw. $x \leq a$).

Anmerkung:

In diesem Sinne sind die Elemente 12, 25 und 7 aus Beispiel 2 maximale Elemente und die Elemente 2, 3,5 und auch 7 minimale Elemente. Ein kleinstes oder größtes Element besitzt die halbgeordnete Menge M nicht.

Definition 4:

Eine Teilmenge U einer halbgeordneten Menge M heißt nach **unten** (bzw. nach oben) **beschränkt**, wenn es ein Element $a \in M$ gibt, dass $a \leq x$ (bzw. $a \geq x$) für **alle** $x \in U$ gilt. A heißt dann eine **untere Schranke von U** (bzw. obere Schranke von U).

Definition 5:

Besitzt die Menge der unteren Schranken von U ein größtes Element (bzw. die Menge der oberen Schranken ein kleinstes Element), so wird dies **untere Grenze** oder **Infimum (inf U)** von U (bzw. obere Grenze oder Supremum (sup U)) genannt.

Anmerkung:

Für die Teilmenge $U = \{2\}$ aus Beispiel 2 besteht die Menge O der oberen Schranken aus 4, 6 und 12, $O = \{4, 6, 12\}$. Da aber die Menge O kein kleinstes Element besitzt (4 und 6 sind nicht vergleichbar!), existiert kein Supremum von U. Die Menge $U = \{2, 4\}$ dagegen hat 12 als einzige obere Schranke und damit auch das sup U = 12.

Definition 6:

»Eine in einer Menge M erklärte Halbordnungsrelation ≤ heißt eine Ordnungsrelation, kürzer eine **Ordnung** (auch vollständige, totale oder lineare Ordnung), wenn sie dem folgenden Axiom genügt:

[Ord 4]   Für **je zwei** Elemente $x, y \in M$ gilt mindestens eine der Beziehungen $x \leq y, y \leq x$.

Eine Menge, in der eine Ordnungsrelation erklärt ist, heißt eine **geordnete Menge**. Die leere Menge und jede aus einem Element bestehende Menge sollen als geordnet gelten.«[202]

---

[202] Mangoldt, Knopp, Lösch: Einführung in die höhere Mathematik, S. 50

Definition 7:
»Eine in einer Menge M erklärte Halbordnungsrelation ≤ heißt eine Wohlordnungsrelation, kürzer eine **Wohlordnung**, wenn sie dem folgenden Axiom genügt:

[W] **Jede** nichtleere Teilmenge von M besitzt ein kleinstes Element.

Eine Menge, in der eine Wohlordnungsrelation erklärt ist, heißt eine **wohlgeordnete Menge**. Die leere Menge soll als wohlgeordnet gelten.«[203]

Anmerkung:
Die Menge M mit der angegebenen Relation aus Beispiel 2 ist nicht wohlgeordnet, weil z. B. die Teilmenge $T = \{\, 2, 3, 5, 7\,\}$ kein kleinstes Element besitzt.
Jede wohlgeordnete Menge M lässt sich ordnen:
Seien x und y zwei beliebige Elemente aus M, dann besitzt die Menge $\{\, x, y\,\}$ ein kleinstes Element und es gilt entweder $x \le y$ oder $y \le x$.

Damit besteht folgender Zusammenhang:
Jede wohlgeordnete Menge lässt sich ordnen, jede geordnete Menge ist auch halbgeordnet.

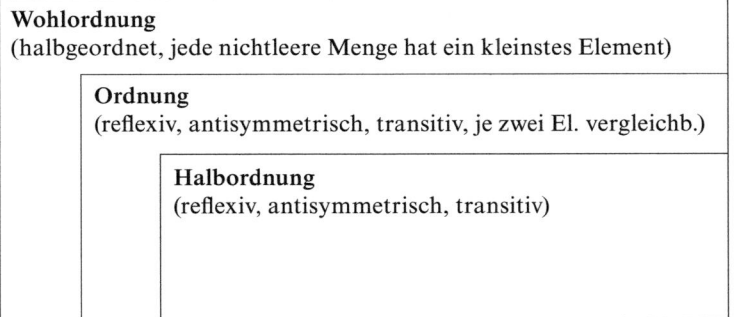

Beispiel 3:
Jede Potenzmenge P(M) ist mit der Relation »⊆« **halbgeordnet**, aber nicht geordnet und damit auch **nicht wohlgeordnet**. Z. B.

$$M = \{a,b,c\}\,,\ P(M) = \{\{\},\{a\},\{b\},\{c\},\{a,b\},\{a,c\},\{b,c\},\{a,b,c\}\}$$

Die einelementigen und zweielementigen Teilmengen lassen sich nicht miteinander vergleichen.

---

[203] Ebd., S. 53

Mathematik der Strukturen – Design der Theorien

Beispiel 4:

Die Menge N = {1, 2, 3, ...} der natürlichen Zahlen ist mit der Relation »≤« geordnet, ja sogar **wohlgeordnet**. Jede Teilmenge von N hat ein kleinstes Element.

Beispiel 5:

Die Menge Z = {... -3, -2, -1, 0, 1, 2, 3 ...} der ganzen Zahlen ist mit der Relation »≤« **geordnet**, aber **nicht wohlgeordnet**. Die Teilmenge {... -3, -2, -1} z. B. hat kein kleinstes Element.

Beispiel 6:

Jede endliche n-elementige Menge lässt sich auf n! (n-Fakultät) verschiedene Weisen anordnen und damit auch wohlordnen.

Lässt sich aber eigentlich auch jede unendliche Menge wohlordnen?
Die Antwort wird nicht leicht, uns wird nun zugemutet, »ein dickes Brett zu bohren«!

6.2 Auswahlaxiom – Zornsches Lemma – Wohlordnungssatz

Auswahlaxiom: Zu jedem System von nichtleeren Mengen gibt es eine Funktion f, die jeder Menge des Systems ein Element ebendieser Menge zuordnet.

»Das Axiom enthält keine Angabe, wie man im Einzelfall eine solche Funktion konstruieren kann, es fordert nur ihre Existenz.«[204]

Zornsches Lemma[205]**:**
Es sei M eine nichtleere halbgeordnete Menge, in der jede wohlgeordnete Teilmenge W eine obere Schranke hat. Dann gibt es in M ein maximales Element.

Beweis von H. KNESER in drei Schritten:

Erster Schritt: Jeder wohlgeordneten Teilmenge wird eine obere Schranke zugeordnet.

Zweiter Schritt: Zwei Ketten der wohlgeordneten Teilmenge sind stets vergleichbar.

Dritter Schritt: Die Vereinigung aller vergleichbarer Ketten der wohlgeordneten Teilmenge ist selbst eine Kette.

---

[204] dtv-Atlas zur Mathematik Band 1, S. 29
[205] Mangoldt, Knopp, Lösch: Einführung in die höhere Mathematik, S. 63

Mathematik der Strukturen – Design der Theorien

a) Unter Verwendung des **Auswahlaxioms** wird jeder wohlgeordneten Teilmenge W eine obere Schranke s(W) zugeordnet. Dabei soll immer, wenn möglich, $x < s(W)$ für alle $x \in W$ gelten. Das hat zur Folge, dass $s(W) \in W$ nur dann gilt, wenn W ein größtes Element besitzt und dieses in M maximal ist.

b) Die Menge aller Elemente einer wohlgeordneten Menge M mit $x < a$ soll der durch a bestimmte **Abschnitt** M_a von M heißen. Zwei wohlgeordnete Teilmengen von M sollen **vergleichbar** heißen, wenn der eine ein **Anfangsstück** des anderen ist. »Ein wohlgeordneter Teil K von M soll eine **Kette** heißen, wenn für jeden Abschnitt K_x von K, $x = s(K_x)$ gilt. Wir behaupten: **Zwei Ketten K und L von M sind stets vergleichbar.** Zum Beweis sei **H die Vereinigung aller gemeinsamen Anfangsstücke** von K und L. Dann ist H selbst ein Anfangsstück, und zwar das umfassendste. Das hat zur Folge, dass H = K oder H = L sein muss. Träfe dies nicht zu, so wäre H sowohl ein Abschnitt von K als auch von L, also $H = K_x = L_y$ mit $x \in K$, $y \in L$ und $x = s(K_x) = s(L_y) = y$. Damit wäre aber $H \cup \{x\}$ ein umfassenderes gemeinsames Anfangsstück von K und L als H. Ein solches Anfangsstück gibt es nicht. Es muss also H = K oder H = L und damit L ein Anfangsstück von K oder K ein solches von L sein. Die Ketten sind vergleichbar.

c) Wir bilden nun die **Vereinigung V aller Ketten**. Da die Ketten paarweise vergleichbar sind, so ist V nach dem oben bewiesenen Hilfssatz[206] wohlgeordnet und jede Kette ist ein Anfangsstück von V. Ein beliebiges Element $x \in V$ ist Element einer gewissen Kette K. Weil K ein Anfangsstück von V ist, so gilt für die durch x bestimmten Abschnitte $K_x = V_x$ und damit $x = s(K_x) = s(V_x)$. Hiernach ist V selbst eine Kette und als Vereinigung aller Ketten die umfassendste. Dies hat zur Folge, dass $s(V) \in V$ ist, weil sonst $V \cup \{s(V)\}$ eine umfassendere Kette als V wäre. Wie unter a) bemerkt wurde, kann aus $s(V) \in V$ geschlossen werden, dass V ein größtes Element besitzt und dass dieses in M maximal ist. Damit ist der Beweis des Zornschen Lemmas erbracht.«[207]

Veranschaulichung des Zornschen Lemmas:

Sei $M = \{2, 3, 4, 5, 6, 7, 12, 25\}$, die binäre Relation R: xRy $\Leftrightarrow$ x ist Teiler von y. Dann lässt sich M auf folgende Weise halbordnen:

$$2 < 4 < 12 \; ; \; 2 < 6 < 12 \; ; \; 3 < 6 < 12 \; ; \; 5 < 25 \; ; \; 7$$

[206] Ebd., S. 62
[207] Ebd., S. 63–64

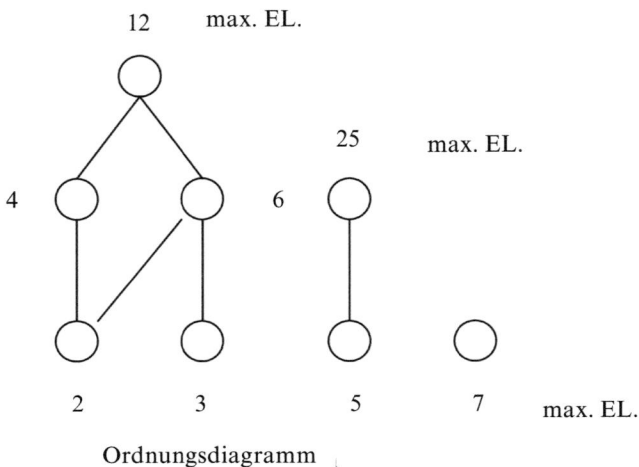

Ordnungsdiagramm

Wohlgeordnete Teilmengen von M sind:

{2}, {3}, {4}, {5}, {6}, {7}, {12}, {25}, {2,4}, {2,4,12}, {2,6}, {2,6,12}, {3,6}, {3,6,12}, {4,12}, {5,25}
{6,12}, {2,12}, {3,12}

Davon sind folgende Teilmengen vergleichbar (eine ist ein Anfangsstück der anderen):

{2}, {2, 4}, {2, 4, 12} und {3}, {3, 6}, {3, 6, 12} und {5}, {5, 12} und {2}, {2, 6}, {2, 6, 12}

Zuordnung der oberen Schranken:

Obere Schranken von {2} sind:	2, 4, 6, 12	zugeordnet wird:	$s(\{2\}) = 4$
Obere Schranken von {2,4} sind:	4, 12	zugeordnet wird:	$s(\{2,4\}) = 12$
Obere Schranke von {2,4,12} ist:	12	zugeordnet wird:	$s(\{2,4,12\}) = 12$
Obere Schranken von {3} sind:	3, 6, 12	zugeordnet wird:	$s(\{3\}) = 6$
Obere Schranken von {3,6} sind:	6, 12	zugeordnet wird:	$s(\{3,6\}) = 12$
Obere Schranke von {3,6,12} ist:	12	zugeordnet wird:	$s(\{3,6,12\}) = 12$
Obere Schranken von {5} sind:	5, 25	zugeordnet wird:	$s(\{5\}) = 25$
Obere Schranke von {5,25} ist:	25	zugeordnet wird:	$s(\{5,25\}) = 25$
Obere Schranken von {2,6} sind:	6, 12	zugeordnet wird:	$s(\{2,6\}) = 12$
Obere Schranke von {2,6,12} ist:	12	zugeordnet wird:	$s(\{2,6,12\}) = 12$

Mathematik der Strukturen – Design der Theorien

Ketten K von M (für jeden Abschnitt K_x muss gelten: $x = s\,(K_x)$):

$\{2, 4, 12\}$ ist eine Kette, weil $s(K_4) = 4 \wedge s(K_{12}) = 12$

$\{3, 6, 12\}$ ist eine Kette $s(K_6) = 6 \wedge s(K_{12}) = 12$, weil

$\{2, 6, 12\}$ ist eine Kette, weil $s(K_6) = 6 \wedge s(K_{12}) = 12$

$\{5, 25\}$ ist eine Kette, weil $s(K_{25}) = 25$

Vereinigung aller vergleichbaren Ketten und maximale Elemente:

$\{2\} \cup \{2, 4\} \cup \{2, 4, 12\} = \{2, 4, 12\}$ maximales Element: 12

$\{3\} \cup \{3, 6\} \cup \{3, 6, 12\} = \{3, 6, 12\}$ maximales Element: 12

$\{2\} \cup \{2, 6\} \cup \{2, 6, 12\} = \{2, 6, 12\}$ maximales Element: 12

$\{5\} \cup \{5, 25\} = \{5, 25\}$ maximales Element: 25

Anmerkung:

Das gewählte Beispiel der endlichen Menge $N = \{2, 3, 4, 5, 6, 7, 12, 25\}$ mit der Ordnungsrelation $xRy : \Leftrightarrow x/y$ (»x teilt y«) kann selbstverständlich nicht alle Teile des Zornschen Lemmas für unendliche Mengen veranschaulichen. Zweimal wurde bei diesem Beweis von Kneser auf die Technik des Widerspruchsbeweises zurückgegriffen.

Der nachfolgende Wohlordnungssatz beantwortet uns die eingangs gestellte Frage: »Kann jede (auch unendliche) Menge wohlgeordnet werden?«

Wohlordnungssatz:

Jede Menge M kann wohlgeordnet werden.

Beweis:

»Man kann den oben gegebenen Beweis des Zornschen Lemmas zu einem Beweis des Wohlordnungssatzes umgestalten. Dazu hat man nur jeder echten Teilmenge U der gegebenen Menge M – wieder unter Bezugnahme auf das Auswahlaxiom – ein Element $g(U) \in M$ zuzuordnen. Der Begriff der Kette ist dann so zu modifizieren, dass darunter jede Menge $K \subseteq M$ zu verstehen ist, in der eine Wohlordnungsrelation mit $x = g(K_x)$ für alle $x \in K$ existiert. Mit denselben Schlüssen wie oben lässt sich zeigen, dass eine umfassendste Kette existiert und dass diese die gesamte Menge M ausschöpft.«[208]

---

[208] Mangoldt, Knopp, Lösch: Einführung in die höhere Mathematik, S. 64

Herleitung des Auswahlaxioms aus dem Wohlordnungssatz

»Es sei $\{ M_v \}_{v \in N}$ eine Familie von nichtleeren Mengen.

Nach dem Wohlordnungssatz kann ihre Vereinigung $M = \bigcup\limits_{v \in N} M_V$ wohlge-

ordnet werden. In wohlgeordneten Mengen besitzt jede Teilmenge M_v ein kleinstes Element. Eine Auswahlmenge für die Familie $\{ M_v \}_{v \in N}$ kann daher durch die Vorschrift, sie soll aus den kleinsten Elementen der Mengen M_v in der Wohlordnung von M bestehen, festgelegt werden.«[209]

Anmerkung:

Somit ergibt sich für das Auswahlaxiom, das Zornsche Lemma und den Wohlordnungssatz folgender Zusammenhang:

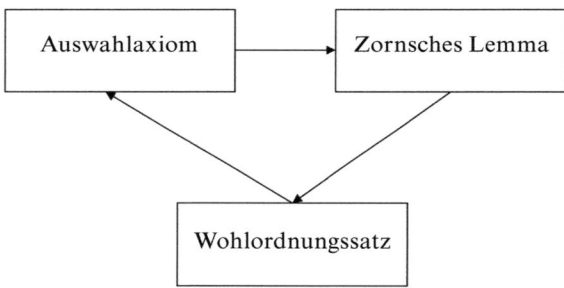

Das Diagramm zeigt, dass das Auswahlaxiom, das Zornsche Lemma und der Wohlordnungssatz zueinander äquivalent sind.

[209] Ebd., S. 65

Mathematik der Strukturen – Design der Theorien

7 Multiple Strukturen[210]

Beim Aufbau des Zahlensystems lässt sich das Ineinandergreifen der Strukturen gut darstellen.

Übersicht[211]

Menge C der komplexen Zahlen		
Körper, algebraisch vollständig (in C[X] zerfällt jedes Polynom in Linearfaktoren)	keine mit der algebraischen Struktur verträgliche Anordnung möglich	vollständiger metrischer Raum (jede Fundamentalfolge konvergiert)
Algebraische Eigenschaften	Ordnungseigenschaften	Topologische Eigenschaften

Menge R der reellen Zahlen			Menge A der algebraischen Zahlen		
Körper, algebraisch unvollständig (im R[X] zerfällt jedes Polynom in Faktoren von höchstens zweitem Grad)	vollständig und archimedisch geordnet, Satz von der oberen Grenze gilt	Vollständiger metrischer Raum	Körper, algebraisch vollständig (in A[X] zerfällt jedes Polynom in Linearfaktoren)	keine mit der algebraischen Struktur verträgliche Anordnung möglich	metrischer, nicht vollständiger Raum mit nichttrivialer Topologie
Algebraische Eigenschaften	Ordnungseigenschaften	Topologische Eigenschaften	Algebraische Eigenschaften	Ordnungseigenschaften	Topologische Eigenschaften

[210] Basieux, S. 138
[211] dtv-Atlas zur Mathematik Band 1, S. 68

Menge Q der rationalen Zahlen		
Körper, algebraisch unvollständig (in Q[X] zerfällt nicht jedes Polynom in Linearfaktoren)	vollständig und archimedisch geordnet, Satz von der oberen Grenze gilt nicht	metrischer, nicht vollständiger Raum mit nicht-trivialer Topologie
Algebraische Eigenschaften	Ordnungseigenschaften	Topologische Eigenschaften

Menge Z der ganzen Zahlen		
Integritätsring	vollständig und archimedisch geordnet	
Algebraische Eigenschaften	Ordnungseigenschaften	Topologische Eigenschaften

Menge N der natürlichen Zahlen		
Halbring	vollständig und archimedisch wohlgeordnet	
Algebraische Eigenschaften	Ordnungseigenschaften	Topologische Eigenschaften

7.1 Die Menge N der natürlichen Zahlen

»Beim Zählen werden mehr oder weniger gleichartige Dinge zu Mengen zusammengefasst. Ein Abstraktionsvorgang führt dann über Äquivalenzklassen gleichmächtiger Mengen zum Begriff der natürlichen Zahl. [...]

Axiomatik der natürlichen Zahlen

Die erste axiomatische Charakterisierung der nat. Zahlen stammt von PEANO. Seine Axiome lauten in geringer Abwandlung:

1. $0 \in N$ ist eine natürliche Zahl.

2. $\underset{n}{\forall}(n \in N \Rightarrow \underset{n'}{\exists}(n' \in N))$. Zu jeder natürlichen Zahl n gibt es eine natürliche Zahl n′ als Nachfolger von n.

3. $\underset{n}{\forall}(n \in \tilde{N} \Rightarrow n' \neq 0)$. 0 ist nicht Nachfolger einer natürlichen Zahl.

Mathematik der Strukturen – Design der Theorien

4. $\bigvee_{n} \bigvee_{m} (n \in N \wedge m \in N \wedge n' = m' \Rightarrow n = m)$. Natürliche Zahlen mit gleichen Nachfolgern sind gleich.

5. $\bigvee_{M} (M \subseteq N \wedge 0 \in M \wedge \bigvee_{n} (n \in M \Rightarrow n' \in M) \Rightarrow M = N)$

   Enthält eine Teilmenge M von N die Zahl 0 und mit jeder natürlichen Zahl auch deren Nachfolger, so ist M = N.

[…]

Ordnungsstruktur

Weiter definiert man

Definition 3: $n \leq m :\Leftrightarrow \underset{k}{\exists}(n + k = m)$.

Definition 4: $n < m :\Leftrightarrow n \leq m \wedge n \neq m$.

Es ist nicht schwer zu zeigen, dass $(N; \leq)$ eine **konnex geordnete Menge (Kette)** und $(N; <)$ eine streng konnex geordnete Menge ist.

Diese Ordnungsstruktur ist mit der durch die Addition gegebenen algebraischen Struktur verträglich … […] Die vollständige Ordnung durch $\leq$ ermöglicht die geometrische Veranschaulichung der natürlichen Zahlen am Zahlenstrahl. […]

Aus der Def. 3 folgt die Lösbarkeit n + x = m, falls $n \leq m$ gilt. Man nennt diese eindeutig bestimmte Lösung **Differenz** von m und n und schreibt x = n - m. […]

Die **Multiplikation** lässt sich als innere Verknüpfung ähnlich wie die Addition induktiv definieren:

Definition 5: $n \cdot 0 := 0 \wedge n \cdot m' := n \cdot m + n$.

Da die entsprechenden Rechenregeln wie für die Addition gelten, bildet auch $(N; \cdot)$ eine **kommutative Halbgruppe** mit der Zahl 1 als neutrales Element. […] Ferner hängen Addition und Multiplikation zusammen durch:

Satz 5: $k \cdot (m + n) = k \cdot m + k \cdot n$ (Distributivgesetz).

Man sagt $(N; +; \cdot)$ sei ein **kommutativer Halbring**.«[212]

[212] Ebd., S. 53

Mathematik der Strukturen – Design der Theorien

Rechengesetze im Halbring der natürlichen Zahlen[213]

	Addition	Multiplikation
Assoziativgesetze	$(n + m) + k = n + (m + k)$	$(n \cdot m) \cdot k = n \cdot (m \cdot k)$
Kommutativgesetze	$n + m = m + n$	$n \cdot m = m \cdot n$
Gesetze von neutralen Element	$n + 0 = 0 + n = n$	$n \cdot 1 = 1 \cdot n = n$
Monotoniegesetze	$n \leq m \Leftrightarrow n + k \leq m + k$	$k > 0 \Rightarrow (n \leq m \Leftrightarrow n \cdot k \leq m \cdot k)$
Kürzungsregeln	$n + k = m + k \Rightarrow n = m$	$k \neq 0 \Rightarrow (n \cdot k = m \cdot k \Rightarrow n = m$
Distributivgesetz	$k(m + n) = km + kn$	

7.2 Die Menge Z der ganzen Zahlen

»Im Falle $m \leq n$ gibt es unendlich viele Zahlenpaare aus $N \times N$ mit derselben Differenz n - m. Aus $n_1 - m_1 = n_2 - m_2$ folgt aber $n_1 + m_2 = n_2 + m_1$, so dass man durch die folgende Äquivalenzrelation $\ddot{A}_l$ eine Klasseneinteilung in $N \times N$ vornehmen kann:

Definition 1: $(n_1, m_1) \ddot{A}_l (n_2, m_2) :\Leftrightarrow n_1 + m_2 = n_2 + m_1$.

Die Äquivalenzklassen sollen durch Angabe eines Paares in eckigen Klammern geschrieben werden. Es gilt also z. B. $(2, 5) \in [(8, 11)]$, da $(2, 5) \ddot{A}_l(8, 11)$.
Z soll nun die Menge aller Äquivalenzklassen (Quotientenmenge) sein.

Die Pfeile veranschaulichen die Äquivalenzklassen:
$[(0,0)] = \{(0,0), (1,1), (2,2), (3,3), \ldots\}$
$[(0,4)] = \{(0,4), (1,5), (2,6), (3,7), \ldots\}$

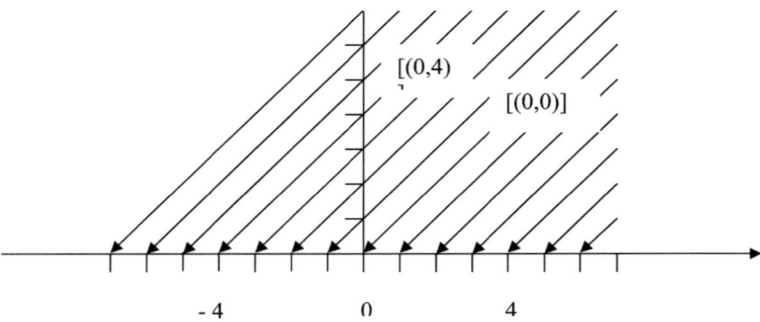

[(0,4)]   [(0,0)]

- 4   0   4

[213] Ebd., S. 52

168

Definition 2: $Z := N \times N / \ddot{A}_1 = \{([n,m])/(n,m) \in N \times N\}$

Algebraische Struktur von Z

In Z lässt sich die algebraische Struktur eines Ringes definieren durch:

Definition 3: $[(n,m)] + [(k,l)] := [(n+k, m+l)]$

Definition 4: $[(n,m)] \circ [(k,l)] := [(n \cdot k + m \cdot l, n \cdot l + m \cdot k)]$

[...]

Z als Erweiterung von N

Da im Falle $m \leq n$ die Differenzen $n - m$ zur Einführung der Zahlenpaare (n, m) führten, liegt es nahe, zu versuchen, die Klassen $[(n, 0)]$ jeweils mit n zu identifizieren, also die Abbildung

$$i : N \to Z \text{ definiert durch } n \mapsto [(n,0)]$$

zu betrachten. Diese stellt in der Tat eine strukturverträgliche Abbildung (Ringhomomorphismus) dar, denn aus Def. 3 und Def. 4 folgt

$$i(n+m) = i(n) + i(m) \text{ und } i(n \cdot m) = i(n) \circ i(m).$$

Aus Def. 1 ergibt sich weiter

$$i(n) = i(m) \Rightarrow n = m,$$

d. h. i ist injektiv.

Die Klassen $[(0, n)]$ werden üblicherweise $-n$ geschrieben und **negative Zahlen** genannt im Unterschied zu den natürlichen Zahlen, die man mit Ausnahme von 0 auch **positive ganze Zahlen** nennt und gelegentlich durch das Vorzeichen + besonders kennzeichnet.

Ordnungsstruktur von Z

Im Gegensatz zu den natürlichen Zahlen hat in Z jede Zahl nicht nur einen Nachfolger, sondern auch einen Vorgänger. Z lässt sich ähnlich wie N anordnen:

Definition 5: $a \leq b :\Leftrightarrow b - a \in N$.

Diese Ordnungsrelation in Z stimmt für die natürlichen Zahlen mit der früheren überein, ist jedoch keine Wohlordnung. Z lässt sich auf der Zahlengeraden, einer Erweiterung des Zahlenstrahls darstellen. Die Menge der positiven bzw. negativen ganzen Zahlen wird mit Z^+ bzw. Z^- bezeichnet. Ist die Zahl 0 eingeschlossen, schreibt man Z_o^+ bzw. Z_o^-.

[...]

Mathematik der Strukturen – Design der Theorien

Die Frage nach der Umkehrbarkeit der Multiplikation führt auf die nach der Lösbarkeit der Gleichung $b \cdot x - a$ für beliebige ganze Zahlen a und b. Gibt es eine Lösung, so nennt man sie den Quotienten von a und b und schreibt x = a : b. Eine solche Division ist in Z nicht allgemein durchführbar. Es stellt sich damit die Aufgabe, den Ring Z [...] so zu vervollständigen, dass die Division unbeschränkt durchführbar wird.«[214]

7.3 Die Menge Q der rationalen Zahlen

»Man bildet die Paarmenge $Z \times (Z - \{0\})$ und führt eine Äquivalenzrelation $\ddot{A}_2$ ein. Dabei berücksichtigt man, dass im Falle der Durchführbarkeit der Division aus $a_1 : b_1 = a_2 : b_2$ die Gleichung $a_1 \cdot b_2 = a_2 \cdot b_1$ folgt.

Definition 1: $(a_1, b_1) \ddot{A}_2 (a_2, b_2) :\Leftrightarrow a_1 \cdot b_2 = a_2 \cdot b_1.$
Q soll die Menge der Äquivalenzklassen sein.

Definition 2: $Q := Z \times (Z - \{0\}) / \ddot{A}_2 = \{[(a,b)]/(a,b) \in Z \times (Z - \{0\})\}$.
Die Elemente von Q heißen rationale Zahlen.

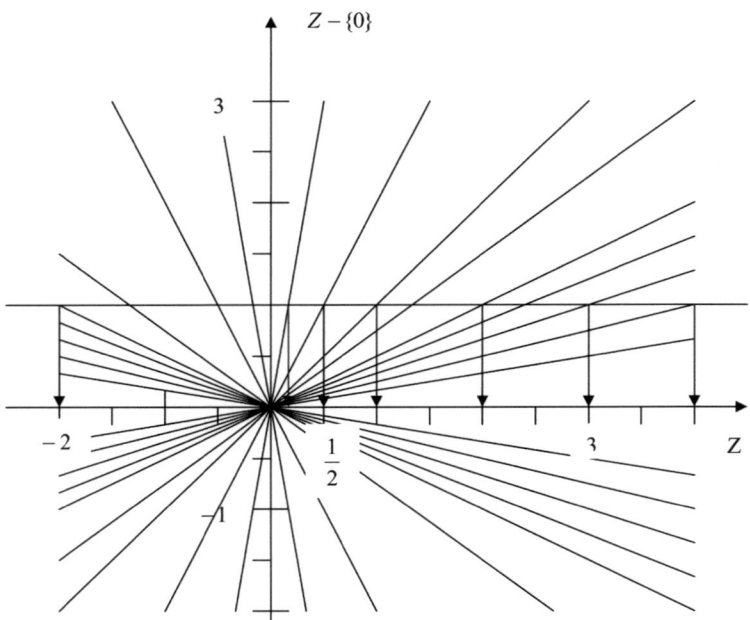

[214] Ebd., S. 55–56

Mathematik der Strukturen – Design der Theorien

Algebraische Struktur von Q

In Q lässt sich die algebraische Struktur eines Körpers definieren. Denkt man daran, dass sich für die rationalen Zahlen die üblichen Rechenregeln der Bruchrechnung ergeben sollen, so kommt man für die Addition und Multiplikation auf folgende Definitionen:

Definition 3: $[(a,b)] + [(c,d)] := [(a \cdot d + b \cdot c, b \cdot d)]$

Definition 4: $[(a,b)] \circ [(c,d)] := [(a \cdot c, b \cdot d)]$.

Man bestätigt leicht, das $(Q; +)$ eine **kommutative Gruppe** mit dem neutralen Element $[(0,1)]$ ist, wobei das zu $[(a,b)]$ inverse Element bezüglich der Addition (Gegenzahl) $- [(a, b)] = [(- a, b)]$ ist.

Ferner ist $(Q - \{[(0, 1)]\}; \circ)$ eine **kommutative Gruppe** mit dem neutralen Element $[(1, 1)]$. Das zu $[(a, b)]$ inverse Element bezüglich der Multiplikation (Kehrzahl) ist $[(a, b)]^{-1} = [(b, a)]$. Diese Inversenbildung führt genau zu einem Element von Q, wenn $a \neq 0$.

Da sich auch das **Distributivgesetz** bestätigten lässt, ist $(Q; +, \circ)$ ein **Körper**. Q hat also die zusätzlich geforderte Struktureigenschaft.

Q als kleinster Z umfassender Körper

Um Q als Erweiterung von Z zu erkennen, muss Z durch eine Einbettungsabbildung i in Q isomorph eingebettet werden. Da $[(0, 1)]$ die Rolle der Null und $[(1, 1)]$ die der Eins spielt, definiert man

$$i : Z \to Q \text{ durch } a \mapsto [(a, 1)].$$

i ist mit der Ringstruktur verträglich (Ringhomomorphismus), denn es gilt:

$$i(a + b) = [(a + b, 1)] = [(a, 1)] + [(b, 1)] = i(a) + i(b),$$
$$i(a \cdot b) = [(a \cdot b, 1)] = [(a, 1)] \circ [(b, 1)] = i(a) \circ i(b).$$

Def. 1 ergibt $i(a) = i(b) \Rightarrow a = b$, d. h. i ist injektiv.

Ordnungsstruktur von Q

Aus $[(a, b)] = [(-a, -b)]$ folgt, dass jede rationale Zahl in der Form $[(a, b)]$ mit $b > 0$ geschrieben werden kann (Normaldarstellung). Aus $[(a_1, b_1)] = [(a_2, b_2)]$ und $b_1 > 0$, $b_2 > 0$ ergibt sich nach Def. 1, dass a_1 und a_2 entweder beide in Z^+ oder beide in Z^- liegen oder beide 0 sind.

Definition 5: Eine rationale Zahl $[(a, b)]$ mit $b > 0$ heißt positiv (negativ), wenn $a > 0$ ($a < 0$).

Die Menge aller positiven (negativen) rationalen Zahlen wird mit Q^+ (Q^-) bezeichnet. Ist die Zahl 0 eingeschlossen, schreibt man Q_0^+ (Q_0^-). Es ist jetzt möglich, eine konnexe Ordnungsrelation in Q einzuführen, die eine Erweiterung der bisherigen Ordnung von Z darstellt.

Definition 6: $p \leq q :\Leftrightarrow q - p \geq 0$

Für Q ergibt sich damit wieder die Möglichkeit der Veranschaulichung auf der Zahlengeraden. Die Ordnungsrelation ist mit der algebraischen Struktur verträglich. Die Monotoniegesetze gelten auch in Q. Zwischen je zwei rationalen Zahlen p und q liegt eine weitere, z.B. $(p+q):2$. $\{r \mid r \in Q \wedge p < r < q\}$ ist daher unendlich. Außerdem ist $(Q; \leq)$ archimedisch geordnet, d.h. zu jedem p und q aus Q_0^+ gibt es ein $n \in N$ mit $n \cdot p > q$.

Topologische Struktur von Q

Mittels des absoluten Betrages, definiert durch $|p| = p$, falls $p \geq 0$, und $|p| = -p$, falls $p < 0$, lässt sich in Q eine Metrik und damit eine topologische Struktur erklären. Die Funktion $d: Q \times Q \to Q_0^+$, definiert durch $d(p, q) = |p - q|$ hat die für eine Metrik charakteristischen Eigenschaften. Die topologische Struktur des metrischen Raumes Q ist im wesentlichen durch die offenen Intervalle $]a,b[:= \{x \mid x \in Q \wedge a < x < b\}$ definiert.«[215]

7.4 Die Menge R der reellen Zahlen

»$(Q; \leq)$ stellt eine konnex geordnete Menge [...] dar, doch füllen die rationalen Zahlen, obwohl sie überall dicht liegen, die Zahlengerade nicht vollständig aus. Z.B. gilt für die Länge d der Diagonale im Einheitsquadrat nach PYTHAGORAS $d^2 = 1^2 + 1^2 = 2$. Legt man diese Strecke mittels des Zirkels auf die Zahlengerade, so müsste man zum Bild einer Zahl gelangen, deren Quadrat 2 ist. Eine solche Zahl gibt es aber in Q nicht.«[216]

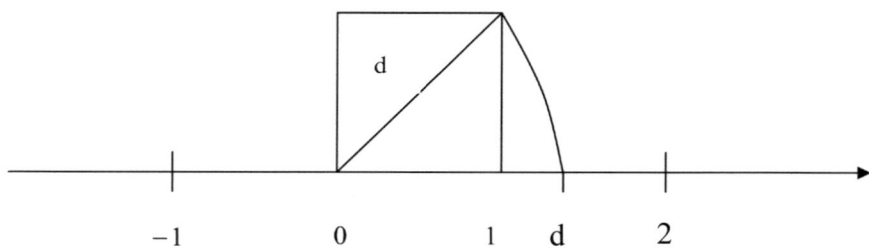

[215] Ebd., S. 56–57
[216] Ebd., S. 59

Mathematik der Strukturen – Design der Theorien

Die Vervollständigung der Menge Q der rationalen Zahlen kann unterschiedlich erfolgen:

(1) Die Menge R der reellen Zahlen wird als die Menge aller offenen Anfänge der Menge Q der rationalen Zahlen definiert. Die Elemente von R heißen dann reelle Zahlen.

(2) Statt offener Anfänge lassen sich auch dedekindsche Schnitte verwenden. Darunter versteht man Paare $(B, Q - B)$, wobei B ein Anfang in Q ist.

(3) CANTOR führt die reellen Zahlen als vollständige Hülle von Q mittels Fundamentalfolgen (FF), sogenannter Cauchy-Folgen, ein.

(4) WEIERSTRASS definiert die reellen Zahlen mithilfe von Intervallschachtelungen rationaler Zahlen.

Zu (1): Einführung der Menge R der reellen Zahlen mithilfe der offenen Anfänge

»Um die zusätzliche Struktureigenschaft für ein neues Vervollständigungsproblem formulieren zu können, definiert man:

Definition 1:
Unter dem durch $p \in M$ bestimmten **Abschnitt** einer konnex geordneten Menge $(M; \leq)$ versteht man die Menge $A_P := \{x/x \in M \wedge x < p\}$.

Definition 2:
Eine Menge B heißt **Anfang** in der konnex geordneten Menge $(M; \leq)$, wenn $B \subset M$ und B mit jedem Element x auch alle $y \in M$ enthält für die $y \leq x$. Ein Anfang ohne größtes Element heißt **offener Anfang**.

Alle durch rationale Zahlen bestimmten Abschnitte von $(Q; \leq)$ sind offene Anfänge in Q. Das umgekehrte gilt nicht, z. B. ist

$Q^- \cup \{x/x \in Q_0^+ \wedge x^2 < 2\}$ zwar ein offener Anfang in Q, aber nicht Abschnitt einer rationalen Zahl.

Es geht jetzt darum, die Menge $(Q; \leq)$ so zu vervollständigen, dass in der vervollständigten Menge R jeder offene Anfang der Abschnitt eines Elements aus R ist. […]

Definition 3:
Die Menge aller offenen Anfänge in Q werde mit R bezeichnet. Die Elemente von R heißen **reelle Zahlen**.

173

Die reellen Zahlen sind also als Mengen rationaler Zahlen definiert. Sie werden im folgenden allgemein mit r, s, ... bezeichnet. Durch folgende Ordnungsrelation wird R zu einer konnex und archimedisch geordneten Menge:

Definition 4: $r \leq s :\Leftrightarrow r \subseteq s \quad (r, s \in R)$

R hat jetzt die zusätzlich geforderte Struktureigenschaft.

Satz: Jeder offene Anfang in R ist Abschnitt einer reellen Zahl.

Beweis [als Widerspruchsbeweis]:
B sei ein offener Anfang in R. Man bildet $r = \bigcup_{x \in B} x$.

r ist wie alle x eine Menge rationaler Zahlen und hat alle Eigenschaften eines offenen Anfangs in Q, ist also eine reelle Zahl.
Insbesondere hat r kein größtes Element g.
Denn aus $g \in r$ folgt die Existenz eines $x \in B$ mit $g \in x$ und damit die eines $g \in x$ mit $g > g$, da x kein größtes Element besitzt. Aufgrund der Konstruktion von r ist nun aber B der Abschnitt von r in R.

Als Folgerung aus diesem Satz hat jede nach oben beschränkte Menge reeller Zahlen eine obere Grenze (**Satz von der oberen Grenze**).

Einbettung von Q in R
Um zu erkennen, dass R eine zu Q isomorphe Teilordnung erhält, bildet man die Abbildung

$i : Q \rightarrow R$ definiert durch $p \mapsto i(p) = A_p$.

Jede rationale Zahl wird auf den durch sie bestimmten Abschnitt von Q abgebildet. Da gilt

$p \leq q \Rightarrow A_p \subseteq A_q$

ist i strukturverträglich (**isotop**). Da die Abschnitte verschiedener rationaler Zahlen verschieden sind, ist i auch **injektiv**. Reelle Zahlen, die nicht Abschnitte rationaler Zahlen sind, heißen irrationale Zahlen.«[217]

Zu (3): Einführung der Menge der reellen Zahlen mithilfe Dedekinscher Schnitte
»Ein ganz anderer Zugang zu den reellen Zahlen, der auf CANTOR zurückgeht, ergibt sich aus der Unvollständigkeit der topologischen Struktur von Q. [...]

---

[217] Ebd., S. 59

Nach S. 51 ist eine Folge $(a_n) = (a_0, a_1, a_2, \ldots)$ von Elementen eines metrischen Raumes konvergent gegen das Element a, wenn es zu jedem

$\varepsilon > 0$ ein $n_0 \in N$ gibt, so dass $d(a, a_n) < \varepsilon$ für alle $n > n_0$.

Man schreibt auch

$$\lim_{n \to \infty} a_n = a \,.$$

In Q gilt insbesondere

$$\lim_{n \to \infty} a_n = a \Leftrightarrow \underset{\varepsilon}{\exists}(\varepsilon \in Q \Rightarrow \underset{no\ n}{\exists\ \forall}(n \geq n_0 \Rightarrow |a - a_n| < \varepsilon))$$

[lies: »Der Grenzwert der Folge a_n für n gegen unendlich ist genau dann a, wenn es für jedes rationale (noch so kleines) Epsilon ein n_0 gibt, so dass für alle (natürlichen Zahlen) n größer als n_0 der Abstand der Elemente a_n von a kleiner als ε ist«].

Wichtig sind zwei weitere Arten von Folgen:

Definition 1: Eine Folge (a_n) heißt **Nullfolge**, wenn $\lim\limits_{n \to \infty} a_n = 0$ gilt.

Definition 2:
Eine Folge (a_n) heißt **Fundamentalfolge (FF)** oder **Cauchy-Folge**, wenn es zu jedem $\varepsilon > 0$ ein $n_1 \in N$ gibt, so dass $d(a_n, a_m) < \varepsilon$ für alle $n \geq n_1$ und $m \geq n_1$.
[...]
Satz: Jede konvergente Folge ist eine Fundamentalfolge.

Beweis:
Ist $\varepsilon > 0$ vorgegeben, so ist auch $\dfrac{\varepsilon}{2} > 0$ und es gibt wegen der Konvergenz ein n_1, so dass

$$|a - a_n| < \frac{\varepsilon}{2} \text{ für alle } n \geq n_1.$$

Dann gilt wegen der Dreiecksungleichung

$$|a_n - a_m| = |(a_n - a) + (a - a_m)| \leq |a - a_n| + |a - a_m| < \frac{\varepsilon}{2} + \frac{\varepsilon}{2} = \varepsilon \,.$$

Leider gilt nicht die Umkehrung des Satzes, nicht jede Fundamentalfolge konvergiert.

Z. B. ist die Folge der dezimalen Näherungswerte [(1; 1,4; 1,41; 1,414; 1,4142; ...)] für $\sqrt{2}$ eine nichtkonvergente Fundamentalfolge in Q.

Die zusätzliche topologische Struktureigenschaft für eine Erweiterung von Q soll jetzt die **Forderung sein, dass in der vervollständigten Menge jede Fundamentalfolge konvergiert.**

Einen Raum mit dieser Eigenschaft nennt man **vollständig.** Die Vervollständigung von Q heißt **vollständige Hülle** von Q.«[218]

Zu (4) Einführung der reellen Zahlen nach Weierstrass **mithilfe von Intervallschachtelungen**

»Weierstrass hat eine dritte Charakterisierung der reellen Zahlen angegeben, die zwar nicht in dem Maße verallgemeinerungsfähig ist wie die Verfahren von Dedekind und Cantor, doch liefert sie einen leichten Zugang zur der üblichen Dezimaldarstellung reeller Zahlen. Der Weg soll hier nur skizziert werden.

Der entscheidende Begriff ist der der **Intervallschachtelung.** Man versteht darunter eine

Folge $((a_n, b_n))$ abgeschlossener
Intervalle in Q mit den Eigenschaften
$a_{n+1} \geq a_n$, $b_{n+1} \leq b_n$ und
$$\lim_{n \to \infty} (b_n - a_n) = 0.$$

Jedes Intervall ist also im vorhergehenden enthalten, und die Intervalllänge schrumpft auf 0 zusammen. Die Intervalle können sich dabei auf eine rationale Zahl zusammenziehen, brauchen es aber nicht.

In der Menge der Intervallschachtelungen lässt sich eine **Äquivalenzrelation** $\ddot{A}_4$ erklären durch

$$((a_n, b_n)) \ddot{A}_4 ((c_n, d_n)) :\Leftrightarrow \bigvee_n (n \in N \Rightarrow a_n \leq d_n \wedge c_n \leq b_n).$$

Die Äquivalenzklassen haben alle Eigenschaften der früher definierten reellen Zahlen. Die Klasse $[((a_n, b_n))]$
lässt sich identifizieren mit dem offenen

Anfang $\bigcup_{n \in N} A_{a(n)}$.«[219]

---

[218] Ebd., S. 61
[219] Ebd., S. 63

Algebraische Struktur auf R

Die algebraische Struktur auf R ist die eines Körpers. Über die inversen Elemente der Addition bzw. Multiplikation sind Subtraktion und Division erklärt. Es ergeben sich die bekannten Rechenregeln. »Neben den Rechenoperationen der Addition und Subtraktion (1. Stufe) und der Multiplikation und Division (2. Stufe) lässt sich in R das **Potenzieren** (3. Stufe) als innere Verknüpfung in R, nebst Umkehrungen einführen. Die Definition erfolgt schrittweise:

Definition 1: $r^0 := 1$ und $r^{n+1} := r \cdot r^n$ für $r \in R, n \in N$

Es ergeben sich u. a. die bekannten Rechenregeln:

$$r^m \cdot r^n = r^{m+n}, \ r^n \cdot s^n = (r \cdot s)^n, \ (r^m)^n = r^{m \cdot n}$$

Eine Verallgemeinerung des Potenzbegriffes setzt die Definition von Wurzeln positiver reeller Zahlen [...] voraus.

Definition 2: $\sqrt[n]{r} := Q^- \cup \{x / x \in Q_O^+ \wedge x^n \in r\}$ für $n \in N - \{0\}, r \in R_O^+$ [offener Anfang]

Es gilt $(\sqrt[n]{r})^n = r$; $\sqrt[n]{r}$ ist daher Lösung der Gleichung $x^n = r$.

Das Bestimmen von Wurzeln heißt **Radizieren** und ist z. B. mittels Intervallschachtelungen näherungsweise mit beliebiger Genauigkeit durchführbar. Die Potenzdefinition lässt sich jetzt auf negative und gebrochene Exponenten ausdehnen. Der Wurzelbegriff geht dabei im Potenzbegriff auf.

Definition 3:

$$r^{-n} := \frac{1}{r^n}, \ n \in N, r \in R - \{0\}; \ r^{m/n} := (\sqrt[n]{r})^m, \ m \in Z, n \in N - \{0\}, r \in R^+$$

Für $m > 0$ darf auch $r = 0$ sein.

Die oben angegebenen Rechenregeln für Potenzen lassen sich auch für rationale Exponenten bestätigen. [...] Verallgemeinerung auf beliebige reelle Exponenten.

Für $r \in R_O^+$ und $s \in R$ setzt man:

Defition 4: $r^s := \bigcup_{p \in s} r^p \ (p \in Q)$, falls $r \geq 1$,

$r^s := (r^{-1})^{-s}$, falls $0 < r < 1$,

$r^s := 0$, falls $r - 0$ und $s > 0$.

Bemerkung: Für $r = 0$ und $s = 0$ folgt $0^0 = 1$ aus Def. 1. Die so definierten Potenzwerte liegen stets in R_O^+. Die bisherigen Rechenregeln gelten weiterhin.

Neben dem Radizieren besitzt das Potenzieren noch eine weitere Umkehrung, das Logarithmieren. Die Gleichung $r^x = t$ hat für $r \in R^+$, $r \neq 1$ und $t \in R^+$, wie aus dem Satz von der oberen Grenze folgt, stets genau eine Lösung, die man $x = \log_r t$ schreibt (lies: Logarithmus von t zur Basis r) [oder: x ist diejenige Zahl, mit der man r potenzieren muss, um t zu erhalten]. Beim Rechnen mit Logarithmen wird Multiplizieren und Dividieren (2. Stufe) auf Addieren und Subtrahieren (1. Stufe), Potenzieren und Radizieren (3. Stufe) auf Multiplizieren und Dividieren (2. Stufe) zurückgeführt.«[220]

»Grundlegend für das Betreiben reeller Analysis ist die **multiple Struktur** der Menge der reellen Zahlen (mit R bzw. R^1 bezeichnet). Auf R sind eine algebraische, eine Ordnungs- und eine topologische Struktur erklärt. Die topologische Struktur erlaubt es, sogenannte Grenzprozesse einzuführen (Konvergenz von Folgen und Reihen, Grenzwerte von Funktionen u.a.). Durch die Einbeziehung der algebraischen und der Ordnungsstruktur wird eine rechnerische Behandlung von Grenzprozessen möglich.

Ordnungsstruktur auf R

Vermöge der konnexen [linearen] Ordnungsrelation »≤« ist (R; ≤) eine konnex geordnete Menge. [...] Die Ordnungsstruktur ist mit der algebraischen Struktur verträglich, denn es gelten die Monotoniegesetze der Addition und der Multiplikation. Damit besitzt (R ; + , *) die Struktur eines geordneten Körpers. [...]

Topologische Struktur auf R

Durch $d_E(a,b) = |a - b|$ wird auf R eine Metrik definiert, so dass (R; d_E) ein metrischer Raum ist. Die von der Metrik induzierte Topologie $\Re$ (auch natürliche Topologie genannt) wird der reellen Analysis zugrunde gelegt. Die Elemente von $\Re$, die sogenannten offenen Mengen, lassen sich als diejenigen Teilmengen O von R charakterisieren, die mit jedem $x \in O$ eine ε-Umgebung von x umfassen. Die ε-Umgebungen von x ($x \in R^+$) sind dabei die offenen Intervalle) $x - ε$; $x + ε$. Da die Menge aller ε-Umgebungen eine Basis von $\Re$ ist, kann man jede nichtleere offene Menge als Vereinigung von ε-Umgebungen darstellen. [...]

(R; $\Re$) ist ein zusammenhängender, lokalkompakter (nicht kompakter)

---

[220] Ebd., S. 63

topologischer Raum und damit ein HAUSSDORF-Raum, d. h. je zwei verschiedene reelle Zahlen besitzen disjunkte Umgebungen (sogar disjunkte ε-Umgebungen). Diese Eigenschaft garantiert die Eindeutigkeit der Konvergenz von Folgen.«[221]

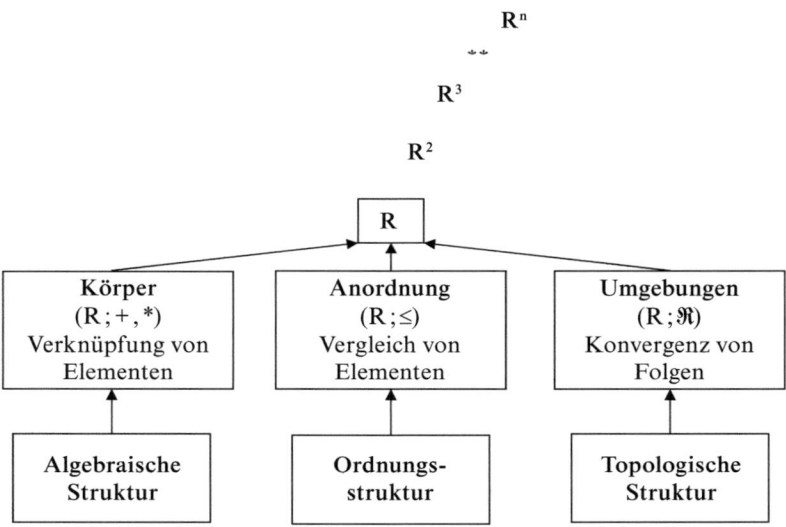

R ist die reelle eindimensionale euklidische Zahlengerade, R^2 die zweidimensionale euklidische Ebene und R^3 der dreidimensionale euklidische Raum. Alle drei Zahlenräume sind geordnete Körper mit einer topologischen Struktur.

7.5 Die Menge C der komplexen Zahlen

Konstruktion des Körpers C der komplexen Zahlen

»Durch die Erweiterung der algebraischen Struktur von R tritt wieder eine bemerkenswerte Unvollständigkeit zu Tage. Die Verknüpfungen der dritten Stufe lassen sich nicht für beliebige Elemente aus R definieren. Z. B. kann das Symbol $\sqrt{-1}$ nicht als reelle Zahl definiert werden. Anders formuliert: Das Polynom $x^2 + 1$ aus dem Polynomring $R[X]$ besitzt in R keine Nullstelle, es ist irreduzibel.

In der Algebra wird gezeigt, wie zu einem irreduziblen Polynom aus dem

---

[221] dtv-Atlas zur Mathematik Band 2, S. 275

Polynomring $K[X]$ über einem beliebigen Körper K ein Oberkörper konstruiert werden kann, in dem das Polynom eine Nullstelle besitzt. Auf den hier vorliegenden speziellen Fall angewandt heißt das, dass man in $R[X]$ den Restklassenring mod $x^2 + 1$ bildet. Hierzu erklärt man zunächst die Äquivalenz von Polynomen $f(X)$ und $g(X)$ aus $R[X]$ durch:

Definition 1:

$$f[X]\ddot{A}_5 g[X] :\Leftrightarrow \underset{h(X)}{\exists} \; (h(X) \in R[X] \wedge f(X) - g(X) = h(X)(X^2 + 1))$$

Definition 2: $\quad C := R[X] / \ddot{A}_5 = \{[f(X)] / f(X) \in R[X]\}$

Bemerkung: Statt $R[X] / \ddot{A}_5$ schreibt man auch $R[X]/(X^2 + 1)$

In C lässt sich eine vom Repräsentanten unabhängige Addition und Multiplikation von Klassen einführen:

Definition 3: $\quad [f(X)] + [g(X)] := [f(X) + g(X)]$
$\qquad\qquad\qquad\quad [f(X)] \circ [g(X)] := [f(X) \cdot g(X)]$

$(C; +, \cdot)$ ist dann sogar ein Körper. Die Existenz eines Inversen der Multiplikation von $[f(X)]$ ergibt sich folgendermaßen:

Wegen der Irreduzibilität von $x^2 + 1$ ist der ggT [größte gemeinsame Teiler] von $f(X)$ und $x^2 + 1$ gleich 1. Da $R[X]$ ein euklidischer Integritätsring ist, gibt es dann Polynome $h(X)$ und $k(X)$, so dass

$$f(X) \cdot h(X) + (X^2 + 1) \cdot k(X) = 1 \text{ und damit}$$
$$[f(X)] \circ [h(X)] = [1]$$
Also ist $[f(X)]^{-1} = [h(X)].$

Jede Klasse enthält genau ein Polynom der Form $a + bX$ mit $a, b \in R$, ist also durch ein Paar reeller Zahlen bestimmt. Es gilt nämlich

(1) $(a + bX)\ddot{A}_5(c + dX) \Leftrightarrow a = c \wedge b = d$, und

(2) $f(X) = q(X) \cdot (X^2 + 1) + r(X)$, mit grad $r(X) \leq 1$, also $f(X)\ddot{A}_5 r(X)$

Daher ist die Menge aller Polynome $a + bX$, mit $a, b \in R$ ein Repräsentantensystem für C, für das gilt:

$[a + bX] + [c + dX] = [(a + c) + (b + d)X],$
$[a + bX] \circ [c + dX] = [(a \cdot c + b \cdot dX) + (a \cdot d + b \cdot c)X] = [(a \cdot c - b \cdot d) + (a \cdot d + b \cdot c)X].$

Das Inverse lässt sich hier unmittelbar angeben. Wie man leicht durch Rechnung bestätigt, ist

$$[a + bX]^{-1} = \left[\frac{a}{a^2 + b^2} - \frac{b}{a^2 + b^2} X \right]$$

Durch die Abbildung

$f : R \to C$ definiert durch $a \mapsto [a]$

lässt sich R in C einbetten. $[a]$ kann mit a identifiziert werden. Man setzt nun $i := [X]$. Dann ist i Nullstelle des Polynoms $x^2 + 1$, und es ergibt sich für die Elemente aus C die Darstellung

$[a + bX] = a + b[X] = a + bi$ mit $a, b \in R$.

Es gilt weiter $i^2 = -1$. Die Elemente von C heißen **komplexe Zahlen**. […] Die Zahlen bi mit $b \in R$ heißen auch **imaginäre Zahlen**, die Zahl i **imaginäre Einheit**.

Veranschaulichung komplexer Zahlen

[…] Der Körper C kann als Vektorraum der Dimension 2 über R mit der Basis $\{1, i\}$ betrachtet werden. Man fasst nun in $z = a + b$ die reellen Zahlen a (Realteil) und b (Imaginärteil) als Koordinaten in einem ebenen kartesischen Koordinatensystem auf. Auf diese Weise entspricht jeder komplexen Zahl ein Punkt der Ebene und umgekehrt. Die waagrechte Achse enthält die reellen, die senkrechte die imaginären Zahlen (Gaußsche Zahlenebene). Für die Elemente von C lässt sich ein absoluter Betrag mit allen Eigenschaften einer Metrik einführen:

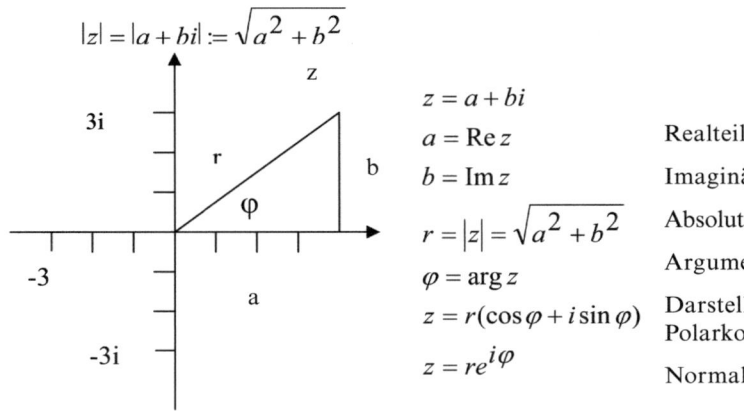

$$|z| = |a + bi| := \sqrt{a^2 + b^2}$$

$z = a + bi$

$a = \operatorname{Re} z$ — Realteil von z

$b = \operatorname{Im} z$ — Imaginärteil von z

$r = |z| = \sqrt{a^2 + b^2}$ — Absoluter Betrag von z

$\varphi = \arg z$ — Argument von z

$z = r(\cos\varphi + i\sin\varphi)$ — Darstellung in Polarkoordinaten

$z = r e^{i\varphi}$ — Normaldarstellung

Gaußsche Zahlenebene

Mathematik der Strukturen – Design der Theorien

181

Unter der zu $z = a + bi$ konjugiert komplexen Zahl versteht man die Zahl $\bar{z} := a - bi$.

Es gilt $z\bar{z} = |z|^2$, und daher auch $z^{-1} = \dfrac{\bar{z}}{|z|^2}$.

Weiter bestätigt man leicht die folgenden Regeln über das Rechnen mit konjugiert komplexen Zahlen:

$$\overline{z_1 + z_2} = \overline{z_1} + \overline{z_2}, \ \overline{z_1 - z_2} = \overline{z_1} - \overline{z_2},$$

$$\overline{z_1 \cdot z_2} = \overline{z_1} \cdot \overline{z_2}, \ \overline{\left(\dfrac{z_1}{z_2}\right)} = \dfrac{\overline{z_1}}{\overline{z_2}}.$$

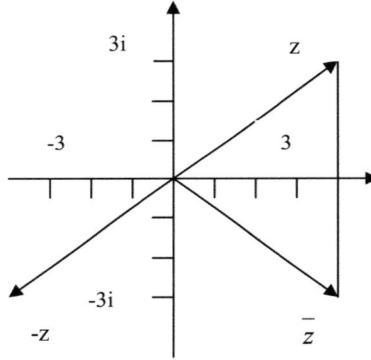

$z = a + bi$

$\bar{z} = a - bi$

$\bar{z}$

$-z = -a - bi$

$|z| = |\bar{z}| = |-z|$

$\operatorname{Re} z = \operatorname{Re} \bar{z} = -\operatorname{Re}(-z)$

$\operatorname{Im} z = -\operatorname{Im} \bar{z} = -\operatorname{Im}(-z)$

konjugiert komplexe Zahl, entsteht durch Spiegelung an der reellen Achse

Gegenzahl entsteht durch Spiegelung am Nullpunkt

Konjugiert komplexe Zahl und Gegenzahl

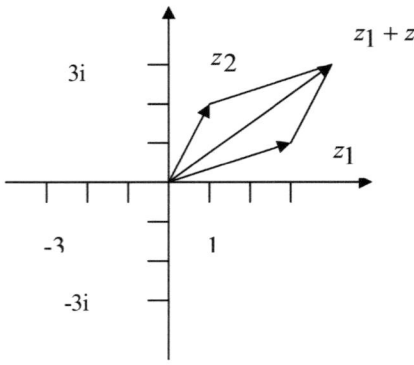
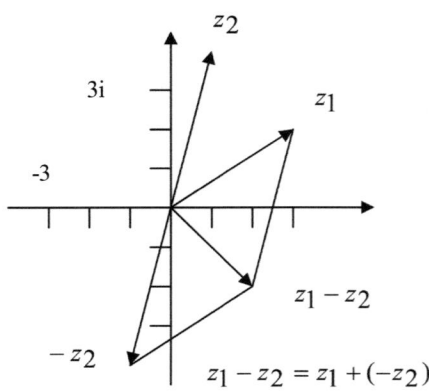

Addition und Subtraktion komplexer Zahlen

Mathematik der Strukturen – Design der Theorien

Verwendet man in der Gaußschen Zahlenebene Polarkoordinaten r und φ mit $0 \leq \varphi < 2\pi$, so kann man für $z \neq 0$ auch schreiben

$z = r\,(\cos\varphi + i\,\sin\varphi)$.

Dabei ist $r = |z|$, φ heißt Argument von z, in Zeichen auch arg z. In der Funktionentheorie (Bd. II) wird gezeigt, dass

$\cos\varphi + i\,\sin\varphi = e^{i\varphi}$,

so dass man die sehr nützliche Normaldarstellung komplexer Zahlen

$z = re^{i\varphi}$

mit $0 \leq \varphi < 2\pi$ erhält.

Rechenoperationen 1. und 2. Stufe in der Gaußschen Zahlenebene

Addition und Subtraktion komplexer Zahlen lassen sich in der Gaußschenzahlenebene vektoriell, Multiplikation und Division ebenfalls geometrisch unter Verwendung ähnlicher Dreiecke durchführen. Letzteres lässt sich mittels der Normaldarstellung besonders deutlich begründen. Ist

$$z_1 = r_1 e^{i\varphi_1} \text{ und } z_2 = r_2 e^{i\varphi_2},$$

so erhält man

$$z_1 z_2 = r_1 r_2 e^{i(\varphi_1+\varphi_2)} \text{ und } \frac{z_1}{z_2} = \frac{r_1}{r_2} e^{i(\varphi_1-\varphi_2)}.$$

In den letzten beiden Ergebnissen ist, um auf eine Normaldarstellung zu kommen, die Summe bzw. Differenz der Argumente mod 2π auf Werte zwischen 0 und 2π zu reduzieren.«[222]

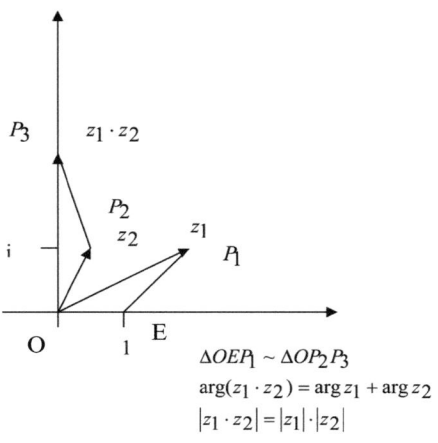

$\triangle OEP_1 \sim \triangle OP_2P_3$

$\arg(z_1 \cdot z_2) = \arg z_1 + \arg z_2$

$|z_1 \cdot z_2| = |z_1| \cdot |z_2|$

Multiplikation und Division komplexer Zahlen

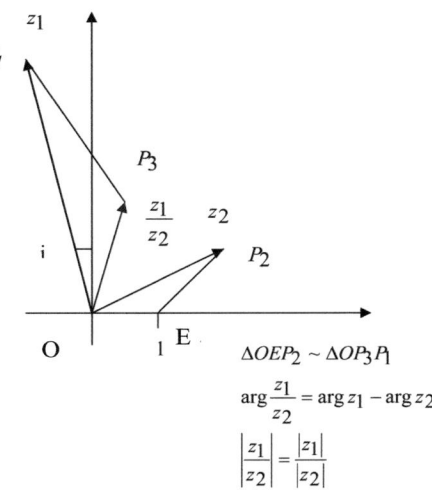

$\triangle OEP_2 \sim \triangle OP_3P_1$

$\arg\dfrac{z_1}{z_2} = \arg z_1 - \arg z_2$

$\left|\dfrac{z_1}{z_2}\right| = \dfrac{|z_1|}{|z_2|}$

[222] Ebd., S. 65

Rechenoperationen 3. Stufe in C

»Aus der Normaldarstellung der komplexen Zahlen ergibt sich die Möglichkeit, unter Beibehaltung der bisherigen Rechengesetze das Potenzierens auch auf komplexe Exponenten auszudehnen. Ist

$$z = re^{i\varphi}, z \neq 0 \text{ und } w = x + iy, \text{ so}$$

$$z^w = (re^{i\varphi})^{x+iy} := r^x r^{iy} e^{ix\varphi - y\varphi} = (r^x e^{-\varphi y}) e^{i(y \ln r + x\varphi)}.$$

Das Radizieren lässt sich wie bei reellen Zahlen auf das Potenzieren zurückführen:

$$\sqrt[w]{z} := z^{1/w} \text{ für } z \in C, w \in C - \{0\}.$$

Für das Logarithmieren ist die Normalform besonders zweckmäßig, insbesondere bei Logarithmen zur Basis e:

$$\ln z := \ln r + i\varphi \text{ für } z = re^{i\varphi}.$$

In z ist eine Lösung der Gleichung $e^x = z$, und zwar die einzige mit $0 \leq \varphi < 2\pi$. Wegen $e^{2i\pi} = 1$ gibt es noch unendlich viele weitere Lösungen, nämlich $\ln r + i\varphi + 2ki\pi$ mit $k \in Z$.

Ist die Basis eine komplexe Zahl w mit $w \neq 0$ und $w \neq 1$, so setzt man entsprechend wie bei den reellen Zahlen:

$$\log_w z := \frac{\ln z}{\ln w} \text{ für } z \neq 0.$$

$\log w^z$ ist Lösung der Gleichung $w^x \neq z$. Wie bei der Umkehrung der Multiplikation die Division durch 0 ausgeschlossen ist, sind beim Radizieren und Logarithmieren die angegebenen Ausnahmen nicht zu beheben.«[223]

Beispiel 1[224]: Berechnung von $(0,4 + 0,3i)^{5+2i}$

$$0,4 + 0,3i = r \cdot e^{i\varphi}$$

$$r = \sqrt{0,16 + 0,09} = 0,5$$

$$\varphi = \arctan 0,75 = 0,64350$$

$$\ln(0,4 + 0,3i) = \ln r + i\varphi$$
$$= -0,69315 + 0,64350i$$

---

[223] Ebd., S. 67
[224] Ebd., S. 66

$$(0,4 + 0,3i)^{5+2i} = \left[e^{(\ln r + i\varphi)} \right]^{5+2i} = e^{(\ln r + i\varphi)(5+2i)}$$

$$= e^{-4,75275+1,83120i}$$

$$= 0,00864 e^{1,83120i}$$

$$= 0,00864(-0,25748 + 0,96628i)$$

$$= -0,00222 + 0,00835i$$

Beispiel 2[225]: Berechnung von $\log_{3+2i}(1 + 4i)$

$$1 + 4i = \eta_1 e^{i\varphi_1}$$

$$\eta_1 = \sqrt{1 + 16} = 4,1231$$

$$\varphi_1 = \arctan 4 = 1,32582$$

$$3 + 2i = r_2 e^{i\varphi_2} \quad r_2 = \sqrt{9 + 4} = 3,6056$$

$$\varphi_2 = \arctan \frac{2}{3} = 0,5880$$

$$\ln(1 + 4i) = \ln(\eta_1 e^{i\varphi_1}) = \ln \eta_1 + i\varphi_1$$
$$= 1,41661 + 1,32582i$$

$$\ln(3 + 2i) = \ln(r_2 e^{i\varphi_2}) = \ln r_2 + i\varphi_2$$
$$= 1,28247 + 0,58800i$$

$$\log_{3+2i}(1 + 4i) = \frac{\ln(1 + 4i)}{\ln(3 + 2i)} = \frac{1,41661 + 1,32582i}{1,28247 + 0,58800i}$$
$$= 1,3044 + 0,4358i$$

[Zwischenschritte: $z_1 = 1,41661 + 1,32582i \Rightarrow |z_1| = 1,94025 \wedge \arg z_1 = 0,75230$;

$z_2 = 1,28247 + 0,58800i \Rightarrow |z_2| = 1,41084 \wedge \arg z_2 = 0,42989$; $\left| \frac{z_1}{z_2} \right| = \frac{|z_1|}{|z_2|} = 1,37525$;

$\arg\left(\frac{z_1}{z_2} \right) = \arg z_1 - \arg z_2 = 0,32241$; $\frac{z_1}{z_2} = re^{i\varphi} = 1,37525 \cdot e^{0,32241i} \Rightarrow$

$x = 1,37525 \cdot \cos 0,32241 \wedge y = 1,37525 \cdot \sin 0,32241$]

Algebraische Abgeschlossenheit von C

»Da das **Potenzieren** mit natürlichen Zahlen auf die Multiplikation zurückführbar ist, kann man Potenzen komplexer Zahlen mit Exponenten aus N sofort berechnen:

[225] Ebd., S. 66

$$z = re^{i\varphi} \wedge n \in N \Rightarrow z^n = r^n e^{in\varphi} \, .$$

Es ist also

$$\left| z^n \right| = \left| z \right|^n \text{ und } \arg z^n \equiv n \cdot \arg z \bmod 2\pi \text{ mit } 0 \le \arg z^n < 2\pi \, .$$

Entsprechend kann auch das **Radizieren** auf das Rechnen mit reellen Zahlen zurückgeführt werden:

$$z = re^{i\varphi} \wedge n \in N - \{0\} \Rightarrow \sqrt[n]{z} = \sqrt[n]{r} \cdot e^{i\varphi/n} \, .$$

Hier gilt

$$\left| \sqrt[n]{z} \right| = \sqrt[n]{|z|} \text{ und } \arg \sqrt[n]{z} = \frac{1}{n} \arg z \, .$$

$\sqrt[n]{z}$ ist eine Nullstelle des Polynoms $x^n - z$. Dieses Polynom besitzt genau n verschiedene Nullstellen, die sich schreiben lassen als $x_k = \sqrt[n]{z} \cdot e^{i2\pi k/n}$ mit $k \in \{0,1,2,...,n-1\}$. Das Symbol $\sqrt[n]{z}$ bezeichnet unter den n Nullstellen diejenige mit dem kleinsten Argument. Die Nullstellen von $x^n - 1$ heißen **n-te Einheitswurzeln**. Sie entsprechen in der Gaußschen Zahlenebe den Eckpunkten des dem Einheitskreis einbeschriebenen regelmäßigen n-Ecks, dessen einer Eckpunkt auf der positiven reellen Achse liegt.

Nach den obigen Ergebnissen hat in C neben $x^n + 1$ auch jedes Polynom $x^n - z$ mit $z \in C$ Nullstellen. Als weitrechende und keineswegs elementare Verallgemeinerung gilt folgender

Algebraischer Hauptsatz der komplexen Zahlen:

Jedes Polynom aus $C[X]$ mit einem Grad $n > 0$ hat wenigstens eine Nullstelle in C.

Es gibt viele verschiedene Beweise dieses als **Fundamentalsatz der Algebra** bezeichneten Satzes. Allerdings gelingt der Beweis nicht mit rein algebraischen Mitteln.«[226]

Weitere Strukturmerkmale von C

»Während die algebraische Struktur von C eine Erweiterung derjenigen von R ist, geht beim Übergang von R zu C die Ordnungsstruktur verloren. Zwar lässt sich C noch anordnen, etwa durch

$$z_1 < z_2 :\Leftrightarrow \begin{cases} |z_1| < |z_2| \vee \\ \left(|z_1| = |z_2| \wedge \arg z_1 < \arg z_2 \right) \end{cases}$$

[226] Ebd., S. 67

Doch ist keine Anordnung mehr möglich, die mit der algebraischen Struktur verträglich ist und bei der insbesondere die Monotoniegesetze der Addition und Multiplikation gelten, aus denen sich z. B. folgern lässt $a > 0 \Rightarrow a^2 > 0$.

Dagegen lässt sich die reelle Topologie mittels des absoluten Betrages zu einer komplexen erweitern. Es gilt der folgende wichtige Satz:

Topologischer Hauptsatz der komplexen Zahlen:

Jede Fundamentalfolge komplexer Zahlen hat in C einen Grenzwert.

C ist also vollständig.«[227]

[227] Ebd., S. 67

Teil III
Anwendung der Strukturen –
angewandte Mathematik

8 Rechenmaschinen

8.1 Abakus (Verschiebungen im Stellenwertsystem)

»Der Abakus ist eines der ältesten bekannten Rechenhilfsmittel und wurde vermutlich um 1100 v. Chr. im indo-chinesischen Kulturraum erfunden. Er wurde etwa 1600 n. Chr. von den Japanern übernommen und vereinfacht. Der Abakus wurde von der Antike – in Europa von den Griechen und Römern – (schon vor der allgemeinen Durchsetzung des arabischen Dezimalsystems) bis etwa ins 16. Jahrhundert benutzt. Seit der Mitte des 17. Jahrhunderts wurde der Abakus durch die mechanischen Rechenmaschinen verdrängt, so

dass er in Europa nur noch als Kinderspielzeug angesehen wird, aber als Rechenhilfsmittel für Blinde noch in Gebrauch ist. Dagegen wird er im Osten, vom Balkan bis nach China, hier und da noch als preiswerte Rechenmaschine bei kleinen Geschäften verwendet.«[228]

Abb. 18: Abakus

Stellenwert	Md	HM	ZM	Mio	HT	ZT	T	H	Z	E
5					O		O			O
1					O		O	O	O	O
1					O			O	O	O
1					O		O			
1					O		O			
1							O			
Zahl					9	0	6	5	2	7

[228] wikipedia.org/wiki/Abakus_(Rechenhilfsmittel)

Hinweis: Die Perlen über der waagrechten Ableseleiste haben den Wert 5, die darunter den Wert 1. Durch Zufügen bzw. Wegnehmen wird jetzt die Zahl 3536 addiert.

Einerstapel:	$7 + 6 = 7 + 1Z - 5 + 1$	Übertrag: 1
Zehnerstapel:	$3 + 3 = 5 + 1$	
Hunderterstapel:	$5 + 5 = 1ZH$	Übertrag: 1
Tausenderstapel:	$7 + 3 = 1HT$	Übertrag: 1
Zehntausenderstapel:	$1 + 0 = 1$	
Hunderttausenderstapel:	$9 + 0 = 9$	

Stellenwert	Md	HM	ZM	Mio	HT	ZT	T	H	Z	E
5					O				O	
1					O	O			O	O
1					O					O
1					O					O
1					O					
1										
Zahl					9	0	6	5	2	7
Summand				+			3	5	3	6
Ergebnis					9	1	0	0	6	3

8.2 Napiersche Rechenstäbchen (Multiplikation und Division)

»Napiersche Rechenstäbchen (nach JOHN NAPIER, der diese in seinem 1617 erschienenen Werk *Rabdologiae seu numeratio per virgulas libri duo* beschreibt) sind Stäbchen, mit denen Multiplikationen und Divisionen durchgeführt werden können. Sie werden auch **Nepersche Stäbchen** genannt.

Die Stäbchen haben einen quadratischen Querschnitt. Auf den Stäbchen ist auf jeder Seite eine Reihe des Einmaleins zeilenweise notiert. Beispielsweise steht auf dem rechts abgebildeten (Abb. 19) Stäbchen einer Seite die 7er-Reihe des Einmaleins von 1×7 bis 9×7. Oben auf jeder Seite steht der zweite Faktor des 1×x, im Beispiel rechts also die 7.

Anwendung der Strukturen – angewandte Mathematik

In jeder Zeile des Stäbchens steht eine Zahl des 1×x. Die Zeile ist jeweils diagonal geteilt von links unten nach rechts oben. Im unteren rechten Dreieck steht die Einerstelle und im oberen linken Dreieck die Zehnerstelle der Zahl. Beispiel für die Zeile 7 des 1×7, links oben steht 4 und rechts unten steht 9, was dem Ergebnis der Multiplikation 7×7 = 49 entspricht.

Die Stäbchen werden zur Multiplikation auf eine Art Tablett gelegt, an dessen linkem Rand die Zahlen 1 bis 9 untereinander aufgeführt sind. Die Stäbchen passen exakt in dieses Tablett hinein.

1	x	7	=	7
2	x	7	=	14
3	x	7	=	21
4	x	7	=	28
5	x	7	=	35
6	x	7	=	42
7	x	7	=	49
8	x	7	=	56
9	x	7	=	63

Abb. 19: Napiersche Rechenstäbchen

Aber auch Multiplikationen mit größeren Zahlen sind möglich. Um beim o. g. Beispiel zu bleiben soll die Zahl **46785399** mit der **96431** multipliziert werden.

Dazu werden die Stäbchen wie in Abb. 20 gelegt. Nun wird von den auf dem Tablett liegenden Stäbchen nacheinander jedes Einzelergebnis abgelesen und untereinander wie in Abb. 20 dargestellt aufgeschrieben.

Durch Addition der erhaltenen Produkte ergibt sich das Ergebnis der gewünschten Multiplikation **46785399 × 96431 = 4511562810969.**«[229]

---

[229] wikipedia.org/wiki/Napiersche_Rechenstäbchen

Anwendung der Strukturen – angewandte Mathematik

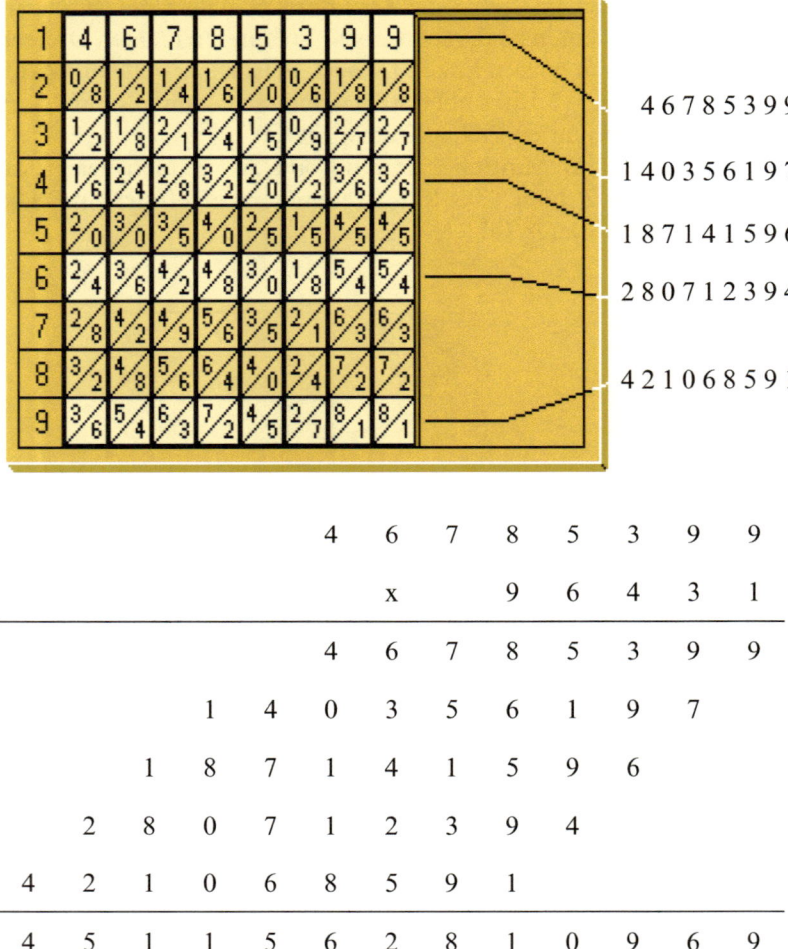

			4	6	7	8	5	3	9	9
		x		9	6	4	3	1
			4	6	7	8	5	3	9	9
		1	4	0	3	5	6	1	9	7
	1	8	7	1	4	1	5	9	6
2	8	0	7	1	2	3	9	4
4	2	1	0	6	8	5	9	1
4	5	1	1	5	6	2	8	1	0	9	6	9

Abb. 20: Napiersche Rechenstäbchen

8.3 Mechanische Rechenmaschine (Addition und Multiplikation)

»Die **Pascaline** ist eine mechanischeRechenmaschine, die 1642 von BLAISE PASCAL erfunden wurde. Sie galt lange Zeit als erste mechanische Rechenmaschine überhaupt, bis im 20. Jahrhundert Unterlagen gefunden wurden, welche die Konstruktion einer Rechenmaschine durch WILHELM SCHICKARD in den 1620er Jahren nachwiesen.

Anwendung der Strukturen – angewandte Mathematik

PASCAL begann mit der Arbeit an seiner Rechenmaschine, als er 19 Jahre alt war, und konstruierte sie als Arbeitserleichterung für seinen Vater, der Steuerbeamter war. Sie wurde u. a. aus Messing, Elfenbein und Holz gefertigt. Im Laufe seines Lebens verfeinerte PASCAL den Mechanismus immer wieder und fertigte so ca. 50 Versionen der Pascaline an.

Die Pascaline hatte Metallwählscheiben, an denen die gewünschten Nummern eingestellt werden konnten. Die Ergebnisse erschienen in Kästchen über den Wählscheiben. Der Prototyp hatte nur einige wenige Wählscheiben, spätere Versionen hatten eine größere Anzahl und konnten mit Zahlen bis zu 9.999.999 rechnen. Direkte Subtraktion war mit der Pascaline nicht möglich …«[230]

Abb. 21: Pascaline

8.4 Rechenschieber (logarithmisches Rechnen)

»Ein **Rechenschieber** oder **Rechenstab** ist ein **analoges** [stufenloses] Rechenhilfsmittel zur mechanisch-optischen Durchführung von Grundrechenarten, vorzugsweise der Multiplikation und Division. Je nach Ausführung können **auch komplexere Rechenoperationen** (unter anderem Wurzel, Quadrat, Logarithmus und trigonometrische Funktionen oder parametrisierte Umrechnungen) ausgeführt werden. Das Prinzip eines Rechenschiebers besteht in der Addition oder Subtraktion von Strecken, die sich als **logarithmische Skalen** auf dem festen und dem beweglichen Teil des Rechenschiebers befinden. Bis zur Erfindung des Taschenrechners und der weiten Verbreitung von PCs waren Rechenschieber für viele Berechnungen in Schule, Wissenschaft und Technik unentbehrlich.

[230] wikipedia.org/wiki/Pascaline

Anwendung der Strukturen – angewandte Mathematik

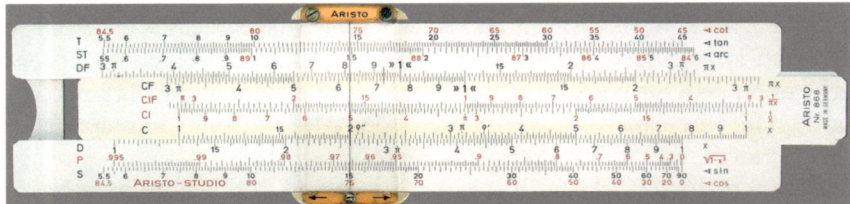

Abb. 22: Rechenschieber

Die Geschichte des Rechenschiebers basiert auf der Entwicklung der Logarithmen. Obwohl es indische Quellen aus dem 2. Jahrhundert v. Chr. gibt, in welchen bereits Logarithmen zur Basis 2 erwähnt wurden, waren es der Schweizer Uhrmacher JOST BÜRGI (1558–1632) und der schottische Mathematiker JOHN NAPIER (1550–1617), die zu Beginn des 17. Jahrhunderts das erste bekannte System zur Logarithmenberechnung unabhängig voneinander entwickelten.

Das griechische Wort ›Logarithmus‹ bedeutet auf Deutsch Verhältniszahl und stammt von NAPIER. Erstmals veröffentlicht wurden Logarithmen von diesem unter dem Titel *Mirifici logarithmorum canonis descriptio,* was mit *Beschreibung des wunderbaren Kanons der Logarithmen* übersetzt werden kann.

Nachdem sich der Oxforder Professor HENRY BRIGGS (1561–1630) intensiv mit dieser Schrift beschäftigte, nahm er mit deren Autor Kontakt auf und schlug vor, für die Logarithmen die Basis 10 zu verwenden (›briggssche‹ bzw. ›dekadische‹ Logarithmen). Diese verbreiteten sich schnell und wurden besonders in der Astronomie geschätzt, was auch LAPLACE feststellte: ›Durch die Arbeitserleichterung infolge der Verwendung von Logarithmen wird das Leben der Astronomen verdoppelt‹.

Heute wird als Basis des sogenannten natürlichen Logarithmus die **Eulersche Zahl e = 2,718281828459…** verwendet, welche im Jahre 1728 von LEONHARD EULER (1707–1783) bestimmt und erstmals 1742 veröffentlicht wurde.

Mit den Logarithmen war die mathematische Grundlage für die Weiterentwicklung des mechanischen Rechenschiebers gelegt; denn die Funktionsweise des Rechenschiebers basiert für die Multiplikation und Division auf dem **Prinzip der Addition bzw. Subtraktion von Logarithmen.**«[231]

Numeri	1	2	4	8	16	32	64	128	256	512	1024	2024
$\log_2$	0	1	2	3	4	5	6	7	8	9	10	11

Numeri	1	1/2	1/4	1/8	1/16	1/32	1/64	1/128	1/256	1/125	1/1024	1/2024
$\log_2$	0	-1	-2	-3	-4	-5	-6	-7	-8	-9	-10	-11

[231] wikipedia.org/wiki/Rechenschieber

Aufgabe: a * b

Logarithmieren: $\log(a*b) = \log(a) + \log(b)$

Addition der Logarithmen: $\log(a) + \log(b)$

Delogarithmieren: $2^{\log(a)+\log(b)}$

Beispiel 1: $256 \cdot 16$

Aufgabe	256	*	16		
Zweierpotenzen	2^8	*	2^4	=	2^{12}
$\log_2$	8	+	4	=	12
$2^{\log}$	256	*	16	=	4096

Das Prinzip eines Rechenschiebers besteht in der Addition oder Subtraktion von Strecken, die sich als logarithmische Skalen auf dem festen und dem beweglichen Teil des Rechenschiebers befinden:

Beispiel 2: $4096 : 256$

Aufgabe	4096	:	256		
Zweierpotenzen	2^{12}	:	2^8	=	2^4
$\log_2$	12	-	8	=	4
$2^{\log}$	4096	:	256	=	16

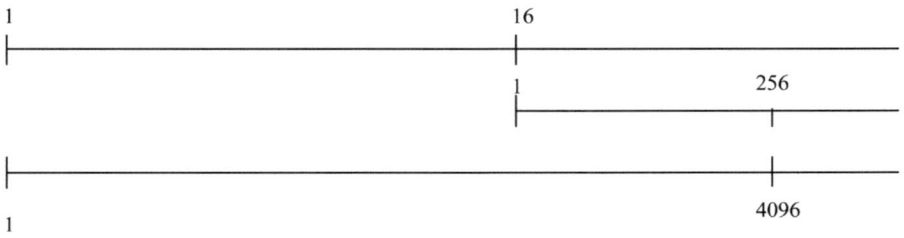

Der Rechenschieber ist eine praktische **Anwendung der Isomorphie** zwischen der multiplikativen Gruppe $(R^+; *)$ und der additiven Gruppe $(R; +)$ der reellen Zahlen.

197

Die Funktion $f(x) = \log_a (x)$ ist eine homomorphe Bijektion (injektiv und surjektiv) von $(R^+; *)$ auf $(R; +)$. Die Umkehrabbildung von $(R; +)$ auf $(R^+; *)$ ist $f^{-1}(x) = a^x$.

$$f^{-1}(f(x)) = f^{-1}(\log_a(x)) = a^{\log_a(x)} = x$$

$$f(x_1 * x_2) = \log_a(x_1 * x_2) = \log_a(x_1) + \log_a(x_2) = f(x_1) + f(x_2)$$

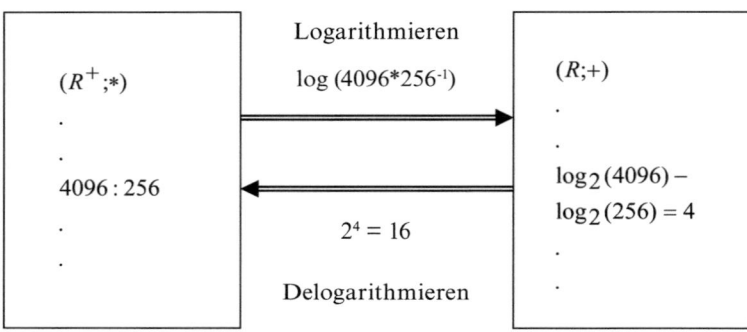

8.5 Elektronische Taschenrechner (Boolsche Algebra)

»Ein herkömmlicher **Taschenrechner** ist eine tragbare, handliche, leichte Rechenmaschine, mit deren Hilfe numerische Berechnungen ausgeführt werden können. Einige neuere wissenschaftliche Taschenrechner beherrschen auch symbolische Mathematik mittels eines Comuteralgebrasystems (CAS). Welche Berechnungen möglich sind, hängt dabei vor allem von der Maschine ab.

Praktisch alle heutigen Taschenrechner benutzen **elektronische Schaltkreise**, verwenden LC-Displays als Anzeige und werden von einer Batterie oder Solarzelle mit Strom versorgt.«[232]

Schaltalgebra als Anwendung der Boolschen Algebra[233]

Das Innenleben eines elektronischen Taschenrechners besteht aus Mikrochips, in denen viele Schaltkreise (ICs, engl. Integrated Circuits) so vernetzt sind, dass die gewünschten Rechenoperationen durchgeführt werden können.

---

[232] wikipedia.org/wiki/Taschenrechner

[233] Die folgenden Funktionstabellen, Funktionsgleichungen und Logiksymbole sind dem Skript von Markus Wutschig: Informatik – Eine Ausarbeitung für einen Fortbildungskurs an der Staatlichen Gesamtschule Hollfeld, Skript September 1981 entnommen.

»Die [dazu verwendete] Schaltalgebra wurde aus der theoretischen Logik heraus entwickelt. Der Mathematiker GEORG BOOLE entwickelte ein System zur formalen Behandlung zweiwertiger Aussagen. Den beiden Wahrheitswerten wahr und falsch entsprechen nunmehr die beiden möglichen Schaltzustände 0 und 1. Man spricht daher von binären Signalen.

In elektronischen Digitalschaltungen werden die Binärwerte 0 und 1 durch elektrische Potentiale dargestellt.«[234]

Die Nicht-Verknüpfung Negation ¬

Ein am Eingang liegendes Binärsignal erscheint am Ausgang genau entgegengesetzt.

Funktionstabelle   Funktionsgleichung   Logiksymbol

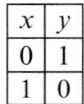

$$y = \bar{x}$$

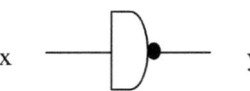

Die Und-Verknüpfung Konjunktion ∧

Eine Und-Verknüpfung liegt also genau dann vor, wenn der Ausgang den Zustand 1 nur bei gleichzeitigem Anlegen von 1 an allen Eingängen annimmt.

x_1	x_2	y
0	0	0
0	1	0
1	0	0
1	1	1

$$y = x_1 \cdot x_2$$

Die Oder-Verknüpfung Disjunktion ∨

Bei der Oder-Verknüpfung nimmt der Ausgang genau dann den Wert 1 an, wenn mindestens ein Eingang den Wert 1 hat.

x_1	x_2	y
0	0	0
0	1	1
1	0	1
1	1	1

$$y = x_1 + x_2$$

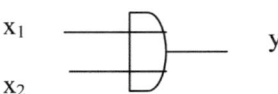

[234] Ebd., S. 7

Anwendung der Strukturen – angewandte Mathematik

Die Nand-Verknüpfung (Not-And)

Es handelt sich dabei um eine Und-Verknüpfung mit invertiertem Ausgang.

x_1	x_2	y
0	0	1
0	1	1
1	0	1
1	1	0

$$y = \overline{x_1 \cdot x_2}$$

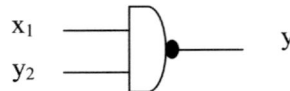

Die Nor-Verknüpfung (Not-Or)

Es handelt sich dabei um eine Oder-Verknüpfung mit invertiertem Ausgang.

x_1	x_2	y
0	0	1
0	1	0
1	0	0
1	1	0

$$y = \overline{x_1 + x_2}$$

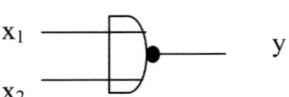

Die Nicht-Verknüpfung aus Nand

Hierbei werden die Eingänge eines Nand-Gatters verbunden.

x_1	x_2	y
1	1	0
0	0	1

$$y = \overline{x_1 \cdot x_2}$$
$$x = x_1 = x_2$$

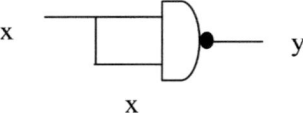

Die Und-Verknüpfung aus Nand

Da eine Doppelinvertierung wieder den ursprünglichen Zustand herbeiführt, wird aus einer Nand-Verknüpfung wieder eine Und-Verknüpfung, wenn man dem Nand-Gatter ein Nicht-Gatter nachschaltet.

x_1	x_2	x_3	y
0	0	1	0
0	1	1	0
1	0	1	0
1	1	0	1

$$y_1 = \overline{x_1 \cdot x_2}$$
$$y_2 = \overline{\overline{x_1 \cdot x_2}} = x_1 \cdot x_2$$

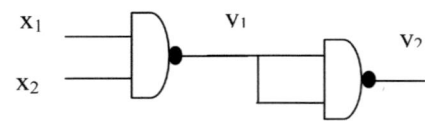

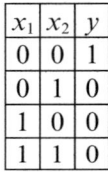
Anwendung der Strukturen – angewandte Mathematik

Die Oder-Verknüpfung aus Nand

Eine Oder-Verknüpfung erhalten wir, wenn wir die beiden Eingangsvariablen x1 und x2 jeweils getrennt invertieren und dann auf die Eingänge eines Nand-Gatters geben.

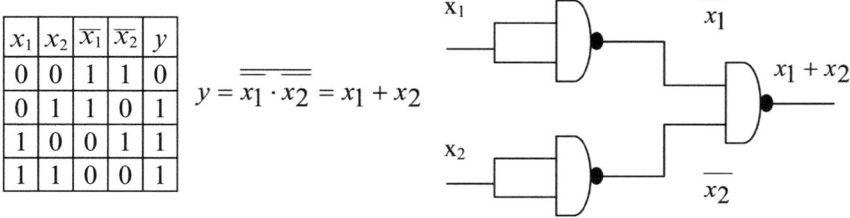

x_1	x_2	$\overline{x_1}$	$\overline{x_2}$	y
0	0	1	1	0
0	1	1	0	1
1	0	0	1	1
1	1	0	0	1

$$y = \overline{\overline{x_1} \cdot \overline{x_2}} = x_1 + x_2$$

»Durch Zusammenfassung mehrerer Verknüpfungsfunktionen in einem Verknüpfungsglied ist eine bedeutende Rationalisierung möglich. Mit den zusammengesetzten Verknüpfungsgliedern Nand oder auch Nor lassen sich, wie wir sahen, alle Schaltnetze aufbauen. [...]

Beim Aufbau digitaler Schaltungen verwendet man ICs (Integrated Circuits, d. h. Integrierte Schaltungen), die in ihrem Innenleben aus den besprochenen Logikgattern aufgebaut sind: So sind z. B. im IC 7432 vier Oder-Gatter, im IC 7409 sechs Nicht-Gatter und im IC 7400 vier Nand-Gatter und im IC 7433 vier Nor-Gatter.«[235]

Vergleich von Boolscher-Algebra und Schaltalgebra

»Die **Schaltalgebra** ist eine spezielle Ausprägung der Boolschen Algebra mit einer zweiwertigen Trägermenge. Sie ist auf Schaltanordnungen zugeschnitten und dient als Hilfsmittel zur Berechnung binärer Schaltnetze und Schaltwerke. Der Begriff binär bezieht sich in der Schaltalgebra auf die beiden Schalterzustände geöffnet und geschlossen.

Die Schaltalgebra ist isomorph zur Aussagenlogik. Deshalb werden in ihr auch die typischen Begriffe und Operatornamen der Aussagenlogik benutzt und der Begriff ›Logik‹ kennzeichnet oft die verwendeten mathematischen und technischen Elemente (z. B. Logikgatter).«[236]

---

[235] Ebd., S. 15
[236] wikipedia-Schaltalgebra

Anwendung der Strukturen – angewandte Mathematik

Boolsche Algebra	Operator/ Gesetz	Schaltalgebra
$\cap$	Und	$*$
$\cup$	Oder	$+$
Komplement von A CA oder $\overline{A}$	Negation	Invertiertes x $\overline{x}$
$A \cap B = B \cap A$	Kommutativ-	$x_1 * x_2 = x_2 * x_1$
$A \cup B = B \cup A$	gesetze	$x_1 + x_2 = x_2 + x_1$
$(A \cap B) \cap C = A \cap (B \cap C)$	Assoziativ-	$(x_1 * x_2) * x_3 = x_1 * (x_2 * x_3)$
$(A \cup B) \cup C = A \cup (B \cup C)$	gesetze	$(x_1 + x_2) + x_3 = x_1 + (x_2 + x_3)$
$A \cap (B \cup C) = (A \cap B) \cup (A \cap C)$	Distributiv-	$x_1 * (x_2 + x_3) = (x_1 * x_2) + (x_1 * x_3)$
$A \cup (B \cap C) = (A \cup B) \cap (A \cup C)$	gesetze	$x_1 + (x_2 * x_3) = (x_1 + x_2) * (x_1 + x_3)$
	Adjunktivitäts-	
$A \cap (A \cup B) = A$	gesetze	$x_1 * (x_1 + x_2) = x_1$
$A \cup (A \cap B) = A$	(Absorptions- gesetze)	$x_1 + (x_1 * x_2) = x_1$
$A \cap A = A$	Idempotenz-	$x * x = x$
$A \cup A = A$	gesetze	$x + x = x$
$\overline{A \cap B} = \overline{A} \cup \overline{B}$	Gesetze von	$\overline{x_1 * x_2} = \overline{x_1} + \overline{x_2}$
$\overline{A \cup B} = \overline{A} \cap \overline{B}$	DE MORGAN	$\overline{x_1 + x_2} = \overline{x_1} * \overline{x_2}$

8.6 Quantencomputer (Quantenlogik – Wahrscheinlichkeitstheorie)

»In der Quantentheorie beschreibt man Teilchen wegen ihrer Interferenzfähigkeit durch sogenannte Wellenfunktionen, meistens mit dem griechischen Buchstaben Ψ abgkürzt. […]

Die Wellenfunktion gibt den Zustand des Teilchens an. Für mehrere Teilchen ist sie allerdings auf einen abstrakten Raum definiert, der sich aus den Orten aller Teilchen zusammensetzt – bei zwei Teilchen sind das also sechs, bei drei Teilchen neun Dimensionen und so weiter. Man nennt diesen abstrakten Raum den Konfigurationsraum der Teilchen. Zentrales Element der Quantentheorie ist das

Superpositionsprinzip: Wenn ein System durch Wellenfunktionen Ψ_1 und Ψ_2 beschrieben werden kann, so ist auch deren Summe $\Psi_1 + \Psi_2$ wieder eine mögliche Wellenfunktion des Systems (allgemein ist jede Kombination $c_1 \Psi_1 + c_2 \Psi_2$ mit komplexen Zahlen c_1 und c_2 wieder ein möglicher Zustand). Das Superpositionsprinzip ist eine wesentliche Eigenschaft von Wellentheorien. Es bewirkt, dass man im Allgemeinen einem System, das aus mehreren Teilchen (Freiheitsgraden) besteht, nur

eine gemeinsame Wellenfunktion (einen Zustand) zuordnen kann – man bezeichnet die Teilsysteme dann als miteinander verschränkt.«[237]

»Die Einheit der Quanteninformation ist das

›**Quantenbit**‹

(kurz: Qubit). [...] Realisiert werden diese Qubits durch alle Systeme, die zwei verschiedene Niveaus (genauer: zwei relevante Niveaus) haben: Spinzustände eines Fermions, zwei diskrete Niveaus eines Atoms oder Ions, die beiden Polarisationszustände eines Photons etc. Das Entscheidende ist nun, dass es wegen des Superpositionsprinzips nicht nur die beiden Zustände gibt, sondern auch alle Superpositionen. [...]

Bei **zwei Teilchen** gibt es bereits

vier Möglichkeiten

für die beiden Qubits, da jedes Teilchen im Zustand $|0\rangle$ oder $|1\rangle$ sein kann.

Bei **drei Teilchen** sind das

$2^3 = 8$ Möglichkeiten,

[...] bei **N Teilchen**

2^N Möglichkeiten.

Ein sogenannter Quantenspeicher sollte also durch Ausnützung des Superpositionsprinzips bis zu 2^N Zahlen gleichzeitig speichern können. [...]

Ein **Quantenspeicher mit mehr als 250 Atomen** könnte also mehr Zahlen gleichzeitig speichern, als es Atome im Universum gibt. Ein Quantencomputer soll diese Verschränkung ausnützen, um gleichzeitig 2^N Rechnungen durchzuführen.«[238]

CLAUS KIEFER berichtet in seiner zitierten Veröffentlichung, dass das Interesse an Quantencomputer sprunghaft angestiegen sei, nachdem PETER SHOR 1994 Erfolge beim Ablesen von Quantenzuständen erzielen konnte. Die ganze Entwicklung von Quantencomputern steht noch ziemlich am Anfang. Ein Hauptproblem ist es, sie vor störenden Einflüssen der Umgebung abzuschirmen.

---

[237] Claus Kiefer: Quantentheorie – eine Einführung, Fischer Taschenbuch-Verlag, Frankfurt am Main 2011, S. 19
[238] Ebd., S. 96–97

Anwendung der Strukturen – angewandte Mathematik

9 Theorien entwickeln

9.1 Algebraische Struktur der Quantentheorie

Das Messen von Quantenzuständen

»In allen klassischen Theorien [...] hat man, ohne darüber nachzudenken, vorausgesetzt, dass alle Eigenschaften bzw. Größen der in ihr untersuchten Systeme so gemessen werden können, dass die Messung keine Eigenschaft des Systems feststellbar verändert [...] So besteht der primäre **Unterschied zwischen klassischen und nichtklassischen Betrachtungsweisen** bzw. Theorien darin, dass es in den ersten für jede Eigenschaft eines Systems immer eine nichtstörende und reproduzierbare Messung gibt, während das für die letzteren nicht der Fall ist. Der Leser wird sich bereits überlegt haben, dass diese letzten Bemerkungen im engen Zusammenhang mit der sogenannten **Unschärferelation** von WERNER HEISENBERG (1901–1976) und dem **Prinzip der Komplementarität** von NIELS BOHR (1885–1962) stehen.«[239]

Ich folge nun bei der mathematischen Beschreibung der algebraischen Struktur der Quantentheorie voll inhaltlich, der Terminologie und den Aufbau betreffend, HANS-GEORG BARTEL:

Es sei Z_i der i-te **Zustand**, dann ist $Z = \bigcup_i Z_i$ die Menge aller Zustände oder Eigenschaften des Systems. P_i sei der derjenige **Projektionsoperator**, der aus der Menge Z aller Zustände den Zustand Z_i ausliest (herauswirft):

$$P_i Z = Z_i.$$

Der **Nulloperator O** sei derjenige Operator, der aus Z keinen Zustand selektiert:

$$0Z = \{\_\}.$$

Das **Produkt** $P_i P_j \dots P_h$ bedeutet das Hintereinanderausführen von Messungen in der von links nach rechts gegebenen Reihenfolge.

Es soll weiter gelten:

---

[239] Hans-Georg Bartel: Mathematische Methoden in der Chemie, Heidelberg/Berlin/Oxford (Spektrum Akademischer Verlag) 1996, S. 189

$$P_i^2 Z = P_i(P_iZ) = P_iZ_i = Z_i = P_iZ$$

D. h. die Operatoren sind **idempotent**:

$$P_i^2 = P_i$$

Außerdem sollen die unterschiedlichen Operatoren **paarweise orthogonal** sein:

$$P_iP_jZ = P_i(P_jZ) = P_iZ_j = \{\_\} = 0Z$$

D. h. es gilt:

$$P_iP_j = 0 \text{ für } i \neq j.$$

»Hatte das Produkt von Projektionsoperatoren den Sinn einer ›Sowohl-als-auch-‹ bzw. ›Und-Messung‹, so können wir unter ihrer **Summe** $P_i + P_j + ... + P_h$ die Darstellung von ›Oder-Messungen‹ verstehen (›und‹ und ›oder‹ in logischem Verständnis).

Das letztere bedeutet:

$$P_i + P_j + ... + P_h = Z_i \cup Z_j \cup ... \cup Z_h$$

Als **Einsoperator 1** wird der Projektionsoperator bezeichnet, der in Z überhaupt nicht selektiert:

$$1Z = Z\text{«}[240]$$

Der n-dimensionale Hilbert-Raum[241]

Gegeben sei ein n-dimensionaler komplexer Vektorraum mit dem Skalarprodukt

$$\langle \varphi / \psi \rangle := \sum_{i=1}^{n} \varphi^*(i)\psi(i)$$

φ und ψ sind Spaltenvektoren mit den Komponenten $\varphi(i)$ und $\psi(i)$ ($i = 1, 2, ..., n$). $\varphi^*(i)$ sind die zu $\varphi(i)$ konjugiert komplexen Komponenten des Vektors φ.

$$\varphi = \begin{pmatrix} \varphi(1) \\ \varphi(2) \\ \vdots \\ \varphi(n) \end{pmatrix} \text{ bzw. } \varphi^* = \begin{pmatrix} \varphi^*(1) \\ \varphi^*(2) \\ \vdots \\ \varphi^*(n) \end{pmatrix} \text{ und } \psi = \begin{pmatrix} \psi(1) \\ \psi(2) \\ \vdots \\ \psi(n) \end{pmatrix}$$

[240] Ebd., S. 190
[241] Ebd., S. 193

Anwendung der Strukturen – angewandte Mathematik

Für $\varphi = \psi$ stellt das Skalarprodukt die Länge des Vektors φ bzw. seine Norm dar:

$$\|\varphi\|^2 = \langle \varphi / \varphi \rangle := \sum_{i=1}^{n} \varphi^*(i)\varphi(i)$$

Definition:

Ein n-dimensionaler **Hilbert-Raum H** ist ein komplexer Vektorraum, in welchem das Skalarprodukt $\langle \varphi/\psi \rangle$ für $\varphi, \psi \in H$ erklärt ist. Weiterhin gilt

$$\forall \psi \in H : \|\psi\|^2 = \langle \psi / \psi \rangle < \infty$$

für die Norm der Vektoren.

Anmerkung:

Viele der nun folgenden Eigenschaften des Hilbert-Raums folgen aus den Ergebnissen der »**linearen Algebra**«, wie sie zum Beispiel in dem Werk mit gleichlautendem Titel von HANS-JOACHIM KOWALSKY[242] bewiesen werden und dargestellt sind.

1) Der n-dimensionale Hilbert-Raum besitzt eine orthonormierte Basis aus n linear unabhängigen Vektoren der Länge 1, die paarweise aufeinander senkrecht stehen:

$$\varphi \perp \psi :\Leftrightarrow \langle \varphi / \psi \rangle = 0 \quad (\varphi, \psi \in H)$$

$$\langle \varphi_i / \psi_j \rangle = \delta_{ij} = \begin{cases} 1 & \text{für} \quad i = j \\ 0 & \text{für} \quad i \neq j \end{cases} \text{(Kronecker-Symbol)}$$

2) Bezüglich dieser orthonomierten Basis $\{\psi_1, \psi_2, ..., \psi_n\} \subseteq H$ kann jeder Vektor φ des Hilbert-Raumes H so dargestellt werden:

$$\varphi = \sum_{i=1}^{n} c_i \psi_i \; \text{mit} \; c_i \in C$$

»Die oben eingeführten Operatoren P (einschließlich 0 und 1) denken wir uns nun als lineare Operatoren im **Hilbert-Raum H** definiert, d. h. als Operatoren, die [...] jedem **Vektor** von H eindeutig einen Vektor aus H zuordnen. Für sie lassen sich die Addition sowie die Multiplikation mit einem weiteren Operator und auch mit einer (komplexen) Zahl erklären, wie wir es oben schon getan haben, so dass wir für $\varphi \in H$ und $c \in C$ schreiben können:

---

[242] Hans-Joachim Kowalsky: lineare algebra, Berlin (Verlag Walter de Gruyter & Co.) 1965

$$(P + Q)\varphi = P\varphi + Q\varphi$$

$$(cP)\varphi = c(P\varphi) \text{ und}$$

$$(PQ)\varphi = P(Q\varphi)\text{«}^{243}$$

3) Gemäß der Vorschrift $\forall \varphi, \psi \in H : \langle \psi / P\varphi \rangle := \langle P^* \psi / \varphi \rangle$ lässt sich jedem linearen Operator P ein **adjungierter** linearer Operator P^* zuordnen. Besteht Gleichheit zwischen einem Operator P und seinem adjungierten Operator P^*, so nennt man P einen **selbstadjungierten Operator**. Für die Eigenvektoren eines selbstadjungierten Operators gilt, dass ihre Eigenwerte reell sind:

$$P\varphi = P^*\varphi = a\varphi \quad (a \text{ Eigenwert}, \varphi \in H \text{ Eigenvektor von } P = P^*)$$
$$\langle \varphi / P\varphi \rangle = \langle \varphi / P^*\varphi \rangle = \langle \varphi / a\varphi \rangle = a\langle \varphi / \varphi \rangle = \langle P^*\varphi / \varphi \rangle = \langle P\varphi / \varphi \rangle = \langle a\varphi / \varphi \rangle$$
$$= a^* \langle \varphi / \varphi \rangle$$

woraus $a = a^* \in R$ folgt.

4) In einem n-dimensionalen Hilbert-Raum hat jeder selbstadjungierte Operator genau n reelle Eigenwerte. Diese können dann auch orthonormiert werden. Sei $\{\varphi_1, \varphi_2, ..., \varphi_n\}$ die Menge der orthonormierten Eigenvektoren mit der zugehörigen Menge der entsprechenden Eigenwerte $\{a_1, a_1, ..., a_n\}$, so ergibt sich:

$$P\varphi_i = P^*\varphi_i = a_i\varphi_i \text{ und } P\varphi_j = P^*\varphi_j = a_j\varphi_j : \langle \varphi_i / \varphi_j \rangle = \delta_{ij}$$

5) Mit der Festlegung $\forall \varphi \in H : P_i\varphi = \langle \psi_i / \varphi \rangle \psi_i$ definieren wir einen Projektionsoperator, der die Vektoren φ des Hilbert-Raumes auf seinen i-ten Eigenvektor ψ_i projiziert. Diese so definierten Projektionsoperatoren haben folgende Eigenschaften:

(1) $P_i = P_i^2 = P_i^*$ $(i = 1, ..., n)$ Idempotenz und Selbstadjungiertheit

(2) $P_i P_j = 0$ für $i \neq j$ Orthogonalität

(3) $P_1 + P_2 + ... + P_n = 1$ Vollständigkeit

(4) $a_1 P_1 + a_2 P_2 + ... + a_n P_n = P$ Spektralzerlegung

6) Ein derartiger selbstadjungierter Operator P beschreibt in der Quantenmechanik eine beobachtbare Größe oder Eigenschaft. Wir betrachten nun zwei selbstadjungierte Operatoren P und Q mit

---

[243] Ebd., S. 195

$$P = \sum_{i=1}^{n} a_i P_i, \quad \sum_{i=1}^{n} P_i = 1, P_i P_j = \delta_{ij} P_i$$

$$Q = \sum_{i=1}^{n} b_i Q_i, \quad \sum_{i=1}^{n} Q_i = 1, Q_i Q_j = \delta_{ij} Q_i$$

Als deren Kommutator $[P, Q]$ definieren wir:

$$[P, Q] := PQ - QP = \sum_{i=1}^{n} \sum_{j=1}^{n} a_i b_j [P_i, Q_j]$$

Offensichtlich ist

$$[P, Q] = 0 \Leftrightarrow \forall [P_i, Q_j] = 0 \text{ für } i, j = 1, \dots, n$$

Wenn also jeder derartige in 5) beschriebene selbstadjungierte Projektions-operator P_i mit Q_j kommutiert $([P, Q] = 0 \Leftrightarrow PQ = QP)$, dann sind die Observablen P und Q (beobachtbare Zustände) kompatibel. Die Newtonsche Mechanik kennt nur solche Observablen.

>**Da die auf dem Hilbert-Raum H begründete Algebra [...] ein triviales Zentrum hat, werden mit ihr nur Systeme erfasst, die ausschließlich nichtklassische Observable enthalten.**«[244]

9.2 Ist die Welt algorithmisch?

»Was ist es, das der Mathematik solch unglaubliche Macht verleiht? Oder, wie Einstein sich einst fragte: ›Wie ist es möglich, dass die Mathematik, die doch ein von aller Erfahrung unabhängiges Produkt menschlichen Denkens ist, auf die Gegenstände der Welt so vortrefflich passt?‹«[245]

Der Autor der obigen Zeilen, der Astrophysiker Mario Livio, sieht den großen Erfolg der Mathematik unter **zwei Aspekten**.

Beobachtung der Natur – Verwendung bereits vorhandener Mathematik

»Zuerst ist da ein Aspekt, den man als den ›aktiven‹ bezeichnen könnte.« Newton leitete aus der Beobachtung der Natur seine Bewegungsgesetze ab, James Clark Maxwell fasste 1864 alle elektrischen und magnetischen Phä-

[244] Ebd., S. 199
[245] Mario Livio: Ist Gott ein Mathematiker?, München (C. H. Beck) 2010, S. 10

nomene seiner Zeit in vier mathematischen Gleichungen zusammen. »Sie fassen die experimentellen Erfahrungen zusammen, gehen aber gleichzeitig weit darüber hinaus. Anhand dieser Gleichungen sagte MAXWELL u. a. die elektromagnetischen Wellen voraus und leitete ihre Eigenschaften ab. Er zeigte, dass sich diese Verknüpfung elektrischer und magnetischer Wellen mit einer endlichen Geschwindigkeit, nämlich der Lichtgeschwindigkeit, ausbreitet.«[246]

Die vier Maxwellschen-Gleichungen[247]

1. Gaußsches Gesetz $\quad \nabla \cdot D = \rho$
   Die Ladung ist Quelle des elektrischen Feldes.

2. Gaußsches Gesetz $\quad \nabla \cdot B = 0$
   des Magnetismus $\quad$ Das Feld der magnetischen Flussdichte ist quellfrei. Es gibt keine magnetischen Ladungen oder Ströme.

3. Induktionsgesetz

$$\nabla \times E = -\frac{\partial B}{\partial t}$$

   Zeitliche Änderungen des magnetischen Feldes führen zu einem elektrischen Wirbelfeld (Induktionsstrom).

4. Durchflutungsgesetz

$$\nabla \times H = \frac{\partial D}{\partial t} + j$$

   Sich zeitlich ändernde elektrische Ströme – einschließlich des Verschiebungsstromes – führen zu einem magnetischen Wirbelfeld. Der elektrische Strom ist von einem magnetischen Feld umgeben.

D ist die elektrische Flussdichte, welche von elektrischen Ladungen ausgeht.

ρ ist die Ladungsdichte (per Volumen.)

B ist die magnetische Flussdichte.

E ist die elektrische Feldstärke.

H ist die magnetische Feldstärke.

j ist der Strom (per durchflossene Fläche).

---

[246] dtv-Atlas Physik Band 2, München (Deutscher Taschenbuch Verlag), 6. Auflage 2005, S. 297
[247] wikipedia.org/wiki/Maxwell-Gleichungen

$\nabla \cdot D$ oder div D

Die **Divergenz** ist ein Differentialoperator, der einem Vektorfeld ein Skalarfeld zuordnet.

$$\vec{F}\left(\vec{r}\right) = q\left(\vec{r}\right) = \begin{cases} > 0 & \text{Quelle} \\ < 0 & \text{Senke} \\ = 0 & \text{quellenfrei} \end{cases}$$

$\nabla \times E$ oder rot E

Die **Rotation** ist ein Ableitungsoperator, der Vektorfelder im dreidimensionalen Raum ableitet und wieder ein Vektorfeld liefert.

»Das Gaußsche Gesetz für elektrische Felder besagt, dass elektrische Ladungen **Quellen und Senken des Feldes** der elektrischen Flussdichte D sind, also Anfang und Ende der zugehörigen Feldlinien darstellen. Elektrische Felder ohne Quellen und Senken, sogenannte Wirbelfelder, treten hingegen bei Induktionsvorgängen auf.«[248]

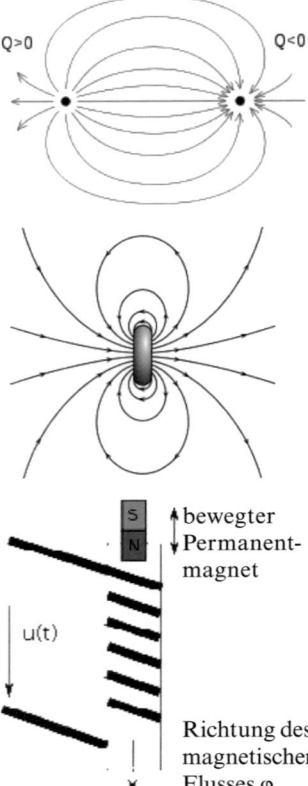

Abb. 23: elektrische Flussdichte

»Das Gaußsche Gesetz für den Magnetismus besagt, dass das Feld der magnetischen Flussdichte B **keine Quellen** aufweist. Die magnetische Flussdichte hat demzufolge nur **geschlossene Feldlinien**.«[249]

Abb. 24: magnetische Flussdichte

bewegter Permanentmagnet

u(t)

Richtung des magnetischen Flusses φ

»Die elektromagnetische Induktion wurde 1831 von Michael Faraday bei dem Bemühen entdeckt, die Funktionsweise eines Elektromagneten (»Strom erzeugt Magnetfeld«) umzukehren (»Magnetfeld erzeugt Strom«). Der Zusammenhang ist eine der vier MAXWELLschen Gleichungen. Die Induktionswirkung wird technisch vor allem bei elektrischen Maschinen wie Generatoren, Elektromotoren und Transformatoren genutzt. Bei diesen Anwendungen treten stets Wechselspannungen auf.«[250]

Abb. 25: elektromagnetische Induktion

[248] wikipedia.org/wiki/Maxwell-Gleichung
[249] Ebd.
[250] wikipedia.org/wiki/Induktionsgesetz

Anwendung der Strukturen – angewandte Mathematik

Reine, absolute, zweckfreie Mathematik

»Aber es gibt, was die aberwitzige Tauglichkeit der Mathematik anbelangt, auch eine **passive Seite**, und die ist derart überraschend, dass der ›aktive‹ Aspekt im Vergleich dazu schier verblasst. [...]

Betrachten wir zum Beispiel den recht amüsanten Fall des exzentrischen britischen Mathematikers HAROLD HARDY (1877–1947). HARDY war derart stolz auf die Tatsache, dass seine Arbeit nichts weiter sei als **reine, absolute zweckfreie Mathematik**, dass er mit großem Nachdruck erklärte: ›Keine Entdeckung von mir hat, direkt oder indirekt, zum Guten oder Schlechten, das allgemeine Wohlbefinden der Welt auch nur in geringster Weise beeinflusst oder wird dies vermutlich jemals tun!‹. Stellen Sie sich vor: **Er hatte unrecht!** Eine seiner Arbeiten feierte Auferstehung im Hardy-Weinberg-Gesetz (benannt nach HARDY selbst sowie dem deutschen Arzt WILHELM WEINBERG (1862–1937)), einem fundamentalen Prinzip, mit dessen Hilfe Genetiker die Evolution von Populationen untersuchen. [...]

[Zahlentheorie]

Sogar HARDYS vermeintlich so **abstrakte Arbeit zur Zahlentheorie** – die Untersuchung der Eigenschaften natürlicher Zahlen – fand unerwartet praktische Anwendung. Im Jahr 1973 gelang dem britischen Mathematiker CLIFFORD COCKS unter Anwendung der Zahlentheorie ein **Durchbruch in der Kryptographie** – der Entwicklung von Codes und Verschlüsselungen. [...]

[Ellipsen]

KEPLER und NEWTON entdeckten, dass die Planeten unseres Sonnensystems sich auf Umlaufbahnen bewegen, die die Form von Ellipsen haben – dieselben Kurven hatte der griechische Mathematiker MENAICHMOS (etwa 350 v. Chr.) zwei Jahrtausende zuvor bereits beschrieben.

[Riemannsche Geometrie]

Die **neue Art von Geometrie**, wie sie GEORG FRIEDRICH BERNHARD RIEMANN (1826–1866) im Jahr 1854 in einem berühmt gewordenen Habilitationsvortrag dargelegt hat, erwies sich als genau das Instrumentarium, das EINSTEIN brauchte, um die **Beschaffenheit des Kosmos** zu erklären.

[Gruppentheorie]

Eine mathematische ›**Sprache**‹ namens **Gruppentheorie**, von dem jungen Talent EVARISTE GALOIS (1811–1832) eigentlich nur zu dem Zweck entwickelt, die Lösbarkeit algebraischer Gleichungen zu untersuchen, ist heute zu einer Sprache geworden, die von Physikern, Ingenieuren, Linguisten und sogar Anthro-

Anwendung der Strukturen – angewandte Mathematik

pologen verwendet wird, um die **Symmetrien der Welt** zu beschreiben. Darüber hinaus hat die Entdeckung mathematischer Symmetriemuster in gewissem Sinne den gesamten wissenschaftlichen Prozess auf den Kopf gestellt.«[251]

9.3 Hat das Chaos eine Struktur?

»Die **Chaosforschung** (auch: Chaostheorie, Theorie komplexer Systeme oder Komplexitätstheorie) ist ein Teilgebiet der Mathematik und Physik und befasst sich im Wesentlichen mit Ordnungen in dynamischen Systemen, deren Dynamik unter bestimmten Bedingungen empfindlich von den Anfangsbedingungen abhängt, sodass ihr Verhalten nicht langfristig vorhersagbar ist. Da diese Dynamik einerseits den physikalischen Gesetzen unterliegt, andererseits aber irregulär erscheint, bezeichnet man sie als **deterministisches Chaos**. Chaotische dynamische Systeme sind nichtlinear.«[252]

In seinem Buch »Die Gesetze des Chaos« beschreibt ILYA PRIGOGINE ein sehr einfaches Beispiel für ein chaotisches System, die »Bernoulli-Verschiebung«.

Beispiel: Die »Bernoulli-Verschiebung« als Prototyp des dynamischen Chaos[253]

»Es handelt sich um eine **ganz einfache Iteration**. Nehmen wir eine beliebige Zahl zwischen 0 und 1 und multiplizieren wir sie in regelmäßigen Abständen, zum Beispiel in jeder Sekunde mit 2; was über 1 hinausgeht, wird dann abgezogen. Wir erhalten dann auf diese Weise

$x_{n+1} = 2x_n \text{(modulo 1)}.$

Das ist hier die ›Bewegungsgleichung‹. Eine entsprechende Zahlenfolge ist leicht vorstellbar (z. B. 0,13; 0,26; 0,52; 0,04; 0,08 …). Die sukzessiven Zahlen wachsen, bis sie 1 überschreiten; dann werden sie wieder in das Intervall 0 – 1 zurückgeführt […]. Um zu verstehen, was hier geschieht, ist es hilfreich, die Zahl binär darzustellen, also zu schreiben:

$$x = \frac{u_1}{2} + \frac{u_2}{4} + \frac{u_3}{8} + \cdots \text{ wobei } u_1, u_2, \ldots \text{ Zahlen gleich 0 oder 1 sind.}$$

Die »Verschiebung« $x_{n+1} = 2x_n$ entspricht dann der

Verschiebung $u'_n = u_{n+1}$ (modulo 1).

Alle Zahlen u_i werden nach links verschoben. Betrachten wir zwei Zahlen, die sich nur geringfügig unterscheiden, beispielsweise ausgehend von $\frac{u_{40}}{2^{40}}$.

---

[251] Livio, S. 13
[252] wikipedia-Chaosforschung
[253] Ilya Prigonine: Die Gesetze des Chaos, Campus Verlag (Frankfurt/New York) 1995, S. 37

Nach 40 Verschiebungen werden sie sich um $\frac{1}{2}$ unterscheiden! Darin besteht die ›Empfindlichkeit‹ gegenüber den Anfangsbedingungen, denn der geringste Irrtum hinsichtlich der

Anfangsbedingung $(\delta x)_0$

führt zu exponentieller Verstärkung. Beliebig kleine Ursachen wirken sich wesentlich auf das Verhalten des Systems aus. Der Abstand zwischen zwei benachbarten Zahlen wächst exponentiell, oder anders gesagt, diesem Gesetz entsprechend wächst der Abstand zwischen zwei ›Trajektorien‹ exponentiell mit der Zeit:

$$(\delta x)_n = (\delta x)_0 \exp \lambda n .$$

Den Koeffizienten λ bezeichnet man als **Ljapunow-Koeffizienten**, und $\frac{1}{\lambda}$ ist die **Ljapunow-Zeit**. Systeme mit einer solchen exponentiellen Divergenz sind definitionsgemäß chaotische Systeme. Sie besitzen eine interne Zeitskala, definiert durch die Ljapunow-Zeit $\frac{1}{\lambda}$. Nach einer gegenüber der Ljapunow-Zeit langen Entwicklung ist die Erinnerung an den Anfangszustand verloren. Was tun in einer solchen Situation? Der Begriff der **Trajektorie**, das grundlegende Werkzeug der klassischen Dynamik, wird hier zu einer unangemessenen Idealisierung, da die Trajektorien nach Zeiten, die im Verhältnis zu $\frac{1}{\lambda}$ lang sind, nicht mehr berechenbar sind. Die Bernoulli-Verschiebung ist der Prototyp des dynamischen Chaos. Man muss zu einem statistischen Ansatz auf der Grundlage von Wahrscheinlichkeiten greifen.«[254]

Diagramm der Bernoulli-Verschiebung

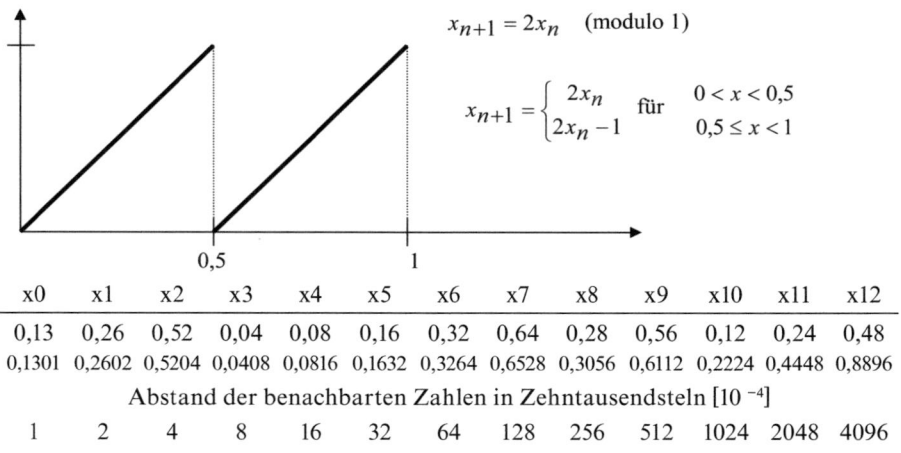

$$x_{n+1} = 2x_n \quad \text{(modulo 1)}$$

$$x_{n+1} = \begin{cases} 2x_n \\ 2x_n - 1 \end{cases} \text{für} \quad \begin{matrix} 0 < x < 0{,}5 \\ 0{,}5 \le x < 1 \end{matrix}$$

x0	x1	x2	x3	x4	x5	x6	x7	x8	x9	x10	x11	x12
0,13	0,26	0,52	0,04	0,08	0,16	0,32	0,64	0,28	0,56	0,12	0,24	0,48
0,1301	0,2602	0,5204	0,0408	0,0816	0,1632	0,3264	0,6528	0,3056	0,6112	0,2224	0,4448	0,8896

Abstand der benachbarten Zahlen in Zehntausendsteln [10^{-4}]

1	2	4	8	16	32	64	128	256	512	1024	2048	4096

[254] Ebd., S. 37–38

Anwendung der Strukturen – angewandte Mathematik

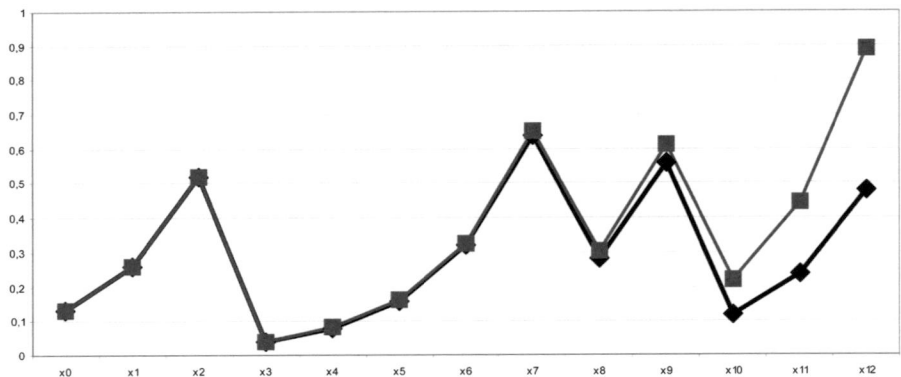

Binäre Darstellung der Zahlen 0,13 und 0,1301

$$x = \frac{u_1}{2} + \frac{u_2}{4} + \frac{u_3}{8} + \ldots + \frac{u_\nu}{2^\nu} = \begin{cases} 0 \\ 1 \end{cases}$$

$$0{,}13 = \frac{1}{8} + \frac{1}{256} + \frac{1}{1024} + \frac{1}{16384} + \frac{1}{65536} + \frac{1}{131072} + \ldots$$

0,13 = 0,0010000101000111 … binäre Darstellung (im Dualsystem)

$$0{,}1301 = \frac{1}{8} + \frac{1}{256} + \frac{1}{1024} + \frac{1}{8192} + \frac{1}{16384} + \frac{1}{32768} + \frac{1}{524288} + \ldots$$

0,1301 = 0,0010000101001110001 … binäre Darstellung (im Dualsystem)

Wie man der obigen Tabelle entnehmen kann, wächst der Abstand zweier benachbarter Zahlen exponentiell.

$$x_O = 0{,}13\,; \quad \delta\!x_O = 0{,}1301 \Rightarrow \delta = 1{,}000769\ldots$$

$$(\delta\!x)_n = (\delta\!x)_O \exp(\lambda n)$$

$$(\delta\!x)_{12} = (\delta\!x)_O \exp(12\lambda)$$

$$0{,}8896 = 0{,}1301 \cdot e^{12\lambda} \Rightarrow \lambda = \frac{1}{12}(\ln 0{,}8896 - \ln 0{,}1301) \Rightarrow \lambda = 0{,}16020571\ldots$$

$$\frac{1}{\lambda} = 6{,}241974\ldots \qquad \text{Ljapunow-Zeit}$$

Die **Ljapunow-Zeit** ist die Zeit (bzw. Anzahl der Iterationsschritte), für die sich sinnvolle Vorhersagen über das Systemverhalten machen lassen. Aus

Anwendung der Strukturen – angewandte Mathematik

der geringfügigen Abweichung $\dfrac{1}{2^{40}}$ einer Zahl von 0,13 ergibt sich nach 40 Interationsschritten eine Abweichung von $\frac{1}{2}$ (siehe oben). Daraus ergibt sich $\delta = 1 + \dfrac{1}{2^{40} \cdot 0{,}13}$ und damit eine Ljapunow-Zeit von $\frac{1}{\lambda} = 29{,}69399\ldots$.

D. h. nach bereits 30 Iterationsschritten lässt sich keine Vorhersage mehr über das Systemverhalten machen.

Spektrale Theorie und Chaos[255]

In diesem Abschnitt werden nur skizzenhaft Begriffe und Resultate wiedergegeben, die dem Leser Stichworte liefern, um in die Chaosforschung tiefer einzudringen.

Es gibt zwei Formulierungen der klassischen Dynamik

»Zunächst haben wir die Formulierung durch ›Trajektorien‹. Die wichtigste [...] ist die Hamiltonsche Formulierung. Die Hamilton-Funktion $H\,(p,q)$ ist die Energie, ausgedrückt in Bewegungsgrößen p und Koordinaten q. Nachdem $H\,(p,q)$ gegeben ist, ergeben sich die Trajektorien aus den Hamilton-Gleichungen

$$\frac{dq}{dt} = \frac{\partial H}{\partial p} \; ; \; \frac{dp}{dt} = -\frac{\partial H}{\partial q}$$

Diese Trajektorien entfalten sich im Phasenraum (q,p).

Statt individuelle Trajektorien zu betrachten, können wir zu einer **probalistischen Beschreibung** übergehen [...]. In allen Werken über statistische Mechanik findet man den Beweis, dass die Wahrscheinlichkeit ρ der Liouville-Gleichung

$$\frac{\partial \rho}{\partial t} = -\frac{\partial H}{\partial p}\frac{\partial \rho}{\partial q} + \frac{\partial H}{\partial q}\frac{\partial \rho}{\partial p}$$

gehorcht.

Es ist zweckmäßig, eine Formulierung im Sinne von Operatoren einzuführen und mit $i = \sqrt{-1}$ zu multiplizieren. Wir haben dann

$$i\frac{\partial \rho}{\partial t} = L\rho$$

L ist hier der lineare Operator:

$$L = -i\frac{\partial H}{\partial p}\frac{\partial}{\partial q} + i\frac{\partial H}{\partial q}\frac{\partial}{\partial p}$$

[255] Ebd., S. 91

Nachdem ρ bekannt ist, können wir den Mittelwert jeder mechanischen Größe $A\,(p,q)$ berechnen:

$$\langle A \rangle = \int dp\,dq\,A(p,q)\rho$$

Um die Liouville-Gleichung zu diskutieren, führen wir den Begriff des Hilbert-Raums ein. Der Hilbert-Raum ist zunächst in der Quantenmechanik untersucht worden und anschließend von KOOPMANN auf die klassische Mechanik angewandt worden.«[256]

---

[256] Ebd., S. 92

Schlusswort

Die Strukturen von Wahrnehmung und Erfahrung sind biologisch bedingt

Wie die evolutionäre Erkenntnistheorie nachgewiesen hat, ist das menschliche Gehirn als Organ zur Wahrnehmung und Erfahrung des Mesokosmos der von Menschen erfassbare Zwischenbereich von Mikrokosmos und Makrokosmos angepasst worden:

»Unser Erkenntnisapparat ist ein Ergebnis der biologischen Evolution. Die subjektiven Erkenntnisstrukturen passen auf die Welt, weil sie sich im Laufe der Evolution in Anpassung an diese reale Welt herausgebildet haben. Und sie stimmen mit den realen Strukturen (teilweise) überein, weil nur eine solche Übereinstimmung das Überleben ermöglichte. Sie sind individuell angeboren und deshalb ontogenetisch a priori, aber stammesgeschichtlich erworben, also phylogenetisch a posteriori.«[257]

Das Gehirn eines Zeitgenossen unterscheidet sich also biologisch gesehen nicht vom Gehirn eines Steinzeitmenschen, beide haben die gleiche »Hardware«. »Die Strukturen von Wahrnehmung und Erfahrung sind weitgehend biologisch bedingt – die der Wissenschaft nicht.«[258]

Entwicklung der Mathematik als Teil der kulturellen Evolution

In der kulturellen Evolution (Sprache, Schrift, Produktion, Gesellschaft, Kunst, Naturwissenschaften, Philosophie) übernahm die Mathematik schnell eine Schlüsselfunktion. Sie ermöglichte und erleichterte Tauschen, Handeln, Verwalten, Messen, Bewerten, Bauen, Erfassen von Zeitperioden, Vorhersagen von Abläufen. Viele Vorgänge der kulturellen Evolution lassen sich gleichsam im Zeitraffermodus in der Entwicklung eines neugeborenen Erdenbürgers beobachten.[259]

---

[257] Gerhard Vollmer: Was können wir wissen? Band 1 Die Natur der Erkenntnis, Atuttgart (S. Hirzel Verlag) 1988, S. 133
[258] Ebd., S. 134
[259] Siehe Wolfgang Tzschoppe: Jasmins Strukturen, Books on Demand GmbH Norderstedt 2011

Die Entwicklung der Mathematik erfolgte in Stufen

Von den Kerben zu den komplexen Zahlen

Von der Kerben (20.000 v. Chr.) bis zu den komplexen Zahlen (18./19. Jhdt.) war ein weiter Weg: $N \rightarrow Q_0^+ \rightarrow Z \rightarrow Q \rightarrow R \rightarrow C$.

Der Übergang von den Kerben zu einer Zahlenschrift erforderte die Einführung eines Stellenwertsystems mit wenigen Zahlzeichen. Die Notwendigkeit des Teilens brachte bereits den Babyloniern und den Ägyptern (1600 v. Chr.) die Brüche und das Rechnen mit ihnen. Die neuen Zahlenbereiche waren stets eine Erweiterung der vorhergehenden und ermöglichten mehr Möglichkeiten des Rechnens.

Stufen des Rechnens:

- Addition, Subtraktion; Multiplikation, Division
- Potenzieren, Radizieren, Logarithmieren
- Matrizenrechnung, Vektorrechnung
- Verwendung von Operatoren (Divergenz, Rotation)

Die axiomatische Fundierung der natürlichen Zahlen (1899 durch PEAON) und die Einbettung nachfolgender Zahlenbereiche erfolgte erst im 19. Jahrhundert.

Vom Rechteck über die euklidische Geometrie zum n-dimensionalen Vektorraum

Die Ägypter waren gezwungen, nach jeder Nilüberschwemmung ihre Felder neu zu vermessen. Mithilfe des Kehrsatzes des PYTHAGORAS waren sie auch in der Lage rechte Winkel zu verwenden. Ihre Ausgangsfigur war das Rechteck, aus ihr entwickelten sie Formeln für die Berechnung von Dreieck, Trapez, Quader, Kreis (näherungsweise), Zylinder (näherungsweise) und Pyramide. Beweise waren den Babyloniern und den Ägyptern fremd.

Die **Verwissenschaftlichung der Mathematik** war die herausragende Kulturleistung der Griechen THALES aus Milet (624?–548? v. Chr.), PYTHAGORAS aus Samos (580?–510? v. Chr.), EUKLID aus Alexandria (365?–300? v. Chr.), ARCHIMEDES aus Syrakus (287?–212? v. Chr.) und anderen.

EUKLID gilt als der Begründer der **Axiomatik**. Er hat in seinem Buch »Elemente« das gesamte mathematische Wissen seiner Zeit gesammelt, systematisch geordnet und durch Beweise abgesichert.

Ordnet man jedem Punkt P mit den Koordinaten $(x_1, x_2, x_3,)$ den Vektor

$$\overrightarrow{x_p} = \begin{pmatrix} x_1 \\ x_2 \\ x_3 \end{pmatrix}$$

zu und verwendet die euklidische Norm, so stellt der Vektorraum R^3 den euklidischen Raum dar.

Axiomatik

Die axiomatische Methode ist die heute gängige Arbeitsweise in der Mathematik um neue Erkenntnisse und Theorien zu gewinnen. »Alle Sätze werden aus den Definitionen, Postulaten, Axiomen [nicht abgeleiteten Grundsätze] und gegebenenfalls aus bereits bewiesenen anderen Sätzen auf rein logischem Weg deduziert, ohne dass – wenigstens der Intention nach – Anleihen bei der Anschauung gemacht werden.«[260] In diesem Zusammenhang weise ich beispielhaft auf die axiomatische Grundlegung der Wahrscheinlichkeitsrechnung durch den russischen Mathematiker A. N. KOLMOGOROW hin (siehe Kapitel 2.11).

Von der Exhaustionsmethode zur Differential- und Integralrechnung

Bei der »Quadratur der Parabel« von ARCHIMEDES (siehe Kapitel 2.4 Beispiel 3) mit der **Exhaustionsmethode** und bei der »Herleitung des Kugelvolumens« von CAVALIERI (siehe Kapitel 5 Beispiel 2) mit der **Indivisiblenmethode** zeichnen sich Grenzwertbegriff und Integralrechnung bereits ab. Die Begründung der **analytischen Geometrie** erfolgte dann gleichzeitig durch FERMAT (1636) und DESCARTES (1637). Durch die Einführung des Koordinatensystems wurde die Zusammenführung von Algebra und Geometrie möglich: Geometrische Figuren konnten durch Gleichungen beschrieben werden und wurden damit berechenbar und umgekehrt konnten auch Gleichungen geometrisch dargestellt werden. **Funktionen** konnten jetzt auch durch ihre Funktionsgleichungen dargestellt werden. Damit war der Weg zur **Integral- und Differentialrechnung**, die auf dem **Grenzwertbegriff** aufbaut, für NEWTON (1672) und LEIBNIZ (1675) geöffnet.

Von der Mengenlehre über die Topologie zu multiplen Strukturen

RICHARD DEDEKIND (1831–1916) und GEORG CANTOR (1845–1918) kommt das Verdienst zu, die Mengenlehre als zusammenhängende Theorie geschaffen zu haben.

»Die Beschäftigung mit der arithmetischen Grundlegung der Mathematik (1872/78) veranlasst DEDEKIND zu seiner 1888 erschienenen wichtigen Schrift: *Was sind und was sollen Zahlen?* Hier werden ›*Systeme von Dingen*‹ eingeführt und diese durch ›*Abbildungen*‹ aufeinander bezogen […].«[261]

---

[260] Knopp, S. 32
[261] Ebd., S. 212

»Die moderne Algebra, die Theorie der reellen Funktionen und vor allem die **Topologie** sind ohne die **Mengenlehre** nicht zu denken [...] Für den strukturellen Aufbau der gegenwärtigen Mathematik ist die Mengenlehre unentbehrlich. [...] Kein Geringerer als HILBERT hat ausgesprochen: ›Aus dem Paradies, das CANTOR uns geschaffen hat, soll uns niemand vertreiben können.‹«[262]

Algebraische Strukturen sind: Halbgruppe, Gruppe, Ring, Körper, Modul, Vektorraum. Zu den **Ordnungsstrukturen** zählen: halbgeordnete, konnex (linear) geordnete und wohlgeordnete Mengen. Einer Menge wird eine **topologische Struktur** aufgeprägt, wenn in ihr ein System von Teilmengen mit bestimmten Eigenschaften ausgezeichnet wird. Die topologische Struktur ist grundlegend für den **Konvergenzbegriff. Multiple Strukturen** zum Beispiel haben die Mengen N (wohlgeordneter Halbring), Z (geordneter Integritätsring), R (algebraisch unvollständiger, vollständig geordneter Körper und metrischer unvollständiger Raum) und C (algebraisch vollständiger Körper und vollständiger metrischer Raum, der aber mit keiner Anordnung versehen werden kann).

Ich will zum Schluss kommen. Die von MARIO LIVIO bewusst provokant gestellte Frage »Ist Gott ein Mathematiker?«[263] wird in seinem gleich lautenden Buch mit dem Untertitel »Warum das Buch der Natur in der Sprache der Mathematik geschrieben ist« indirekt von ihm beantwortet. Wie wir gesehen haben, entwickelten unsere Steinzeitgehirne im Wechselspiel von Phantasie und Wirklichkeit eine weltweit von allen Menschen verwendete Technik, die »Mathematik«. Die geschaffenen Strukturen dienen als Modelle zur Beschreibung von Theorien in vielen anderen Wissenschaften und werden wiederum von diesen mitgestaltet.

---

[262] Ebd., S. 214
[263] Mario Livio: Ist Gott ein Mathematiker? Warum das Buch der Natur in der Sprache der Mathematik geschrieben ist, München: C. H. Beck-Verlag, 2010.

Verwendete Literatur

ARCHIMEDES: *Die Quadratur der Parabel in Ostwalds Klassiker der exakten Wissenschaften* 201 / 203, Leipzig: Akademische Verlagsgesellschaft 1922

ARTIN, E.: *Galoissche Theorie*, Akademische Verlagsgesellschaft Greest & Portig KG, Leipzig

BARTEL, HANS-GEORG: *Mathematische Methoden in der Chemie*, Spektrum Akademischer Verlag Heidelberg-Berlin-Oxford, 1996

BASIEUX, PIERRE: *Die Architektur der Mathematik – Denken in Strukturen*, Hamburg-Reinbek: Rowohlt Taschenbuch Verlag, 2007

BASIEUX, PIERRE: *Abenteuer Mathematik – Brücken zwischen Wirklichkeit und Fiktion, Denken in Strukturen*, Hamburg-Reinbek: Rowohlt Taschenbuch Verlag, 1999

BASIEUX, PIERRE: *Die Top Ten der schönsten mathematischen Sätze, Denken in Strukturen*, Hamburg-Reinbek: Rowohlt Taschenbuch Verlag, 2002

BASIEUX, PIERRE: *Die Top Seven der mathematischen Vermutungen*, Hamburg-Reinbek: Rowohlt Taschenbuch Verlag, 2004

DIEUDONNE, JEAN: *Geschichte der Mathematik* 1700–1900, Braunschweig: Friedrich Vieweg & Sohn Verlagsgesellschaft mbH, 1985

EUKLID AUS ALEXANDRIA: *Elemente des Euklid, Buch I–XIII*, nach Heibergs Text aus dem Griechischen übersetzt und herausgegeben von Clemens Thaer, Darmstadt: Wissenschaftliche Buchgesellschaft, 1980

GERICKE, HELMUT: *Mathematik in Antike und Orient – Mathematik im Abendland*, Wiesbaden: Fourier Verlag, 1992

HEIGL, FRANZ / FEUERPFEIL, JÜRGEN: *Stochastik*, Bayerischer Schulbuch-Verlag, München 1976

HORNFECK, BERNHARD: *Algebra*, Berlin: Walter de Gruyter & Co, 1969

KIEFER, CLAUS: *Quantentheorie*, Fischer Taschenbuch Verlag, Frankfurt am Main, 2011

KNOPP, KONRAD: *H. v. Mangoldt's Einführung in die Höhere Mathematik für Studierende und zum Selbststudium*, Leipzig: Verlag S. Hirzel, 1962

KNOPP, KONRAD: *H. v. Mangoldt's Einführung in die Höhere Mathematik für Studierende und zum Selbststudium*, Leipzig: Verlag S. Hirzel, 1947

KNOPP, KONRAD: *H. v. Mangoldt's Einführung in die Höhere Mathematik für Studierende und zum Selbststudium*, Leipzig: Verlag S. Hirzel, 1944

KOWALSKY, HANS-JOACHIM: *Lineare Algebra*, Berlin 1965: Walter de Gruyter & Co.

KROPP, GERHARD: *Geschichte der Mathematik – Probleme und Gestalten*, Wiesbaden: Aula-Verlag Wiesbaden, 1994

KUNZMANN, PETER / BURKHARD, FRANZ-PETER / WIEDMANN, FRANZ: *dtv-Atlas zur Philosophie*, München: Deutscher Taschenbuch Verlag 1992

LIVIO, MARIO: Ist Gott ein Mathematiker? Warum das Buch der Natur in der Sprache der Mathematik geschrieben is, München: C. H. Beck Verlag 2010.

LÖSCH, FRIEDRICH: *H. v. Mangoldt's Einführung in die Höhere Mathematik für Studierende und zum Selbststudium*, Leipzig: Verlag S. Hirzel, 1973

MESCHKOWSKI, HERBERT: *Einführung in die moderne Mathematik*, Mannheim: Bibliographisches Institut, 1971

MÜLLER, HORST M.: *Evolution, Kognition und Sprache*, Berlin: Verlag Paul Parey, 1987

POLYA, GEORGE: *Schule des Denkens – Vom Lösen mathematischer Probleme*, Göttingen: Francke Verlag, 2010

PRIGOGINE, ILYA: *Die Gesetze des Chaos*, Campus Verlag Frankfurt / New York 1995

REINHARDT, FRITZ / SOEDER, HEINRICH: *dtv-Atlas zur Mathematik, Tafeln und Texte*, Band 1, München: Deutscher Taschenbuch Verlag, 1974

REINHARDT, FRITZ / SOEDER, HEINRICH: *dtv-Atlas zur Mathematik, Tafeln und Texte*, Band 2, München: Deutscher Taschenbuch Verlag, 1974

TZSCHOPPE, WOLFGANG: Jasmins Strukturen. Gesetzmäßigkeiten in unserer Persönlichkeitsentwicklung, Norderstedt: Books on Demand, 2011

VOLLMER, GERHARD: *Was können wir wissen?* Band 1 – Die Natur der Erkenntnis, S. Hirzel Verlag Stuttgart, 1988

VOLLMER, GERHARD: *Was können wir wissen?* Band 2 – Die Erkenntnis der Natur, S. Hirzel Verlag Stuttgart, 1988

WILSON, FRANK R.: *Die Hand – Geniestreich der Evolution*, Hamburg-Reinbek: Rowohlt Taschenbuch Verlag, 2002

WUSSING, HANS / ARNOLD, WOLFGANG: *Biographien bedeutender Mathematiker*, Köln: Lizenzausgabe für Aulis Verlag Deubner & Co. KG, 1978

WUTSCHIG, MARKUS: *Informatik – Eine Ausarbeitung für einen Fortbildungskurs an der Staatlichen Gesamtschule Hollfeld*, September 1981

Bildnachweis

Abb. 1	Ishango-Knochen	http://de.wikipedia.org/wiki/Ishango-Knochen
Abb. 2	Anordnung der Kerben	http://de.wikipedia.org/wiki/Ishango-Knochen
Abb. 3	Babylonische Zahlen	http://de.wikipedia.org/wiki/Babylonische_Zahlendarstellung
Abb. 4	Zahlschriften	http://de.wikipedia.org/wiki/Arabische_Ziffern
Abb. 5	ägyptische Stufenzahlen	http://de.wikipedia.org/wiki/Ägyptische_Zahlen
Abb. 6	Adam Ries	http://de.wikipedia.org/wiki/Adam_Ries
Abb. 8	Aristoteles	http://de.wikipedia.org/wiki/Aristoteles
Abb. 9	Georg Cantor	http://de.wikipedia.org/wiki/Georg_Cantor
Abb. 10	Pierre de Fermat	http://de.wikipedia.org/wiki/Pierre_de_Fermat
Abb. 11	Rene Descartes	http://de.wikipedia.org/wiki/Rene_Descartes
Abb. 12	Isaac Newton	http://de.wikipedia.org/wiki/Isaac_Newton
Abb. 13	Wilhelm Leibniz	http://de.wikipedia.org/wiki/Gottfried_Wilhelm_Leibniz
Abb. 14	Jakob I. Bernoulli	http://de.wikipedia.org/wiki/Jakob_I._Bernoulli
Abb. 15	Galton-Brett	http://de.wikipedia.org/wiki/Galtonbrett
Abb. 16	Galton-Brett zwei Möglichkeiten	http://de.wikipedia.org/wiki/Galtonbrett
Abb. 17	Bourbaki-Kongress 1938	http://de.wikipedia.org/wiki/Nicolas_Bourbaki
Abb. 18	Abakus	eigenes Foto
Abb. 19	Napiersche Rechenstäbchen	http://de.wikipedia.org/wiki/Napiersche_Rechenstäbchen
Abb. 20	Napiersche Rechenstäbchen	http://de.wikipedia.org/wiki/Napiersche_Rechenstäbchen
Abb. 21	Pascaline	http://de.wikipedia.org/wiki/Pascaline
Abb. 22	Rechenschieber	http://de.wikipedia.org/wiki/Rechenschieber
Abb. 23	elektrische Flussdichte	http://de.wikipedia.org/wiki/Maxwell_Gleichung
Abb. 24	magnetische Flussdichte	http://de.wikipedia.org/wiki/Maxwell_Gleichung
Abb. 25	elektromagnetische Induktion	http://de.wikipedia.org/wiki/Induktionsgesetz

Index

A

Abakus 191

Abbildung
- bijektive 43−44, 83−86, 128, 130, 134, 141
- injektive 84−85, 130, 169, 171, 174
- surjektive 84−85, 130, 134, 139,

Algebraische Strukturen
- Faktorgruppe 140−141
- **Gruppe** 125−151, 171, 197, 220
- **Halbgruppe** 124−125, 146, 148, 167, 220
- Homomorhiesatz für Gruppen 140−141
- Homomorphes Bild einer Gruppe 139−140
- Ideal 145, 147
- Index einer Untergruppe 131, 134
- Integritätsring 146−147, 165, 180, 220
- Kleinsche Vierergruppe 127−128
- Körper 124, 145, 147−148
- Nebenklassen einer Gruppe 133−136, 140, 142, 144
- Normalteiler 135−136, 140−142
- Nullteiler 146
- Permutationsgruppe 129, 131
- Restklassengruppe 136−137, 142−144
- Ring 146−148, 170, 220
- symmetrische Gruppe 131−132, 135
- Transformationsgruppe 130
- Untergruppe 128, 133−136, 138, 141
- **Vektorraum** 151−154, 181, 205−206, 218−220
- zyklische Gruppe 137−138, 142

Algorithmus 24, 71
Analytische Geometrie 55−56, 219
Apollonios 54, 56

Archimedes aus Syrakus 48, 70, 112, 218
Aristoteles 33−34
Arnold, Wolfgang 23, 222
Auswahlaxiom 160, 163−164
Axiomatik 34, 112, 166, 218, 219

B

Barrow, Isaac 63, 73
Bartel, Hans-Georg 204
Basieux, Pierre 32, 35, 41, 43−44, 76, 121, 165, 221
Bernoulli, Jakob I. 103−104, 106−107,115,212−213
Bernoulli-Experiment 103−104
Bernoulli-Formel 103, 106−107
Bernoulli-Kette 103−104
Bernoulli-Verschiebung 212, 213
Bohr, Niels 204
Bolzano, Bernhard 75, 115
Boole, Georg 199
Boolsche Algebra 198
Bourbaki, Nicolas 116−117, 209
Braucourt, Jean Heinzelinde 19
Briggs, Henri 113, 196
Bühler, Karl 16
Bürgi, Jost 113, 196

C

Cantor, Georg 42−44, 78, 116, 173−174, 176, 219−220
Cardano, Hieronymus 99, 113
Cauchy, Augustin Louis 76, 115
Cavalieri, Francesco Bonaventura 57, 63, 114, 219
Chaosforschung 212, 215
Chevalier de Mere 99−100, 102
Cocks, Clifford 211

D

DEDEKIND, RICHARD   38, 59, 78, 176, 219
Dedekindscher Schnitt   173
DESCARTES, RENE   55, 56, 114, 219
Diagonalverfahren   44
DIOPHANTOS   54, 112
DONALD, MERLIN   15

E

ECCLES, JOHN C.   16, 17
Elektronischer Taschenrechner   198
Elemente des EUKLID   26, 34, 36, 47, 112, 218
Ellipsengleichung   56
EUKLID aus Alexandria   26, 34, 36, 38, 46, 47, 54, 112, 218
EULER, LEONHARD   115, 196
Exhaustionsmethode   50, 53, 219

F

FERMAT, PIERRE DE   55–56, 63, 73, 99, 114, 219
Fundamentalsatz der Algebra   115, 186
Funktionen
- Divergenz   218
- Folge   60, 67, 74–75, 77
- Gaußsche Treppenfunktion   62
- Klassifizierung   61, 116
- Reihe   60, 115
- Reihenentwicklung   61
- Rotation   218
- Wellenfunktion   202–203
- Zusammenhang von Differentiation und Integration   68

G

GALOIS, EVARISTE   211
Galton-Brett   107
GALTON, FRANCIS   107
GAUSS, CARL FRIEDRICH   32, 74, 115
Geometrische Reihe   50–51, 53
GERICKE, HELMUT   45, 46
GREENFIELD, PATRICIA   16
GREGORY, JAMES   73

Grenzwert
- Cauchy-Folgen   173
- Grenzwert   41, 53, 67, 70, 75, 77, 175, 187
- Grenzwertbegriff   59, 68, 70, 72, 219
- kleinste obere Grenze   74
- konvergente Folgen   98, 123, 178–179
- konvergente Reihen   75
- Konvergenz   73, 175, 178–179
- Konvergenzkriterium von Cauchy   76
- limes   74–75
- limes inferior   75
- limes superior   74
- Majorante   74
- obere Grenze (Supremum)   74–75, 174
- Stetigkeit und Konvergenz   123
- untere Grenze (Infimum)   74–75, 158

H

HARDY, HAROLD   211
HERON aus Alexandria   54, 71
HILBERT, DAVID   42, 78, 116, 206–208, 220
HIPPASOS VON METAPONTUM   40
Homo erectus   14
Homo habilis   14
Homo sapiens   14

I

IFRAH, GEORGES   19, 111
Indirekter Beweis   26, 34, 53, 211, 220
Indivisiblenmethode   63, 219
Integrationsverfahren   53
Ishango-Knochen   19–20

K

KEPLER, JOHANNES   72, 111
KLEIN, FELIX   116, 127
KNESER, HELLMUTH   160, 163
KOLMOGOROW, ANDREI NIKOLAJE-WITSCH   108, 109, 219
Kombinatorik   104
- Binomialkoeffizient   106, 113
- k-Tupel   105
- n-Fakultät   104, 157, 160
- Permutation   129, 131–132

Konvergenz
- Cauchy-Folgen   116, 173
- konvergente Folgen   98, 123, 178–179
- konvergente Reihen   75
- Konvergenz   73, 88–98, 123, 175, 178–179
- Konvergenzkriterium von Cauchy   76
- Stetigkeit und Konvergenz   123

KOWALSKY, JOACHIM   152, 206
KRONECKER, LEOPOLD   32, 206
Kugelvolumen   58

L

LAGRANGE, JOSEPH-LOUIS   74
LAPLACE, PIERRE-SIMON   100, 196
LEIBNIZ, GOTTFRIED WILHELM   66–68, 103, 115
LIVIO, MARIO   208, 212, 220

Logik
- des Widerspruchsbeweises   35–36
- Generalisator   37
- hinreichend   36, 69
- indirekter Beweis   26, 34, 44, 53, 211, 220
- Junktoren   35
- notwendig   36, 74, 118
- Partikularisator   37
- Quantoren   37

M

MAXWELL, JAMES CLARK   208–210

Mengenlehre
- Durchschnitt   80, 88–89, 97–98, 122
- echte Teilmenge   43, 80
- Elemente   42, 46–47, 155–156, 157–159, 218
- gleichmächtig   41–42, 85
- kartesisches Produkt   81–83
- leere Menge   79, 97, 108, 122, 158–159
- nicht abzählbar   41, 44, 85
- Potenzmenge   80, 89, 97, 101, 122, 159
- Restmenge   80, 91–92
- Vereinigung   80, 97, 122, 160–161, 163–164, 178

Multiple Strukturen
- Menge N der natürlichen Zahlen   38, 41–42, 44, 85, 166
- Menge Z der ganzen Zahlen   41, 165, 168

N

NAPIER, JOHN   192, 196
Napiersche Rechenstäbchen   192–194
NEWTON, ISAAC   56, 63–64, 67, 73, 114, 208, 211, 219
NIKOMACHUS   54

O

Ordnungsstrukturen
- geordnete [halbgeordnete]   38, 47, 61, 156, 158–160, 165–167, 172, 218, 220
- Halbordnung   156–157, 159
- konnex geordnet [geordnet]   156, 167, 172–173, 178
- wohlgeordnet   159–161, 163, 166
- Wohlordnung   116, 156, 159, 164, 169

P

Papyrus Rhind   24–25, 46, 111
Partialsumme   51–52, 60
PASCAL, BLAISE   63, 66, 73, 99, 194–195
Pascaline   194–195
PEANO   38, 166
POLYA, GEORG   9
POPPER, RAIMUND KARL   16
PRIGOGINE, ILYA   212
PTOLEMIOS   54
PYTHAGORAS aus Samos   47, 112, 150, 172, 218

Q

Quadratur der Parabel   48, 53, 219
Quantenbit   203
Quantencomputer   202, 203
Quantentheorie   202–204

R

Rechenschieber   195–197

Relation
- Abbildung   41, 59, 74, 82, 84–85, 88, 123, 128, 130, 134, 139, 140–142, 169, 174, 181
- Äquivalenzklasse   83
- Äquivalenzrelation   83, 133–134, 136–137, 142, 144, 148, 168, 170, 176
- Faser   83
- Quotientenmenge   83, 135, 137, 168
- Relationsbegriff   81, 118
- Repräsentantensystem   83, 180
- Umkehrrelation   82–83

RIEMANN, BERNHARD   53, 62, 69, 115, 211
RIES, ADAM   28–29, 113, 194

S

Schaltalgebra   198–199, 201–202
SCHICKARD, WILHELM   194
STIFEL, MICHAEL   30, 113
Strukturen
- algebraische Struktur   121, 128, 131, 139, 147, 169, 171, 177, 186
- multiple Struktur   61, 178
- Ordnungsstruktur   87–88, 121, 156–167, 169, 171, 178, 186
- topologische Struktur   88, 121, 153, 172, 178, 220
Superpositionsprinzip   202

T

THALES aus Milet   111, 218
THEODOSIOS   54

Topologie
- abgeschlossene Menge   88, 92
- algebraische   86, 88, 118, 121, 124, 128, 169, 171, 177–178, 186
- allgemeine Topologie   86–87, 117
- äußerer Punkt   92, 94
- Basis einer Topologie   97
- Berührungspunkt   88, 91, 94
- diskrete   90, 122, 203
- feinste   89
- gröbste   90
- Häufungspunkt   88, 91–94
- Hülle einer Menge   96
- indiskrete   122
- innerer Punkt   93–94, 96
- isolierter Punkt   91, 93–94
- Kern einer Menge   96
- kombinatorische   86
- Komplementärmenge   91–92, 95
- offene Menge   88, 92, 96–97, 178
- O-Topologie   97, 122
- Randpunkt   92–94
- Umgebungssystem   88–90, 96
- U-Topologie   97, 122

Topologische Räume
- Hausdorff-Raum   98–99
- Hilbert-Raum   155, 206
- kompakter Raum   98
- metrischer Raum   123, 165–166, 178, 220
- normaler Raum   99
- normierter Raum   154–155
- Prä-Hilbert-Raum   154–155
- regulärer Raum   99
- Topologische Räume   88, 91–93, 96, 98, 122–123

Topologische Strukturen
- Menge C der komplexen Zahlen   156, 165, 179
- Menge N der natürlichen Zahlen   85, 166
- Menge Q der rationalen Zahlen   165, 170, 173
- Menge R der reellen Zahlen   61, 85, 97, 166, 172–173
- Menge Z der ganzen Zahlen   111, 124, 169–170

V

Verfahren und Methoden
- Archimedisches Prinzip   112
- Dedekindscher Schnitt   173
- Diagonalverfahren   44
- Differentialquotient   66
- Differenzenquotient   67
- Exhaustionsmethode   50, 53, 219
- Fluxionsmethode von NEWTON   65
- Indivisiblenmethode   63, 219

- Integralrechnung 57, 63, 71, 73, 115, 219
- Intervallschachtelung 31, 176
- Lebesgues-Integral 62
- Reihenentwicklung von Funktionen 61
- Riemann-Integral 53, 62, 69

VIETE, FRANCOIS 55, 113

W

Wahrscheinlichkeitsrechnung 99, 108, 219
- absolute Häufigkeit 109
- Elementarereignis 101
- Ereignis 100−103, 109, 110
- Ereignisalgebra 108, 110
- Ereignisraum 101
- Ergebnis 100
- Ergebnisraum 100−103, 108
- Gegenereignis 100−102
- relative Häufigkeit 109
- sicheres Ereignis 109
- unmögliches Ereignis 109
- Wahrscheinlichkeit 99−104, 106, 108, 110, 215
- Wahrscheinlichkeitsmaß 110
- Zufallsergebnis 100−101

WEIERSTRASS, KARL 115
Wellenfunktion 202−203

WILSON, FRANK 13, 15−16
Wohlordnung 116, 156, 159, 164, 169
Wohlordnungssatz 160, 163−164
WUSSING, HANS 23
WUTSCHIG, MARKUS 198, 199, 201

Z

Zahlen
- ägyptische 23
- arabische 22
- Eulersche Zahl e 41, 196
- indisch-arabische 22
- indische 22, 196
- irrationale 31, 174
- komplexe 32, 181, 182, 184
- reelle 31, 40, 110, 115, 151−153, 173−174, 177, 179, 187, 207
- römische 21
- Sexagesimalsystem 22, 111
- Kreiszahl π 70

Zahlenmengen
- Menge C der komplexen Zahlen 32−33, 41
- Menge N der natürlichen Zahlen 38, 41, 42, 44
- Menge Q der rationalen Zahlen 41, 44
- Menge R der reellen Zahlen 41, 61
- Menge Z der ganzen Zahlen 41

Zornsches Lemma 160, 164

Symbol- und Abkürzungsverzeichnis [264]

Mathematische Logik		Relationen und Strukturen	
$\neg$	nicht	(x_1, x_2)	geordnetes Paar
$\wedge$	und	$(x_1, \ldots, x_n)$	n-Tupel
$\vee$	oder	$A \times B$	Paarmenge
$\Rightarrow$	wenn – dann	$M/\ddot{A}$	M nach $\ddot{A}$ (Quotientenmenge)
$\Leftrightarrow$	genau dann – wenn	$[x]$	Äquivalenzklasse von x
$\underset{x}{\forall}$	für alle x gilt	$f: M \to N$ def. durch $x \mapsto f(x)$	Abbildungsschreibweise (Abb. f von M in N def. durch x wird zugeordnet $f(x)$)
$\underset{x}{\exists}$	es gibt ein x, für das gilt	f^{-1}	Umkehrabbildung zu f
$:=$	nach Definition gleich	$f[M]$	Bildmenge von M unter f
$:\Leftrightarrow$	nach Definition äquivalent	$f^{-1}[N]$	Urbildmenge von N
Mengenlehre		1_M	Identische Abbildung von M auf M
$\{a_1, a_2, \ldots\}$	Menge der Elemente $a_1, a_2, \ldots$	i	Inklusionsabbildung
$\{x/\ldots\}$	Menge aller x, für die gilt …	f/U	f eingeschränkt auf U
$\{\,\}$	leere Menge	$g \circ f$	g nach f (Komposition von Abb.)
$\in$	Element von	$\sim$	gleichmächtig zu
$\notin$	nicht Element von	$card\,(M)$	Kardinalzahl (Mächtigkeit) von M
$\subseteq$	enthalten in	$\aleph_0$	Aleph Null (card(N))
$\subset$	echt enthalten in	$ordG$	Ordnung der Gruppe G
$\supseteq$	umfasst	$\leq$	kleiner oder gleich
$\supset$	umfasst echt	$<$	kleiner als
$A - B$	A ohne B	$\geq$	größer oder gleich
CA	Komplement von A	$>$	größer als
$A \cup B$	A vereinigt mit B	$maEl(M)$	maximales Element von M
$A \cap B$	A geschnitten mit B	$miEl(M)$	minimales Element Von M
$\bigcup_{i \in I} A_i$	Vereinigung aller A_i	$grEl(M)$	größtes Element von M

[264] Nach dtv-Atlas zur Mathematik Bd. I und Bd. II

$\bigcap_{i \in I} A_i$	Durchschnitt aller A_i	$klEl(M)$	kleinstes Element von M
$P(M)$	Potenzmenge von M	$obSch(M)$	obere Schranke von M

Aufbau des Zahlensystems $unSch(M)$ untere Schranke von M

N	Menge der natürlichen Zahlen	$obGr(M)$	obere Grenze von M
Z	Menge der ganzen Zahlen	$unGr(M)$	untere Grenze von M
Q	Menge der rationalen Zahlen		
R	Menge der reellen Zahlen	**Algebra**	
C	Menge der komplexen Zahlen	$\begin{pmatrix} a_1 \ldots a_n \\ a_{i1} \ldots a_{in} \end{pmatrix}$	Permutation der Elemente $a_1, \ldots, a_n$
Z^+	Menge der positiven ganzen Zahlen	G/N	Quotientengruppe G nach N
Z^-	Menge der negativen ganzen Zahlen	$\mathrm{Kern}\, f$	Kern der Abb. f
Z_0^-	Menge der nichtpositiven ganzen Zahlen	$K(\alpha)$	K adjungiert α (Körperadjunktion)
Z_0^+	Menge der nichtnegativen ganzen Zahlen	$R[\alpha]$	R adjungiert α (Ringadjunktion)
i	imaginäre Einheit	$R[X]$	Polynomring über R
e	$\displaystyle\lim_{n\to\infty} \left(1 + \frac{1}{n}\right)^n$ Eulersche Zahl $e \approx 2{,}71828$	**Topologie**	
$[a;b]$	abgeschlossenes Intervall von a bis b: $\{x/x \in R \wedge a \le x \le b\}$	M^0	offener Kern von M
$]a;b[$	offenes Intervall von a bis b: $\{x/x \in R \wedge a < x < b\}$	$\overline{M}$	abgeschlossene Hülle von M
$]a;b]$	links offenes, rechts abgeschlossenes Intervall von a bis b	∂M	Rand von M
$[a;b[$	links abgeschlossenes, rechts offenes Intervall von a bis b	$(M; M)$	M versehen mit der Topologie M (topologischer Raum)
(a_n)	Folge der a_n		
$\displaystyle\lim_{n \to \infty} a_n$	Limes von a_n für n gegen unendlich (Grenzwert)		